云南省科学技术协会资助项目

U0321603

第二届全国岩土工程 BIM技术研讨会

论文集

中国电建集团昆明勘测设计研究院有限公司
中国岩石力学与工程学会
中国水利水电勘测设计协会　　编
云南省岩土力学与工程学会

中国水利水电出版社
www.waterpub.com.cn
·北京·

内 容 提 要

为进一步推进 BIM 技术在岩土工程和水利水电工程中的应用，交流和推广相关技术和应用经验，中国电建集团昆明勘测设计研究院有限公司、中国岩石力学与工程学会、中国水利水电勘测设计协会和云南省岩土力学与工程学会联合组织编写了本文集。本文集共收录文章 41 篇，内容主要包括岩土工程 BIM 应用、水利水电工程 BIM 应用、建筑工程 BIM 应用、交通工程 BIM 应用、市政工程 BIM 应用、BIM 软件在工程中的计算分析、建模应用实例等。

本文集可供工程建设行业勘测、设计、科研、施工和运营管理的 BIM 工作技术人员阅读，也可供高等院校相关专业师生参考。

图书在版编目（ＣＩＰ）数据

第二届全国岩土工程BIM技术研讨会论文集 / 中国电建集团昆明勘测设计研究院有限公司等编. -- 北京 ：中国水利水电出版社，2017.12
ISBN 978-7-5170-6245-5

Ⅰ. ①第… Ⅱ. ①中… Ⅲ. ①岩土工程－学术会议－文集 Ⅳ. ①TU4-53

中国版本图书馆CIP数据核字(2017)第331909号

书 名	**第二届全国岩土工程 BIM 技术研讨会论文集** DI - ER JIE QUANGUO YANTU GONGCHENG BIM JISHU YANTAOHUI LUNWENJI	
作 者	中国电建集团昆明勘测设计研究院有限公司 中 国 岩 石 力 学 与 工 程 学 会 中 国 水 利 水 电 勘 测 设 计 协 会 云 南 省 岩 土 力 学 与 工 程 学 会	编
出版发行	中国水利水电出版社 （北京市海淀区玉渊潭南路 1 号 D 座　100038） 网址：www.waterpub.com.cn E-mail：sales@waterpub.com.cn 电话：(010) 68367658（营销中心）	
经 售	北京科水图书销售中心（零售） 电话：(010) 88383994、63202643、68545874 全国各地新华书店和相关出版物销售网点	
排 版	中国水利水电出版社微机排版中心	
印 刷	天津嘉恒印务有限公司	
规 格	184mm×260mm　16 开本　20.25 印张　480 千字	
版 次	2017 年 12 月第 1 版　2017 年 12 月第 1 次印刷	
印 数	001—800 册	
定 价	**105.00 元**	

前　言

　　近年来，随着政府部门对 BIM 技术的大力引导和各大软件供应商的技术进步，BIM 技术在大土木工程行业已然形成一股热潮，在建筑、铁路、公路、水利水电、市政等各个行业都开展了一定程度的应用，在项目的规划、设计、施工、运营等全生命周期各个阶段都取得了一定的应用成果。BIM 技术在国家会展中心、中国尊、上海中心大厦、上海迪士尼、北京凤凰传媒中心、天津周大福金融中心、糯扎渡水电站、黄登水电站等行业代表性工程的应用中体现了巨大的价值。在基于 BIM 技术的图纸审核、优化设计、设计施工各专业协同、高精度三维模型辅助深化设计、三维激光扫描完善深化设计、轻量化模型检验深化设计成果、信息协同提速深化设计审核、BIM 施工进度 4D 模拟、施工过程仿真模拟、三维可视化动态监测技术、绿色施工，以及可视化资产信息管理，可视化资产监控、查询、定位管理，可视化资产安保及紧急预案管理和隐蔽工程管理等方面取得了大量创新性成果，使我国 BIM 技术的研究及应用水平迈上了一个新台阶。

　　目前，我国的基础设施仍有巨大的建设需求，2016 年由国家发展和改革委员会发布的《中长期铁路网规划》中提出 2015—2025 年全国铁路里程新增 5.4 万 km，其中高速铁路新增 1.9 万 km。《国家公路网规划（2013—2030年)》中规划国家公路网总规模约 40 万 km，其中国家高速公路共 11.8 万 km；普通国道共 26.5 万 km。另外，我国西部的雅砻江、大渡河、澜沧江、怒江、金沙江、黄河等水电基地以及藏东南四江的开发利用程度还很低，未来水电工程的建设仍有很大需求。以上工程规划多分布在西部高山峡谷区，工程建设面临诸多难题，包括地质条件复杂、地形地貌信息获取难度大、信息量巨大且格式繁多、信息融合处理难度大、施工精度难以保证、施工管理难度大等一系列问题。BIM 技术凭借其可视化、一体化、仿真性等优势可以有效解决这些问题，但同时，我国 BIM 技术的发展仍然面临着标准体系不完善、工程本身技术复杂多样、综合性技术人才缺乏、BIM 软件整合不充分等一系列问题，亟待解决。

为进一步推进 BIM 技术在岩土工程和水利水电工程中的应用，交流和推广相关技术和应用经验，中国电建集团昆明勘测设计研究院有限公司、中国岩石力学与工程学会、中国水利水电勘测设计协会和云南省岩土力学与工程学会联合组织出版了本文集。致力于推动工程建设领域规划、设计、施工、运维的一系列技术创新和管理变革，为实现工程全生命周期的信息共享、提升工程各阶段可预测和可控性、促进工程建设行业生产方式的改变、推动工程建设行业信息化发展发挥重要作用。本文集共收录文章 41 篇，内容主要包括岩土工程 BIM 应用、水利水电工程 BIM 应用、建筑工程 BIM 应用、交通工程 BIM 应用、市政工程 BIM 应用、BIM 软件在工程中的计算分析、建模应用实例等。相信本文集的出版能为广大从事工程建设行业勘测、设计、科研、施工和运营管理的科技人员推广应用 BIM 技术提供有益的借鉴。

第二届全国岩土工程 BIM 技术研讨会由中国岩石力学与工程学会、中国水利水电勘测设计协会和云南省岩土力学与工程学会联合主办，中国电建集团昆明勘测设计研究院有限公司、国家能源水电工程技术研发中心高土石坝分中心和云南省水力发电工程学会联合承办，云南省水利水电土石坝工程技术研究中心、昆明市岩土与结构工程领域院士工作站、水利水电土石坝工程信息网和欧特克软件（中国）有限公司联合协办，同时得到了云南省科学技术协会的大力支持，在此一并表示感谢！

由于编者时间和水平有限，本文集存在疏漏和不足之处，恳请读者批评指正。

《第二届全国岩土工程 BIM 技术研讨会论文集》编委会

2017 年 12 月

目　录

无人机在高山峡谷区工程地质测绘中的应用

胡慧敏，彭森良，姚翠霞，程　伟

（中国电建集团昆明勘测设计研究院有限公司，昆明　650051）

摘　要： 在高山峡谷区利用无人机技术获取多角度影像，通过建立三维地表模型，分析调查区地质体几何特征及影像特征，能够实现产状量测、地质体出露宽度量测及体积估算，并可提供高清影像三维场景开展遥感地质解译，在地形条件简单地区可生成DEM，并开展地形分析，能够覆盖人力所不能企及的调查区域，规避安全风险的同时提高工作效率和工程地质测绘成果精度，值得进一步推广和借鉴。

关键词： 无人机技术；工程地质测绘；三维地表模型；地质体几何特征；三维场景遥感地质解译

1　引言

随着西南部高山峡谷区及国外热带雨林地区工程建设的推进，大量高寒、高海拔、大高差、高温湿热、植被覆盖极好的地形地貌条件及复杂的地质条件将是这些区域的工程地质测绘的难题。对于地质工程师而言，现场工作可能面临高原缺氧环境，还要克服巨大的地形高差[1]，且往往受到工期及政治、交通、卫生等其他安全因素的限制，工程地质测绘"上山到顶，下沟到底"的工作原则已难以保证，野外工程地质测绘精度难以满足要求，不能全面反映调查区的基本地质条件，甚至难以查清重大工程地质风险。

随着无人机倾斜摄影技术在其他领域的广泛应用，产生一系列的可观经济效益，尝试将其用于工程地质测绘领域成为一种新的思路。通过无人机航拍获取三维地表模型，能够根据需要得到不同精度要求的调查区三维几何特征和影像特征，可以到达人力难以企及的悬崖峭壁，规避现场测绘人员安全风险及对调查对象的扰动，也可以根据需要在理论上无极限调整拍摄精度，从而解决传统遥感地质解译遇到的影像精度不高的问题。

通过在某水电站库岸稳定调查工程地质测绘的实践，建立三维地表模型。无人机成本低廉，操作方便，工作成果较为丰富，可以实现精确产状量测、出露宽度量测、体积估算，并可为遥感地质解译提供高清三维场景，其在工程地质调查和测绘领域的应用前景值得进一步研究，工作模式值得借鉴和推广。

2　低空无人机影像数据获取

无人机航空摄影系统是集成GPS和影像传感器的数据获取系统，结合摄影测量数据

作者简介：胡慧敏，女，1984年9月出生，工程师，从事地理信息系统研究，279835763@qq.com。

处理、遥感影像解译等技术，可实现工程地质的快速巡线、近距离观测等任务，具备很高的效率和优势。[2]

无人机在航拍过程中，根据制作的数字高程模型、数字矢量线划图、三维模型等航空摄影测量产品要求，对地面分辨率及数据比例尺和重叠度等进行分析，提前规划好飞机的飞行高度、比例尺（分辨率）、航高、航带结构、航带间距等航线规划。

2.1 飞行高度

按照目前测绘型无人机发展现状，测绘型无人机多选择定焦的 CCD 面阵数字相机、航空数码相机等，在像元大小确定后，指定的飞行高度与地面分辨率及成像焦距有关，成像关系为：

$$H = Rf/a \tag{1}$$

式中：H 为航高；R 为地面像元分辨率；f 为光学系统的焦距；a 为 CCD 像元尺寸[3]。

2.2 航带间距确定

在航飞过程中，无人机按照预先设计好的飞行路线进行飞行，但由于收到天线定位误差、风速及机身震动等外界因素的干扰，使得无人机机载计算机的航线修复存在较大误差。因此为保证影像数据的航向、旁向重叠度，将航向重叠度设计为 80%，旁向重叠度设计为 60%，如图 1 所示。

2.3 航线数和相片数量

根据航拍项目区域范围，航带间距及航空摄影基线长确定飞行的航线及拍摄相片数目，如图 2 所示。

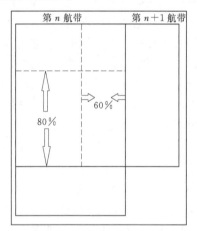

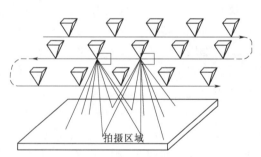

图 1　相片重叠度示意图　　　　　图 2　无人机摄影航线示意图

为确保航飞项目任务区域在影像上有充足的重叠区域，一般设计规划起始航线与航拍任务区域边线保持一个航带间距，同时为保证航拍任务区域边线落在结束航线重叠区域范围内，要求结束航线与项目任务区域边线至少大于该相片距离 80%。

2.4 航线规划软件

为配合无人机航拍，在航拍飞行任务开始前，结合项目任务要求和项目实地区域地形地貌规划无人机航线设计，可以设定路线自动飞行路线或手动飞行。自动飞行路线，需要通过相关软件，设定相应项目任务区域的任务指标，程序将进行自动计算飞行参数，生成无人机航飞航线，并自动将航飞航线设计结果存入数据库中，地面控制设备无人机遥控器设备读入数据库中该航线规划结果文件并确认无误，再将该文件由地面控制设备发送到无人机用于无人机自动飞行导航。

3　三维场景建模技术

三维场景建模技术分成连接点提取与空三解算、密集匹配与三维构网、纹理映射等几个步骤。

3.1　连接点提取与空三解算

3.1.1　连接点提取

空中三角测量是影响摄影测量成果精度的主要因素，主要包括连接点提取和光束法平差两个环节。近年来，计算机视觉领域中影像不变特征提取与匹配技术的日益成熟推动了影像连接点提取技术的进步。影像不变特征提取与匹配技术的一般过程为：首先采用不变特征检测器进行特征提取，然后通过计算生成特征描述向量完成特征匹配。[4]

3.1.2　空三解算

无人机航空摄影测量中获得的高精度的数字产品关键取决于对原始影像的空三解算这个步骤，即决定着空三解算的精度直接关系到后期 4D 产品的精度。

因为无人机搭载是非量测相机，建立非量测相机所拍照片于地理信息目标物体之间的数学关系是空三解算。在空间解算中，地面控制点选取是非常重要的一个步骤，不论是地面像控点的分布还是数量都会直接影响到目标地理信息物体的解算精度。

（1）控制点布设原则。控制点布设按照无人机航空摄影测量外业规范要求，遵照以下几点：

1）控制点布点首先考虑所布的控制点位置清晰，控制点位置周围环境空旷，容易辨别，周围地形起伏不大。

2）控制点布设分布均匀，所布像控点的航向和旁向在 5 张重叠航拍的范围内。

3）点的位置在图的边缘，待成图的边缘以及其他方法成图的图边控制点，需要布设在试验区外。

（2）根据航空摄影测绘外业规范标准基础，从外业布设控制点位置方便、准确及可操作性等角度出发，结合地面像控点与空三解算精度的关系，在进行无人机航空测绘的布点时，需要从以下两个角度考虑：

1）在平原区地势平坦的区域，像控点布设在平面上按网状式均匀布设，其点位距离采用 350～400m；山地丘陵区地势起伏大，其点位距离采用 200～300m，其空三解算点位误差满足 1：2000 地形图规范要求。

2）在平原区地势平坦，像控点高程变化幅度小，检查点解算的高程精度提高缓慢。由于山地丘陵区地势相对较陡，像控点高程变化幅度大，检查点解算的高程精度提高较快。因此在布设像控点在垂直方向上采取最大最小高程内插均匀布设。

针对两种不同地形地貌开展像控布设方案：四周边均匀布设平高点，并按照网型一定参数要求布设内部控制点。

在实践中，无论区域大小，四周均匀布设平高控制点均有利于保证区域内部的精度。

同时在内部点位中采用一定距离方式布设，利用等距离控制点确保四周精度传递到航拍区域内部，从而保证大比例尺地形测图整体精度的要求。

3.2　密集匹配与三维构网

无人机影像匹配点云的三维重建，首先要了解无人机影像数据的特点，以及了解无人机影像匹配中遇到的困难。

相对传统的大飞机，无人机影像有其自身的特点和优势，本文通过研究实验使用的大量无人机数据以及他人的研究经验，总结无人机影像的特点如下：

（1）影像分辨率高，纹理清晰丰富，可用于高精度制图。无人机在低空区域飞行，决定了其成像系统可以更靠近物体成像，因此获取的影像分辨率高，目前无人机航摄影像分辨率为 0.05～0.50m，对应于 1：500～1：5000 测绘比例尺，可用于高精度 DSM 的建立和 3D 景观图的制作。同时无人机摄影测量系统还可以进行倾斜飞行获取物体的立面影像，弥补了卫星遥感和普通航空摄影获取城市建筑物时遇到的高层建筑遮挡问题。除了应用与生产普及的正射影像图、线划图产品外，无人机航摄影像还可以向制作城市景观的三维模型方向发展，以适应现代经济社会发展及民众生活的需要。

（2）影像重叠度高但重叠度变化大。一般测量条件下，无人机飞行的影像航向重叠度可达到 80％，而旁向重叠可达 60％，大的影像重叠范围，对于立体匹配和三维重建来说都是很好的数据支持。但是无人机受限于自身的体积和质量，在飞行过程中极易收到气流影响而使得飞行姿态不稳定，造成影像的航向倾角、旁向倾角和相片旋角变大，多张影像间的重叠度变化很大。

（3）像幅小，数量多。无人机成像系统一般采用普通的非量测相机，像幅较小（比如常用 Canon EOS400D 相机，传感器尺寸为 22.2×14.8mm，最大分辨率为 3888×2592），相片数量较多（根据测区大小而定，有时一个架次的相片数量可达到成百上千张，一条航带的相片可达到六七十张）。

3.2.1　密集匹配

随着匹配算法的不断进步，由影像匹配获取的匹配点云的精度不断提高，其数据量也越来越大。对于影像匹配点云来说，其特点有以下几点：

（1）匹配点云数据在空间中的分布形态表现为一系列的离散分布。匹配点云数据是通过影像匹配获取同名点的方式获得的，由于匹配所得同名点的位置是离散的，因此获取的点云数据分布也是离散的。因为匹配点的唯一性，所以在一个坐标上只可能存在一个同名点。这种离散的点云分布形态有助于恢复表面纹理。

（2）影像匹配点云数据具有丰富的语意信息和纹理信息。在影像匹配过程中，匹配方法多为基于特征的匹配。基于特征的匹配方法生成的点云数据中，就会包含大量的线特征信息和边缘信息，例如建筑物边缘、道路等，而这些信息是其他点云获取技术难以获取的。除此之外，影像匹配本身就是基于影像数据的匹配，其本身拥有目标的光谱信息，依靠光谱信息可以有效地对三维模型进行恢复，并去除光线对三维模型的影响。

（3）影像匹配点云数据的分布是不均匀的。点云数据是基于影像匹配获取的，而影像匹配过程中的特征提取多是基于影像上的纹理，因此不能根据地形、地物的变化自由决定点云的密度。这就会造成在影像匹配结果越好的区域，影像匹配点云数据较密集；而在影像匹配结果较差或存在阴影、遮蔽、遮挡的地区，影像匹配点云数据较为稀疏甚至可能存在数据空洞。

（4）由于存在树冠、房屋压盖等遮挡问题，影像匹配点云有时无法获取精确的DEM，而只能获取DSM，再通过其他技术手段获取相应DEM。

结合上述无人机影像与影像匹配点云的特点，可以看出在大范围城市建筑物三维重建，影像匹配点云有自己独特的优势，对于无人机影像匹配点云而言，它有着以下优点：①获取成本低，设备操作相对简单，作业风险低；②随着匹配算法的不断发展，影像匹配点云的密度、精度与雷达点运数据差距已经不大；③影像匹配点云取自于影像，且基于特征的匹配方法较多，因此对于物体特征的保留能力较强；④影像匹配点云不仅包含空间坐标信息，同时还含有丰富的纹理信息和语意信息，对后期三维模型恢复有很好的帮助效果。

3.2.2　三维构网

无人机倾斜影像的三维构网，是指在倾斜影像密集匹配得到的点云数据基础上，获取空间三角格网的过程。由于传统投影法构建的狄洛尼三角网无法保证立面三角网信息的可靠性，从而导致投影法无法应用到无人机倾斜影像的构网方法当中，因此找出一种面向无人机三维点云数据的构网方法是十分必要的工作。

基于无人机影像的多视角特点，可以利用无人机航片进行双片或者多片进行密集匹配，从而获得密集的匹配点云，然后在此点云基础上进行构网。对于一个无人机3D产品来说，它主要通过以下几个步骤获得：

（1）影像的密集匹配。在已知相机内外方位元素的情况下，对两张或者多张影像上的所有像素进行匹配，特征点局部变形信息可以依靠外方位元素求解得到，通过此方法获得密集点云。

（2）三维构网重建。在已有密集点云的情况下，进行三角网的建立。

（3）格网的简化与优化。对三角网进行数量方面的简化，使用更少的三角面来表示网型结构；格网优化则有格网平滑，模型修复等。

（4）纹理映射。在已有格网上进行地物信息贴图或者纹理信息的映射，形成无人机3D产品。[5]

随着影像匹配算法的不断提升，无人机倾斜影像匹配点云也具了大采样、高精度等特点，特别是在影像特征方面也能较好地提取出来，如何解决密集匹配点云的物体表面三角网重建这个问题就变得非常迫切。找出一种适用于无人机影像匹配点云的三维构网方法算法是具有较大实际意义的研究工作。

三维重建是目前计算机视觉和摄影测量领域的热点问题，伴随这一技术的成熟，使得基于二维影像的三维重建成为可能，三维构网技术正是这一过程中最重要的技术之一，它通过已有的点云数据和已知的一些二维影像，根据点云的位置信息，分类提取等值面，从而得到物体表面的三维模型。[6]

根据密集点云进行构网不仅要涉及点云精度以及噪声等问题，也要按不同要求使用不同的构网方法才能达到最好的效果。对于不同类型的点云数据，需要采用不同特点的三维重建策略。在三维重建领域，尤其是无人机倾斜影像匹配点云数据的三维重构，要同时兼顾算法的有效性和速率。

3.3　纹理映射

纹理映射（texture mapping）又称纹理贴图，是将纹理空间中的纹理像素映射到屏幕空间中的像素的过程。简单来说，就是把一幅图像贴到三维物体的表面上来增强真实感，可以和光照计算、图像混合等技术结合起来形成许多非常漂亮的效果。

在三维图形中，纹理映射的方法运用得最广，尤其描述具有真实感的物体。例如绘制一面砖墙，就可以使用一幅具有真实感的图像或者照片作为纹理贴到一个矩形上，这样，一面逼真的砖墙就画好了。如果不用纹理映射的方法，这墙上的每一块砖都要作为一个独立的多边形来绘制。另外，纹理映射能够保证在变换多边形时，多边形上的纹理也会随之变化。例如，用透视投影模式观察墙面时，离视点远的墙壁的砖块的尺寸就会缩小，而离视点近的就会大些，这些是符合视觉规律的。此外，纹理映射也被用在其他一些领域。如飞行仿真中常把一大片植被的图像映射到一些大多边形上用以表示地面，或者用大理石、木材等自然物质的图像作为纹理映射到多边形上表示相应的物体。纹理对象通过一个单独的数字来标识。这允许 OpenGL 能够在内存中保存多个纹理，而不是每次使用的时候再加载它们，从而减少了运算量，提高了速度。

纹理映射是真实感图像制作的一个重要部分，运用它可以方便地制作出极具真实感的图形而不必花过多时间来考虑物体的表面细节。然而纹理加载的过程可能会影响程序运行速度，当纹理图像非常大时，这种情况尤为明显。如何妥善地管理纹理，减少不必要的开销，是系统优化时必须考虑的一个问题，OpenGL 提供了纹理对象对象管理技术来解决上述问题。与显示列表一样，纹理对象通过一个单独的数字来标识，这允许 OpenGL 能够在内存中保存多个纹理，而不是每次使用的时候再加载它们，从而减少了运算量，提高了速度。[7]

数据定向，点云提取。根据摄影测量基本原理及多视图三维重建技术，自动计算出照片的位置，姿态等。影像拍摄位置由无人机在飞行过程中根据航线规划和飞行姿态决定。再次通过分割数学算法，生成场景不规则三角网 TIN 模型。进行空三计算并重建，生成精细的三维模型。[8]获取参数后建立的地理信息三维模型，利用插值等数学方法来建立水电站库岸及不良物理地质现象的纹理特征，利用自动化建模软件实现库岸稳定不良物理地质现象地物纹理模型的快速重建。

如图 3 所示，通过无人机低空摄影进行空中三角测量，从而获得矢量数据、数字线化

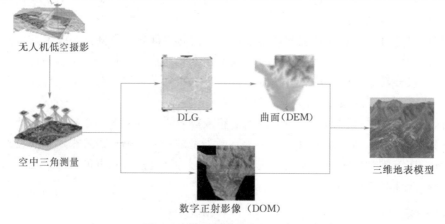

图 3　三维地表模型生成过程图

图（DLG）数据、栅格数据，如数字高程模型（DEM）和数字正摄影像图（DOM）数据，从而生成三维地表模型。

4　案例分析

以某电站库岸稳定调查为例，该库岸所处地质情况复杂，库岸长达100km因水库蓄水后，不良物理地质体变形较大，因而在库岸稳定调查的时候比较麻烦。项目考虑到采用无人机多角度摄影来快速获取库岸两侧的不良地质灾害体，并能快速有效地建立库岸的不良地质体三维实景模型，能够逼真地再现真实场景并在此基础上进行地质测绘分析和遥感解译，因而选用基于无人机的实景建模方法进行科学选线。本项目选用的是DJI大疆牌Inspire1 Pro无人机，搭载1个禅思X5镜头，采用的是17.33mm焦距的镜头，专为航拍设计的一体化微型4/3云台相机。结合全新影像传感器和强大的处理器，该航拍相机能拍摄1600万像素照片。本次航飞设置的旁向重叠度比例为80%，航向重叠度比例为80%，航高为350m，获取的影像分辨率大约为5cm。库岸某段实景建模典型的三维地表场景如图4所示。

图4　库岸某段实景建模典型的三维地表场景

4.1　地质体几何特征量测与估算

（1）产状量测。可通过在同一平面上的三个点的坐标计算该结构面产状，如图5所示。

（2）岩层的厚度和出露宽度。在地表可以量测地层（构造带、破碎带）出露宽度，并可结合产状计算真厚度，如图6所示。

（3）体积、方量分析。通过截取地质体底界，利用三角网自动估算地质体体积，如图7所示。以数字地面模型为参照，可快速实现渣场、料场三维设计，并准确计算工程量，实现直观表达及智能信息管理。

4.2　三维仿真场景遥感地质解译

（1）地质界线勾绘。可以在三维仿真场景上，结合高分辨率影像（最高可达cm级），勾绘地质平面图，如图8所示。

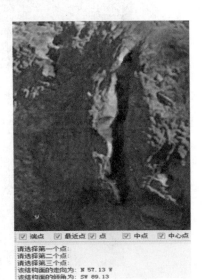

图5　产状分析

图 6 宽度分析、计算

（2）不良地质体界线勾绘。在三维仿真场景上可以勾绘不良地质体周界，如图 9 所示。

（3）地形分析。由生成三维地表模型的源数据 DEM，可以开展地形分析，尤其是在地形坡度小于 30°的情况下，可以实现比例尺达到 1：2000 左右的坡度分析、高程分带、地表水文分析、洼地提取等功能，如图 10 所示。

5 结语

无人机技术在高山峡谷区工程地质测绘工作中具有广泛应用前景，可以获取高精度的地表几何特征及影像，使遥感地质解译技术应用平台精度得到大幅提高，相

图 7 体积、方量分析

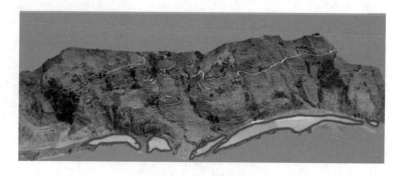

图 8 地质界线勾绘

图 9　不良地质体界线勾绘

图 10　地形分析

应的可靠度也有较大提高。

在高山峡谷区，受地形坡度限制，采用机载单摄像头技术生成的地形常需进行二次处理，需要借鉴摄影地形测量的方法来提高其精度，此外，无人机在野外工作过程中常受电磁干扰而出现影像坏点，需要进一步研究克服这一问题。

参考文献

[1] 曹炯，汪从敏，何玉涛，等. 基于无人机的电网实景建模研究 [J]. 测绘工程，2017 (9)：79.

[2] 张倩. 基于 GIS 的三维输电线路系统设计 [J]. 安阳工学院学报，2012 (11).

[3] 颜恩祝. 引江济太三维动态模拟应用研究 [D]. 南京：河海大学，2006.

[4] 刘立娜. 虚拟城市建设中建模及可视化的研究与实践 [D]. 郑州：中国人民解放军信息工程大学，2005.

[5] 周杨. 数字城市三维可视化技术及应用 [D]. 郑州：中国人民解放军信息工程大学，2002.

[6] 王栋，蒋良文，张广泽，等. 无人机三维影像技术在铁路勘察中的应用 [J]. 铁道工程学报，2016 (10).

[7] 陈教科. 基于 BIM 的某大坝施工应用方案研究 [J]. 价值工程，2017 (6).

[8] 于广瑞，王智超，张坤鹏，等. 基于测绘型无人机航线优化设计应用研究 [J]. 北京测绘，2015 (4).

无人机倾斜摄影在水电工程中的应用

车大为，张　珅

（中国电建集团北京勘测设计研究院有限公司，北京　100024）

摘　要： 无人机倾斜摄影是利用多角度影像全自动生产实景模型的一项高新技术，目前广泛应用于测绘、规划、国土、应急响应等行业。无人机倾斜摄影在水电行业的应用领域，一直是水电从业人员探索的方向。在此项研究中，无人机倾斜摄影成果被应用到水电工程的规划设计、项目实施和运行维护等多个应用阶段，涵盖了三维设计、进度控制、工程管理、基础测绘等多个方向。从此项研究中可以看出无人机倾斜摄影在水电工程中的应用前景十分广泛，取得的成果应用到了三维 GIS、BIM、信息管理系统等多个领域。受制于无人机硬件和计算机性能的限制，成果的应用效率还有待进一步的提高。无人机倾斜摄影在水电行业的应用范围广泛，作用巨大，值得进一步的深入和研究。

关键词： 水电工程；测绘；无人机；倾斜摄影；实景建模

1　引言

无人机倾斜摄影技术作为一项重要的集数据获取、数据处理和数据应用为一体的综合技术，在水电行业也有着广泛的应用前景。然而，由于水电从业人员专业背景的局限和水电工程复杂的工程区地形地貌，水利工程项目建设具有工程量大的特点，而且在施工过程中会出现很多意外及突发状况[1]，倾斜摄影技术在水电工程中的应用一直没有得到很好的发展。

目前倾斜摄影技术在水电工程中的主要应用方向是基础测绘方向。无人机技术在最近几年有了巨大的进步，无人机飞控、电调等电子设备趋向智能化、小型化[2]。无人机航测成图以当前先进的无人机遥感技术和卫星导航定位技术为核心，将遥感技术、卫星导航定位、地理信息、计算机、自动化控制、通信、先进的数据处理技术进行集成应用，形成一套基于无人机遥感技术的航测系统[3]。相比传统测绘手段，无人机倾斜摄影具有体积小巧、机动灵活、高效快速、作业成本低适用范围广、操作维护简单等特点[4]，能有效提高作业效率。

水电工程发展至今，各项技术都已经比较成熟，技术流程也都趋于规范化。然而，无人机倾斜摄影先进的技术手段，能够为水电工程在各个方面都带来深刻的变革。在本研究

作者简介：车大为，男，1984 年 6 月生，高级工程师，GIS 产品经理，chedw@bhidi.com。

中，无人机倾斜摄影成果被应用到水电工程的全生命周期，涵盖了可视化、模拟、反响等多个方向。倾斜摄影在水电项目中的广阔前景和应用价值，必将在未来获得更多的应用和广泛的认可，彻底改变水电人员对于工程的认识。

2　倾斜摄影概述

倾斜摄影技术是国际测绘领域近些年发展起来的一项高新技术。它改变了以往航空摄影测量单一相机垂直角度拍摄地物的局限，通过在同一飞行平台上搭载多台传感器，同时从垂直、侧视和前后视等不同角度采集影像，获取地面物体更为完整准确的信息[5]。无人机遥感系统由飞行器分系统、测控及信息传输系统、信息获取及处理、保障系统四大部分组成[6]，通过整合 POS、DSM 及矢量等数据，进行基于影像的各种三维测量[7]。将倾斜摄影技术获取的影像数据进行人工或自动化加工处理，得到三维模型数据的过程，称之为"倾斜摄影建模"；得到的三维模型，称为"倾斜摄影模型"。随着倾斜摄影技术的不断发展，以其为基础发展衍生的实景建模技术可通过照片、视频、点云等多种数据源生成与现场环境完全相同的实景模型，大大提升了倾斜摄影技术的效率。

倾斜影像弥补了传统航空影像遮挡严重、缺乏立面信息的缺陷，为建筑物三围精细结构的识别与提取提供了丰富的光谱、纹理、形状和上下文等信息[8]。倾斜摄影包含多视影像联合平差、密集匹配、数字表面模型生成、高密度 DSM 滤波融合等关键技术，这些技术的研究和提升将对未来倾斜摄影技术的发展起到重要的影响。

无人机倾斜摄影的基本特点总结为以下几个方面：

（1）反映地物周边真实情况。与正射影像相比，倾斜摄影能让用户多角度观察地物，更加真实地反映地物的实际情况。

（2）倾斜摄影可实现模型量测。通过后续的应用和开发，用户可直接在成果模型进行高度、长度、面积、角度、坡度等参数的量测。

（3）建筑物侧面纹理的采集。倾斜摄影具有大规模成图的特点，批量提取粘贴纹理的方式，显著有效地降低了城市三维建模成本。

（4）数据量小易于网络发布。相较于三维 GIS 庞大的数据，倾斜摄影技术产生的数据量较小，模型可快速地在网络上发布，实现应用共享。

（5）高效。倾斜摄影技术借助无人机等多种飞行载体，实现影像数据的快速采集和全自动化三维建模。中小城市人工建模工作需要 1～2 年，借助倾斜摄影技术只需 3～5 个月时间即可完成。

2.1　倾斜摄影发展现状

近几年，随着飞行器、传感器、后处理软件的迅速发展，无倾斜摄影在技术和效率都有了巨大的发展。

飞行平台：倾斜摄影的无人机逐渐由重量级的油动机向轻量级的电动机过度，从固定翼向多旋翼过渡。轻量级的电力无人机搭载 5 镜头的倾斜摄影云台往往具有更高的操作灵活性与稳定性，可以最高效率的采集到指定区域的多视角影像资料。

倾斜相机：目前主流的倾斜相机都采用下视、前视、后视、左视、右视 5 个镜头结构来获取地物倾斜影像，主要的倾斜相机有 UCO（UltraCam Osprey）倾斜相机、Penta-

View 倾斜相机、Midas 倾斜相机、Penta DigiCAM 倾斜相机、RCD30 oblique 倾斜相机等。

处理软件：倾斜摄影测量数据处理软件近几年发展迅速，国外常用的软件有美国 Bentley 公司的 Context Capture 倾斜影像处理软件，瑞士 Pix4d 公司的 Pix4dmapper 倾斜影像处理软件，美国 Pictometry 公司推出 Pictometry 倾斜影像处理软件、法国 Infoterra 公司的像素工厂、徕卡公司的 LPS 工作站、AeroMap 公司的 MultiVision 系统、Intergraph 公司的 DMC 系统、Astrium 公司 Street Factory 系统等软件。

在国内主要有红鹏公司推出的无人机敏捷自动建模系统、超图软件公司的 SuperMap-GIS7C 软件、立得空间公司的 LeadorAMMS 以及武汉天际航公司的 DP - Modeler 等倾斜摄影测量软件。

2.2 倾斜摄影应用现状

无人机倾斜摄影技术应用十分广泛，如国家重大工程建设、灾害应急与处理、国土监察、资源开发、新农村和小城镇建设、城中村拆迁数据留存，政府方面的税收评估、公共安全、执法行动、规划发展、消防、灾害评估、环保、企业保险、房地产以及公众方面的位置服务、互联网应用、旅游等，尤其在基础测绘、土地资源调查监测、土地利用动态监测、数字城市建设和应急救灾测绘数据获取等方面具有广阔市场前景（图 1）。

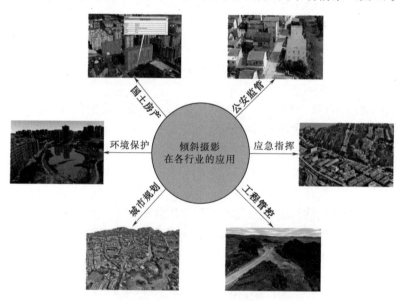

图 1　倾斜摄影在各行业的应用

3　方案设计

一套完整的解决方案，包括无人机选择与智慧化飞行，数据处理与建模、产品分析与应用，以及成果的展示与分享（图 2）。使用我们的工作流可以快速由影像数据生产点云、数字表面模型（DSM）与数字高程模型（DEM），正射影像（DOM），实景模型等产品。这些产品经过专业的可视化处理与分析，便可将成果应用于测绘、国土、规划、应急救

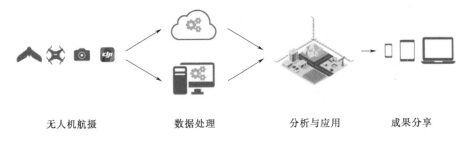

无人机航摄　　　　数据处理　　　　分析与应用　　　　成果分享

图 2　无人机倾斜摄影测量智慧化解决方案

灾、施工管控等各个行业。

数据获取：根据项目特点选择相应的无人机。使用飞行规划软件进行飞行方案设计，并应用专业飞控应用或无人机操控平台进行无人机的操作、飞行检查与影像获取。

数据处理：在 Context Capture Center 中进行影像处理、建模、质量检查与产品输出。

数据分析：引入 DOM、DEM、DSM 与实景模型数据，应用三维可视化、三维空间分析、矢量数据叠加等，进行随时间推移的项目监控、测绘、土方量计算、方案比选等工作。

结果分享：在线轻松协作与注释，使用简单的 URL 地址，将模型与分析结果分享给合作伙伴，提高交流效率和工作体验。

4　无人机影像获取

4.1　技术设计

无人机的飞行方案应根据项目实际情况选择。如果飞行区域小或比较分散，适合采用轻量级方案，可选择小型无人机与云台（图 3 和图 4）。飞行团队只需要 1～2 人便可完成飞行任务，一日内可完成 2～3km^2 的倾斜拍摄。如飞行区域超过 10km^2，或当地气象条件恶劣，则需选用油动固定翼无人机、电动固定翼无人机或电动多旋翼无人机，搭载倾斜相机或单镜头相机来执行大面积的倾斜摄影任务。

图 3　大疆精灵 4 PRO 无人机

图 4　哈瓦无人机

无人机的数据采集流程如图 5 所示。

4.2　无人机航摄

工业级无人机通常带有配套的飞控与电台，无人机机组人员均应受过相关培训并取得

图 5　无人机数据采集流程图

相应的适航证书。飞行前应向项目所在军区司令部及航空管制部门进行申请与备案。

在使用小型无人机进行航摄时，操作人员应熟悉飞机及云台性能，能熟练完成飞机的各项指令，确保飞行安全。

4.2.1　航线设计基本原则

无人机飞行高度和总航程是影响飞行安全的重要指标。无人机航线设计应符合以下要求（图 6）：

（1）根据地面分辨率要求合理设置行高。

（2）设计飞行高度应高于航摄区和航路最高点 60m 以上。

（3）设计航线总航程应小于无人机能到达的最远航程。

（4）航向重叠度和旁向重叠度均不低于 70%。

图 6　航线设计

4.2.2　实地采集信息

工作人员需对航摄区环境进行实地踏勘，采集地形地貌、地表植被以及周边的机场、重要设施、城镇布局、道路交通、人口密度等信息，为起降场地的选取、航线规划、应急预案制订等提供资料。

4.2.3　场地选取

起降场地应远离机场，地势相对平坦、通视良好，远离人口密集区、障碍物和干扰源。采用滑跑起飞、滑行降落的无人机，滑跑路面条件应满足其性能指标要求。

4.2.4　飞行检查与操控

飞行前应对无人机进行全方面检查，确保飞行安全，无人机各设备部件无异常方可准备起飞。起飞前，根据地形、风向决定起飞航线。飞行操作员须询问机务、监控、地勤等岗位操作员能否起飞，在得到肯定答复后，方能操控无人机起飞。在无人机执行完相应任务降落后，须对飞行平台、油电量、机载设备等进行及时检查，确保未来飞行任务的安全。

4.3　像控点测量

与传统测量类似，倾斜摄影也需要地面上的已知坐标点来辅助控制网平差，以赋予倾斜摄影成果真实可靠的平面坐标。像片控制点应均匀分布于整个测区，每一航摄架次覆盖区域的四个角点均应布设像片控制点，并在项目重点区域增加布点。像控点应选刺在交角良好的线状地物交点、影像小于 0.2mm 的点状地物中心或地标中心处，以便后续内业处理的正常进行。

5　数据处理

倾斜摄影数据的处理采用 Bentley 公司的 Context Capture 实景建模软件。Context-Capture 以数码照片作为输入数据源，加以各种辅助数据，模型处理过程无需人工干预。根据输入的数据的大小可在几分钟或数小时的计算时间内，输出高分辨率的带有真实纹理的三角网格模型。输出的三维格网模型能够准确、精细地复原建模主体的真实色泽、几何形态及细节构成。

5.1　技术流程

在获取到无人机实地拍摄的数码照片后，便可以使用 Context Capture 实景建模软件进行初步建模。初步建模过程中分为相机镜头参数的设定、控制点影像关联、空中三角测量及数据生产四个部分。如果初步建模的结果达不到精度的要求，可以采用 Geomagic Studio、DP－modeler 或 Tile Editor 等软件进行二次精细建模，调整模型的几何结构和纹理，直至获得满意的结果。工作流程如图 7 所示。

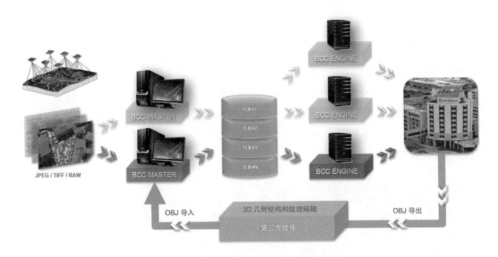

图 7　Context Capture 工作流程

5.2　数据源导入

在 Context Capture 中新建工程，建立分块，并导入数据源。数据源支持相片、视频以及点云数据。不同分辨率不同焦距的相片应分组导入。对于具有像控点的航飞区域，需要在空三运算前将控制点与影像进行人工关联。控制点网的密度应当适度，不宜过稀或过密。在控制点影像相关联过程中，要注意所添加的控制点在航摄区域内水平和垂直方向上应均匀分布。

5.3 空中三角测量

在导入数据并设置相机参数、完成控制点影像关联后，需对导入的相片进行空中三角测量工作。在空中三角测量过程中会进行同名点的识别和控制点加密，生成航摄区域点云，以备后续的模型重建和生产工作（图 8）。空中三角测量是整个模型生产过程中的核心步骤，它的运算结果直接影响到模型的精度和质量。

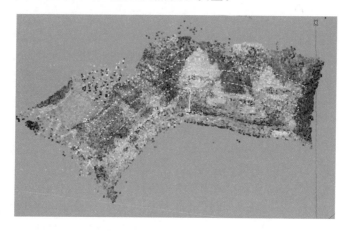

图 8　空中三角测量——点云模型

空中三角测量结束后会生成测量报告，如已添加的控制点的精度不符合要求，需返回控制点影像关联步骤，重新检查控制点的关联和分布情况，再次进行空中三角测量运算。

5.4 模型生产

Context Capture 实景建模软件在模型生产过程中主要涉及 Context Capture Master 和 Context Capture Engine 两个模块。在 Master 模块中，一个完整的模型创建任务被分割成许多小的子任务，这些任务在 Engine 模块中被执行并完成子模型的生产（图 9）。一个 Master 模块发布的子任务可以被多个 Engine 同时执行以实现联机协同生产。模型重建需要较长的时间完成，完成时间长短取决于计算机内存和显卡性能配置。

图 9　倾斜模型产品

5.5 质量检查与模型整饰

模型重建完成后，需对模型进行质量检查工作。质量检查主要分为以下三个主要方面：

（1）模型是否总体平整，有无悬浮或下沉碎片。

（2）模型边缘是否规则，内部有无空洞。

（3）模型关键部位的坐标和高程数据是否较大偏差。

如模型仅存在纹理和几何结构上的较小错误，可使用相应软件进行 3D 几何结构调整和纹理修饰，再返回 Context Capture 重建模型。若存在较大的几何结构错误或空间位置错误，则需重新检查相片信息、控制点影像关联和连接点情况等，找到模型生产过程中发送错误的原因并进行纠正，重新进行模型的生产工作。

6 倾斜摄影在水电项目全生命周期中的应用

实景建模技术是通过照片、视频、点云等数据形成模型的技术。对于实景建模系统来讲，不但要有数据采集，校正融合、处理建模，更要有后续的模型利用过程。通过无人机航拍、相机拍摄和激光扫描等技术获取数据，通过实景建模系统识别运算生成三维模型，导入到建模系统中将实景模型和数字模型融合，再进行深化使用，水电行业的很多问题将得到有效的解决。

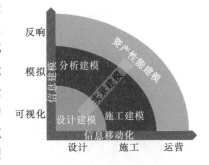

实景建模技术在整个水电项目的全生命周期中都能发挥巨大的价值。在设计阶段，现场的实景内容能够令设计人员更加直观地了解现场面貌，进行更为全面的方案设计和评估；在施工阶段，随着施工进度的不断推进，可通过实景模型和设计图的比对，确保施工情况和设计方案一致；在运营阶段，通过实景模型可以获得详细的完工现状展示，为资产评价、性能安全问题的评估起到重要的辅助作用（图 10）。

图 10 实景三维模型贯穿项目的全生命周期

6.1 倾斜摄影在规划阶段的应用

通过无人机倾斜航拍技术，能够快速地获取航摄区域的多角度影像（图 11），经过实景建模软件的处理得到区域的实景三维模型、正射影像及地形。在实景三维模型中，结合其他辅助数据，可以对规划方案进行比选，最终确定最优的规划方案。

图 11 河道和周边居民区的空间距离关系

6.2 倾斜摄影在勘察设计阶段的应用

实景三维模型因其具有准确的地理位置和高程信息，在项目的勘查设计阶段可以准确地获取测绘成果、并将设计模型和实景模型进行关联分析，获取精确的比对分析结果。

6.2.1 地形图测绘

在项目前期勘测阶段，无人机倾斜摄影可以快速获取地表与地形信息，为项目提供基础数据保障。倾斜摄影无人机可以拍摄到 3cm 甚至更高的分辨率影像，能够满足 1∶500、1∶1000 以及 1∶2000 等大比例尺地形图的制图需要。

将倾斜摄影成果制作成为地形图成果，须遵循的流程如图 12 所示。

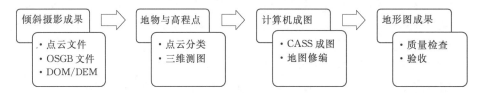

图 12　地形图制作流程

倾斜摄影成果可以导出为点云、OSGB 模型、DOM/DEM 等文件，经过上述流程处理可以得到全要素的地形图成果（图 13）。

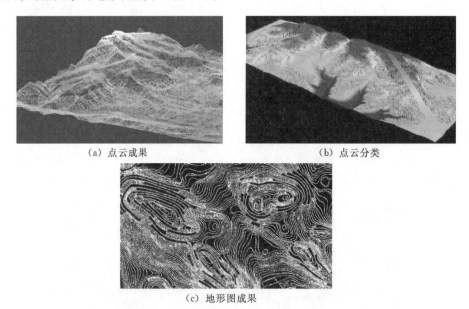

（a）点云成果　　　　　　　　（b）点云分类

（c）地形图成果

图 13　基础测绘成果

6.2.2 方案设计

根据倾斜摄影成果对方案的设计进行调整，以得到既满足项目要求，又满足环境要求的精确设计方案。与此同时，也可以将场景进行模拟（图 14），将设计的方案以可视化的方式呈现出来，降低人员间的沟通成本。

图 14　方案设计模拟场景

6.3　倾斜摄影在施工阶段的应用

　　实景三维的一大特点是真实还原地形地貌。在项目的施工过程中，现场的施工现状和进展可以通过拍照建模的方式进行数字化的交流和汇报。通过对不同时期构建的三维模型进行变化监测，可以准确地分析出本月的工程进度，预测完工日期。同时可以在实景模型上进行土方量的计算，进而辅助决策渣土车和挖掘机的调度和安排。对于高边坡及地质灾害易发区域，可以通过无人机倾斜摄影进行定期的安全监测及应急响应（图 15 和图 16）。

图 15　实景模型与设计图纸对比

6.4　倾斜摄影在运行维护阶段的应用

　　实景三维模型在项目运营管理中的应用，需要将建筑的各个专业（厂房、机电）的设计图与实景三维模型进行集成。倾斜模型的可视化展示平台，为运营阶段的实时监控、风险预测和设备管理等工作提供了有效的辅助作用。

　　全景模型作为可视化的一种重要展示形式，也可以与倾斜摄影模型结合，丰富使用者

（a）2017 年 8 月 9 日　　　　　　　　　　（b）2017 年 5 月 16 日

图 16　引水调压井施工现场对比

的可视化体验（图 17 和图 18）。

 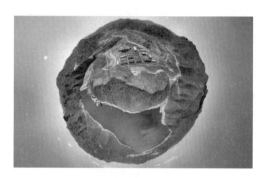

图 17　基于倾斜摄影成果的运营管理系统　　　图 18　基于倾斜摄影成果的三维 GIS 系统

7　结语

随着目前水电项目对三维可视化与信息化的需求逐渐变大，无人机倾斜摄影已经成为获取地形、模型、影像以及实时信息的重要手段。倾斜摄影测量技术具有高效率、高真实性以及快速获得海量空间数据的特点，能够为项目的全生命周期提供数据与服务保障。水电工程地形地质条件复杂、交通不便，这为水电从业人员在很多方面提出了很大的挑战。无人机倾斜摄影具有体积小巧、机动灵活、高效快速的特点，能够在水电项目全生命周期提供持续的服务。

通过实景建模和 BIM 技术的融合，无人机倾斜摄影在基础测绘、项目规划、施工管控、进度管理、可视化展示等方面都起到了重要的作用。目前，无人机倾斜摄影在水电项目中得到的结果很理想，相信随着技术的发展，以后的发展会更加成熟，应用的领域会越来越宽广。

然而，无人机的续航问题在一定程度上限制了倾斜摄影技术的发展，需要进一步的研究和探索。同样，倾斜摄影测量数据处理过程中对于影像数据的匹配和整体三维模型的表达方面还不成熟。若研究出高精度的影像数据匹配方法以及去除冗余信息增强运行的效率，而不影响建模实体效果，将能大大增强其实用性。

实景建模技术因其自动建模能力强、响应速度快、客观真实等原因的被大家所熟知和认可，其应用场景逐渐扩大在水电工程的各大领域，并逐步改变我们对工程的理解与想象，它为水利水电工程人员提供了无限的可能。

参考文献

[1] 苏艳宇. 水利工程项目成本控制与管理优化 [J]. 水利规划与设计，2016 (2)：77 - 78，82.

[2] 张芸硕. 无人机遥感技术在水库泄洪预警系统中的应用 [J]. 水利技术监督，2017 (4)：41 - 43.

[3] 李德伟. 无人机航测成图在水利水电工程中的应用 [J]. 城市建设理论研究（电子版），2013 (16).

[4] 张启元. 无人机航摄技术在高原峡谷区水利工程中的应用 [J]. 青海师范大学学报（自然科学版），2013，29 (3)：65 - 68.

[5] 杨国东，王民水. 倾斜摄影测量技术应用及展望 [J]. 测绘与空间地理信息，2016 (39)：13 - 18.

[6] 张君，李俊. 无人机遥感系统在走马塘拓浚延伸工程环水保管理中的应用 [J]. 水土保持应用技术，2013 (5)：23 - 24.

[7] 牛鹏涛. 基于倾斜摄影测量技术的城市三维建模方法研究 [J]. 价值工程，2014 (26)：224 - 225.

[8] 林月冠. 倾斜摄影技术在灾后建筑物损毁评估中的应用分析 [J]. 地理信息世界，2016 (23)：108 - 114.

倾斜摄影测量在红石岩堰塞湖
高边坡治理工作中的应用

桂　林，陈昌黎，谢　飞，吴弦骏

（中国电建集团昆明勘测设计研究院有限公司，昆明　650041）

摘　要：在云南省鲁甸红石岩堰塞湖永久性整治工程的开展过程中，由地震引发的高边坡对现场作业具有极大的威胁，为保障工程的顺利开展，必须对高边坡进行有效整治，而高边坡高差 700m 且存在滑塌，普通方法完全无法获取制定整治方案所需的基础数据。本文在对各种高新边坡观测技术特点分析的基础上，以倾斜摄影测量技术为主线，为红石岩堰塞湖高边坡的治理，提供高精度的三维地形基础，为高边坡整治方案提供了有力的技术支撑。

关键词：红石岩；高边坡；倾斜摄影测量

1　引言

在 2014 年 8 月 3 日鲁甸地震发生后，牛栏江上形成了红石岩堰塞湖，严重威胁着下游人民群众的生命财产安全。8 月 12 日，红石岩堰塞湖排险处置指挥部总指挥、云南省人民政府副省长主持召开红石岩堰塞湖应急排险处置会议，会议指定中国电建集团昆明勘测设计研究院有限公司负责堰塞湖处置方案的编制工作。

8 月 15 日，昆明院成立了红石岩堰塞湖整治工程设总班子，同时成立了设计代表处。随即开展后期整治阶段的勘察设计工作。

9 月 10 日，昆明院提交《红石岩堰塞湖永久性整治工程实施方案报告》，11 月完成《溢洪洞设计专题报告》并通过审查，12 月完成《建设征地移民安置专题研究报告》《可行性研究报告（送审稿）》等方案，红石岩堰塞湖永久性整治工程正式拉开帷幕。

截至 2017 年 9 月，主体工程已部分完成，但"8·03"鲁甸地震后，鲁甸县余震频发，引起右岸高边坡局部危石或危岩体多次掉落，该边坡高度约 620m、宽约 1000m，崩塌后缘陡崖上部有很多裂缝，陡崖部位有很多危岩体，给治理带来极大的难度。2017 年最大日降雨量为 55mm。在雨水的作用下，右岸高边坡危石更易掉落，严重影响堰塞体区域各部位的施工，安全隐患极大，无法采用常规手段获取治理方案所需的基础数据，项目进度严重滞后（图 1）。

作者简介：桂林，男，1984 年 10 月生，高级工程师，现从事 3S 集成应用研究，gulin8410@qq.com。

图 1　红石岩堰塞体现状

2　红石岩堰塞湖右岸高边坡观测方案选型

在红石岩堰塞湖高边坡的基础信息采集过程中，受制于不断滑塌的现场条件，传统手段很难开展工作，采用非接触式、快速、有效的手段获取边坡区域内的基础地理信息，为边坡治理提供基础信息是当前红石岩堰塞体整治工作中的重点。

在各类非接触式的测绘手段中，低空无人机航空摄影测量技术具有突出的优点，并得到了广泛的应用，但右岸高边坡不仅高差大，而且关键坡面坡度接近 90°，传统低空无人机航摄技术无法获取该部位的详细纹理影像，因此，必须考虑采用其他的方法开展工作。

2.1　地基 InSAR 技术

InSAR 技术由来已久，和其原理类似的地基 InSAR 技术是近十年来逐步投入使用的一种新兴技术[1]。与星载 SAR 不同的是，其优点主要突出表现在以下几个方面：①摆脱了卫星时间分辨率难以调整的局限，根据需要，可以以极小的时间间隔（最短几分钟）获取图像；②观测姿态灵活，可随实际需要而在一定范围内调整；③可获取任意视线方向上的形变，真正实现零基线观测，最大限度消除基线误差影响。地基 InSAR 设备如图 2 所示。

2.2　三维激光扫描技术

三维激光扫描技术目前在越来越多的领

图 2　地基 InSAR 设备

域得到了应用，其原理在于：通过短时间，高密度的线阵激光脉冲，获取一定范围内被测物体的高精度彩色点云，通过后期点云处理，可反映被测区域的真实情况。三维激光扫描

图 3　地面三维激光扫描

技术的出现，将传统测量方式当中的单点测量升级到了多点、多角度测量方式，广泛应用于城市建设、逆向工程、室内设计、交通设计、矿山测量等领域。三维激光扫描设备可利用飞机、汽车作为载体或架设于地面开展观测（图 3）。

2.3　倾斜摄影测量技术

倾斜摄影技术近年来在测绘及遥感领域得到了广泛的应用。通过在同一飞行平台上搭载多台传感器，弥补了传统航空摄影测量只能从一个方向获取影像的不足，该技术同时从垂直、倾斜等多个角度采集具有空间信息的真实影像，获取更加真实的被测区域表面影像信息，通过后期处理，形成三维可视化模型，直观地反映真实世界，具有较好的目视效果。倾斜摄影测量原理如图 4 所示。

图 4　倾斜摄影测量原理

2.4　选型分析

各种测绘新技术的应用，都可以准确获取红石岩堰塞湖高边坡表面模型数据，但具体而言，通过选型分析可以确定最适合红石岩堰塞体右岸高边坡整治工作的方式，进而开展工作。

（1）表面纹理采集。本次工作的重中之重，就是采集滑坡体表面的精细纹理模型，以供设计专业对该区域进行相应的地质解译工作，并在解译成果的基础上，开展整治工作的设计和实施，在上述三种手段中，地基 InSAR 技术由于缺乏目视影像的获取手段，即使利用模型进行贴图，也很难保证贴图的准确性和精度，因此，无法提供高精度的表面纹理信息；三维激光扫描技术和倾斜摄影测量技术，均可提供高边坡坡面的表面纹理但受制于观测距离（≥800m）的限制，点云间距只能达到0.15m，通过加密观测后，也只能达到0.05m的密度，成果将会对地质解译工作的开展造成一定的影响。通过合理的航线规划设计，倾斜摄影测量可以达到0.02m的影像精度，在表面纹理采集过程中具有突出的优势。

（2）高边坡三维模型。三种方法均可以准确获取红石岩堰塞湖右岸高边坡精细三维模型，但从实践而言，地基InSAR技术获取的三维模型精度最高，可以达到5mm，三维激光扫描仪次之，该距离下，扫描形成的表面模型精度约为2cm，且无需现场控制点的测量。倾斜摄影测量技术形成的三维模型精度最低，且必须在现场进行高密度的控制点采集，才可保证模型的精度，这对于现场滑塌的高边坡而言，无疑是存在风险的。

（3）数据生产效率。三种高新技术手段，均可在较短时间内获取相应的成果，相对而言，地基InSAR、三维激光扫描技术的处理时间要短于倾斜摄影测量模型的生产时间。

（4）现场实施成本。地基InSAR技术在实施过程中，需要架设高精度的轨道基站。三维激光扫描及倾斜摄影测量技术只要设备到达现场，现场条件允许就可以实施。

综合考虑视影像精度、三维模型建模效率及成本，选择倾斜摄影测量技术作为红石岩堰塞湖整治工作中右岸高边坡表面精细模型的采集手段。

3 倾斜摄影测量方案实施

利用倾斜摄影测量技术，可准确获取红石岩右岸高边坡的精细地表模型，基于模型，可进行地质解译、方案设计等工作，为高边坡的治理提供准确的数据依据。

（1）本次倾斜摄影测量工作的开展和以往有很大不同，具体体现在以下几方面：

1）作业高差特别大。以往倾斜摄影测量项目的开展过程中，观测区域高差一般不超过200m，而红石岩边坡高差约600m，远远超出了一般水平。

2）旁向精度要求高。传统倾斜摄影测量作业中，往往要求平面精度较高，通过相应的航高控制，容易满足相应的精度要求，但在堰塞湖边坡的倾斜摄影测量过程中，要求旁向精度较高（2cm量测分辨率）。

3）现场危险程度高。正是由于现场滑坡体受地震影响不稳定，人工无法到达，才采用倾斜摄影的方式采集精细模型，在作业过程中，作业小组的安全也存在极大的隐患。

4）现场扬尘严重。红石岩堰塞湖永久性整治工程在施工时，由于各类边坡开挖、混凝土生产作业，随着大风吹过，边坡周围不时有扬尘飞起，会对数据质量造成影响。

（2）针对现场情况，项目组针对性地制定了各项措施：

1）根据高度变化，每150m高度设置一条航带，垂直方向布置4条航带以满足项目要求（图5）。

2）航带设计充分考虑与滑坡体距离，在保证安全的前提下，根据地形精确计算，将航线与滑坡体平面距离控制在200m内，在采集完成后，对局部区域进行补测以满足设计要求。

3）起飞点选择左岸相对稳定区域，作业过程中，小组成员与滑坡体底部的安全距离保持在300m以上。

4）和现场工作人员进行沟通，准确掌握现场施工时间，采用分段飞行的方式，在施

图 5　红石岩堰塞体整治工程右岸高边坡航线规划示意图

工间隔期间开展飞行作业任务。

3.1　现场作业实施

　　小组于 2017 年 9 月中旬到达现场，在初步踏勘、选定位置后，开展了作业实施。针对整个施工区域及滑坡体，共开展了 12 个架次的作业，共采集影像约 3000 幅，通过检查后，局部区域精度未满足，随后进行了补测，外业工作时间 3 天。

　　本次作业过程中，对右岸高边坡进行了精细采集，针对整个施工场景，进行了大范围数据采集（图 6）。

图 6　倾斜多旋翼无人机现场作业

3.2　影像数据处理

　　在获取影像及 POS 数据后，通过照片整理命名、POS 解算、参数设置等（图 7），即可进行模型构建。

3.3　模型构建

对影像数据进行检查，POS 数据解算完成后，开始模型的计算工作，由于区域比较大，在解算的过程中，利用多线程计算，可以极大地缩短模型计算的时间（图 8～图 11）。

图 7　POS 解算成果　　　　　　　　图 8　多线程计算模型

图 9　模型整体效果

基于高精度右岸高边坡山体模型，设计专业开展了相关的边坡治理方案设计工作，保障了堰塞体整治工程的顺利开展。

4　结语

应用倾斜摄影测量技术，为红石岩堰塞湖永久性整治工程的右岸高边坡治理工作的顺利实施提供了有力的数据支撑。除了传统的区域建模外，倾斜摄影测量技术特别适用于高

图 10　2cm 分辨率高精度山体模型

图 11　2cm 分辨率高精度滑坡体模型

危环境、人员无法到达条件下的工程勘察设计工作。通过高精度模型的建立，把工程各部位以精确比例的方式再现在一体化的虚拟环境中，以可量测、三维直观的方式展现在工程师面前，完成相关的勘察设计工作，具有巨大的应用价值。

随着勘测设计技术的不断发展，倾斜摄影测量建模技术将会得到更为广泛的应用。

参考文献

[1]　何秀凤. 变形监测新方法及其应用［M］. 北京：科学出版社，2009.

3S 技术在不动产测绘中的应用

（中国电建集团昆明勘测设计研究院有限公司，昆明 650051）

摘 要：随着科技的不断发展，以遥感、全球卫星导航定位系统和地理信息系统为内涵的 3S 技术在各类调查工作中已显示出非常广阔的应用前景，并逐渐成为调查工作的主要工作方式和成果形式。本文主要阐述了 3S 技术的发展现状，分析了其在农房不动产测绘中的运用方法。笔者认为在当前农房不动产测绘试点工作中，3S 技术正展现其独特的优势，显著地提高了内外作业过程中的综合效能。

关键词：3S(RS、GNSS、GIS)；不动产；权籍调查；测绘

1 引言

不动产是指依自然性质或法律规定不可移动的财产，如土地、海域以及房屋、林木等土地定着物与土地尚未脱离的土地生成物、因自然或者人力添附于土地并且不能分离的其他物[1]。2013 年 11 月 20 日，国务院常务会议决定，整合不动产登记职责、建立不动产统一登记制度。国土资源部、农业部、国家林业局、住房和城乡建设部等相关部门于 2014 年 8 月 1 日联合下发《关于进一步加快推进宅基地和集体建设用地使用权确权登记发证工作的通知》，要求对农村不动产全面加快调查工作，进一步推进土地上附着物的调查和补充测绘工作。随着国土资源部于 2015 年 5 月 4 日下发的《国土资源部关于做好不动产权籍调查工作的通知》，不动产权籍调查体系和工作机制逐步明晰，为完善不动产登记制度提供了重要的基础保障。

不动产登记工作受党和国家的高度重视，它是机构改革以及政府职能转变的重要体现。由于不动产的确权登记意味着相关权利的法制化，和群众自身利益关系紧密，因此社会各界也在广泛关注。为了准确、高效、系统地在农房不动产权籍调查过程中实现每个不动产单元各个基本属性的明晰，比如不动产单元的占地面积和建筑面积、空间位置、权利人信息以及用途等，现阶段急需引入当前先进的 3S 技术，其能有效降低房产和外业地籍测量的工作强度，辅助核实权属调查结果，能方便地实现权籍调查成果的整理、汇总和管理。

2 3S 技术

3S 技术是遥感（remote sensing，RS）、地理信息系统（geographic information sys-

---

作者简介：杨林波，男，1983 年 10 月出生，高级工程师，从事工程测量以及地理信息系统设计与开发，605270743@qq.com。

tem，GIS）和全球导航定位卫星系统（global navigation satellite system，GNSS）的统称。RS、GIS、GNSS 三种独立技术有机集成起来，构成一个强大的技术体系，可实现对各种空间信息和环境信息进行快速、机动、准确、可靠地收集、处理、分析、传播与更新。

3S 技术可以形象地比喻为"两只眼睛与一个大脑"之间的关系（图 1）：遥感及卫星导航定位是获取信息的"两只眼睛"，遥感技术用以获取地物的光谱信息，卫星导航定位技术用以获取地物的位置信息；地理信息系统用于进一步加工收集的信息，在此基础上进行数据分析，作出决策和判断。

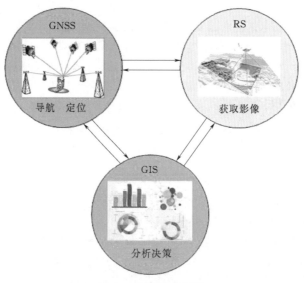

图 1 3S 关系示意图

近年来随着计算机科学与通信技术的飞速发展，3S 技术也获得了长足的进步，这使得 3S 技术应用的业务范畴得到了广泛的拓展，如图 2 所示。

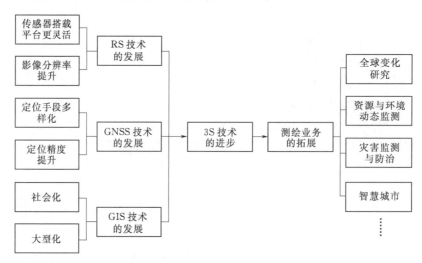

图 2 3S 技术进步及业务拓展示意图

目前，3S 技术已经广泛应用于数字地球、资源环境、市政规划、现代化军事等各个领域。遥感技术能大面积实时地获取地表信息，能客观高效地对地表进行动态监测。此外，从不同角度对同一地表进行的倾斜航空摄影，可以利用数字影像相关建模技术对重叠成像区域构建三维地表模型，这是对传统测绘方法的重大改进。在现阶段的土地测量、工程控制网的建立、建筑变形监测及高速公路测量等各领域中，GNSS 技术由于具备全天候作业、精度高、操作简便等得天独厚的优势，目前已经作为一种先进的测量手段和新的生产力工具得到了充分的应用，促进了当代测绘行业的蓬勃发展。GIS 是地图的延伸，通过 GIS 软件可以对地理信息数据进行快速地查询、分析和可视化，在市政规划、国土调查、矿产勘探等方面实现了全面广泛的应用。

3 3S 技术在不动产测绘中的应用

在现阶段我国不动产信息体系的构建中，3S 技术的运用为不动产测绘工作带来的便利性正得到充分的展示，在宗地及房屋测量以及内业建库工作中，3S 技术显得尤为重要。自相关通知下发以来，各地政府正在积极地组织以 3S 技术集成为手段，以地籍总调查和土地房屋总登记为工作方针，通过外业的土地和不动产单元空间及权属信息的调查、审核，以及内业建库相结合的方法，充分利用已有资料，包括土地和房屋的调查成果和登记成果等，积极贯彻国家标准及相关规范规程，全面推进房屋等不动产单元所有权的调查、确权和登记发证等工作。

3.1 RS 在不动产测绘工作中的应用

RS 技术能够为不动产测绘提供分辨率非常高的影像，并且在地形复杂和偏远的地区仍然能够进行数据的采集，因此它可以有效地扩大测量的范围并保证测量的精度。RS 在不动产测量工作中的应用主要体现在以下两个方面：

（1）将遥感影像用于制作工作底图。房屋土地的权属调查需要用到工作底图，施工计划安排也需要在工作底图上进行绘制和表达。针对房屋土地调查工作中所需要用到的工作底图，其制作方法主要包括三种：利用地形图绘制，直接手工绘制以及利用遥感影像绘制。由于一般地区通常基础资料不全，满足制作工作底图需求的地形图不能完整覆盖整个调查区域，或者现实性太差，所以利用地形图制作工作底图的方式效果不是很理想；另外，在工作现场直接手工现场绘制工作底图又非常费时费力，严重影响工作效率，并且缺乏准确性。相比之下，利用遥感影像制作数字正射影像图作为工作底图是一种全范围覆盖、省时省力、高效准确的一种制作方式。

（2）将航测遥感倾斜摄影系统用于构建房屋三维模型。倾斜摄影技术是一项被广泛提倡的高新技术，近些年在国际测绘遥感领域得到了充分的发展，它颠覆了以往只能从垂直角度拍摄获取正摄影像的局限，通过在同一飞行平台上搭载多台传感器，同时从 1 个垂直角度和 4 个不同倾斜角度对同一地物进行拍摄，再调用该地物不同视角的多张影像进行内业三维建模，将物体还原成真实直观的立体效果，并且可以对地物进行点与线的量测[2]。倾斜摄影测量可以减少外业工作量，对比传统测图方法，倾斜三维测图可以 360°无死角采集数据，大大提高了外业工作效率和测图精度。

3.2 GNSS 技术在不动产测绘中的应用

房产测绘的主要内容包括房产定位、房角点界址测量、房屋及其附属设施空间关系测量、独立地物以及构筑物的测量等。GNSS 技术在不动产测绘工作中可以实现对遥远地区的定位计算，结果非常精确，能够为地籍要素和房产要素数据的采集提供非常准确的地理坐标。在不动产测绘工作中，采取 RTK（real-time kinematic）载波相位差分技术，可实时处理两个测量站载波相位观测量，基于 CORS 连续运行参考站的 GNSS-RTK 能够在野外实时得到厘米级定位精度的测量方法，实时地获取各地物要素的精确坐标。GNSS-RTK 具有布设点位灵活、测量精度高、观测速度快、人力需求量少、不受通视条件限制、仪器操作简单、全天候作业等优点，因此能大幅度地提高效率、减少成本。

虽然 GNSS 技术具有众多优点，但在房产测量工作中依然会受到一些较大的限制，主要问题在于房屋都是具有较高高程的遮挡物，这会严重影响 GNSS 的信号接收情况，无法获取固定解。同时 GNSS 信号还会受到如磁场噪声的干扰、大气电离层的干扰以及通信网络信号的影响[3]。

鉴于 GNSS 与传统测量仪器全站仪都有各自的优点和局限性，可以充分结合 GNSS 技术和全站仪双方优势，在满足 GNSS 观测条件的区域测设控制点并解算得到控制结果。然后，使用全站仪以 GNSS 控制成果为基础布设测量网络，进行地籍、房产角点等相关要素的测量工作。这样就可以规避两者的技术缺陷，充分发挥两者的优势，保证房屋不动产测绘的精度。

3.3 GIS 在不动产测绘中的应用

完成外业的权籍调查和测绘作业之后，就需要对不动产权籍调查数据和调查记录进行建库和相关的整理工作，根据规程要求将调查结果进行完善和规范化，开展图形数据的空间和属性分析工作，并进一步实现对数据库中的图形及属性数据的关联利用。除了一般属性数据的录入，对于图形数据的整理，需要确保以下几个方面：

(1) 房产分层，按相关规定进行房屋结构属性和幢号的编码。

(2) 图形数据中各地物的拓扑关系无错误。

(3) 地籍图与房产图一一对应，相互关联。

(4) 房产图形数据与其相对应的权属信息一一关联。

(5) 图形符号的样式和表达方法符合相关规范的要求。

(6) 注记符合规范要求并与图形保持正确的对应关系[4]。

图形数据的编辑和整理可以通过 CASS 和 ArcGIS 等软件实现，在这一阶段，使用 GIS 软件可以将利用 GNSS 采集的界址点数据进行编辑与整合，完成对不动产图形数据的编绘和专题图的制作，以及不动产权籍调查数据的建库工作。GIS 是后台进行数据存储、管理、分析的重要体现，它能够贯彻实施对不动产空间数据的整合，经过网络技术的配合，对收集到的信息进行有效地提取和应用。

4 结语

现阶段，3S 技术在不动产权籍调查中展示了其巨大的潜力，然而它的优势并没有得到充分的发挥。例如，在房屋土地调查确权过程当中，传统的 RS 技术的应用比较浅显，目前还仅仅局限于制作工作底图，并且由于遥感影像较低的分辨率，且无法获取物体侧面信息，制作出的工作底图在调查工作中的使用还具有一定的局限性。另外，倾斜摄影测量系统虽然能构建房屋不动产的三维模型，但是特征点线面的提取还需耗费大量的人力物力成本。提高遥感影像分辨率及数字正射影像及倾斜摄影模型的制作效率，从不同层面大力发展和完善 RS 技术，使 RS 技术更好地服务于地籍和房产测绘工作已是大势所趋。

此外，为了适应不动产测绘工作，现有的常规 3S 技术需要加以修饰和改进，才能更好地为不动产权籍调查工作进行服务。例如，常规的 GIS 软件如 ArcGIS 并不能充分满足不动产权籍调查的绘图和建库需求。通常都是在 AutoCAD 或 CASS 当中对宗地和房屋数据进行绘制，转而在 ArcGIS 当中进行图形拓扑检查，数据在两种软件之间的转换给内业制作带来了不便，并且 ArcGIS 系统不适合载入和管理房屋以及权利人的诸多属性信息。因此，结合不动产权籍调查特征和 GIS 系统优势的专业软件应运而生，如 EPS 以及北京超图软件和数字政通等公司研发的其他相关软件。

参考文献

[1]　杨邦礼. 3S 技术在不动产测绘中的应用 [J]. 资源信息与工程，2016，31（4）：112 - 113.

[2]　李顾. 基于倾斜摄影技术在农村房屋权籍调查测量中的应用 [J]. 测绘与空间地理信息，2016，39（6）：182 - 183.

[3]　王勇，侯胜虎. 基于"3S"技术的农村集体土地所有权确权登记方法研究 [J]. 地球，2017（6）：107.

[4]　刘阳. 农村房屋土地调查的 3S 技术综合应用 [D]. 长春：吉林大学，2016.

水利水电工程勘测三维可视化信息平台简介及其应用实例

徐　俊，冯明权，韩　旭，马丹璇，李　林

［长江岩土工程总公司（武汉），武汉　430010］

摘　要： "水利水电工程勘测三维可视化信息平台"包括"野外地质信息采集系统""三维可视化地表扫描系统""工程地质信息数据库管理系统""三维地质建模技术及可视化系统"四个子系统，平台提出了"水利水电工程勘测一体化"解决方案，实现了水利水电工程勘测全生命周期的信息化，是水利水电工程勘测 BIM 技术必不可少的组成部分。

关键词： 水利水电工程勘测三维可视化信息平台；野外地质信息采集系统；三维可视化地表扫描系统；工程地质信息数据库管理系统；三维地质建模技术及可视化系统；水利水电工程勘测 BIM 技术

1　引言

近十几年来，我国大型水利水电工程数量之多、规模之大、速度之快，举世瞩目。这些工程大都处于高山峡谷，工程地质条件复杂、勘测周期长、勘测信息量大。多年以来，大量的勘测信息一直都是基于人工管理和二维表达，往往不能充分表示地质体的空间变化规律，无法直接、完整、准确地展示地质条件，越来越不能满足工程设计的需求；并且勘测信息都是以文字、图表、图纸等格式保存，存在数据管理分散、共享效率低、更新速度慢等问题。因此借助于计算机科学可视化技术，直接从三维空间的角度、以数字化的形式去理解、表达和再现地质体与地质环境，进而辅助工程设计、施工与决策的"水利水电工程勘测一体化"解决方案，以实现水利水电工程勘测信息数据采集、数据储存、数据管理、数据利用无纸化、可视化，对提高我国水利水电工程信息化水平意义重大。

2　水利水电工程勘测 BIM 技术应用现状

水利水电工程勘测信息量巨大，而且来源很多，如平洞信息、钻孔信息、坑槽信息、地质测绘信息、地面露头信息及土工试验信息等，如何对大量的信息进行统一、有效地管

基金项目：水利部技术示范项目"水利工程勘测设计三维协同技术示范应用"（SF－201717）；长江设计公司自主创新项目"水电工程全过程三维勘测设计技术研究与开发（一期）"（CX2015Z24）。

作者简介：徐俊，女，1981 年 7 月出生，高级工程师，现主要从事三维地质建模及模型应用研究，26953625@qq.com。

理及利用，从数据采集开始，到数据储存、数据管理、数据处理、数据备份、数据传输、数据查询检索、统计计算、报告报表生成、勘察图件生成、地质三维模型的建立、三维空间分析和工程勘测的综合分析评价等工作，形成一套完整以三维为分析背景的信息化技术体系，是 BIM 技术在水利水电工程勘测中的应用核心。目前现有的工程勘测项目中野外地质信息采集仍采用传统方法，数据的采集主要依靠手工来完成，且野外数据信息都以纸介质形式记录，这给数据管理和数据共享带来了很大的困难，在某种程度上制约了数据资源效益的充分发挥。国内将三维激光扫描技术应用于大比例尺地形测量和三维建模的案例很多，但多为研究性应用，且多数还停留在纯手工处理阶段，并未实现完整的系统解决方案。目前国内外对数据库的研究领域大多集中在矿山、油田以及海洋地质及专项数据库管理系统，如基于 MapGIS 平台研制通用的地质灾害数据库管理系统；然而针对水利水电工程地质资料丰富、地质状况复杂的情况，没有太多专业的地质数据库应用于工程中。水利水电工程地质信息管理大部分还是基于传统的 CAD 二维模型的建构，表现形式单一，可视化表现不够形象立体。三维地质建模方面，目前国内外出现了 GOCAD、Civil 3D、GeoMo3D 和理正地质 GIS 等三维地质建模软件，已经开发出的这些三维地质建模软件基本上都是用于油藏、矿山领域的，针对水利水电工程勘测领域而建立的地质三维建模软件并不多，对地质模型可视化分析针对性不强，难以满足专业功能需求。国内有单位自主开发三维岩土工程勘察信息系统，但无法实现与建筑结构等专业数据互通共享，难以进行各专业协同工作[1]。

3 水利水电工程勘测三维可视化信息平台建设

地质工作的工作流程是一个从数据收集到数据管理、再到数据应用的过程，"水利水电工程勘测三维可视化信息平台"以水利水电工程地质勘测的理论和技术方法为基础，以信息技术为支撑和工具，对水利水电工程地质勘测全流程进行改造和优化，包括时空数据的收集与采集、多源异构数据的管理与处理、行业知识点的储存与管理、数据与信息的传输与共享以及数据的多主题应用等。其主要目标是使数据、信息和知识等资源能够得到充分共享和利用，从而全面提升水利水电工程勘测的信息化水平，提高工作效率和质量，并可以为下一步工程设计和工程施工提供全面的地质数据支持和三维空间分析与设计、施工布置方面的技术支持。

"水利水电工程勘测三维可视化信息平台"为"水利水电工程勘测一体化"提出了解决方案（图 1），实现了水利水电工程勘测全生命周期的信息化，是水利水电工程勘测 BIM 技术必不可少的组成部分。其研究内容包括以下四方面：一是开发"野外地质信息采集系统"，以先进的信息技术为依托，能够快速采集野外地质数据，快速形成工程地质勘测电子档案卡，提高技术人员采集数据的工作效率；二是引进并开发"三维可视化地表扫描系统"，引进先进的激光扫描仪，针对水利水电工程特点进行三维地形的相关研究和技术开发，包括利用三维激光点云和数字影像信息进行二维数字地形图、三维地形图的制作，形成满足地质、设计专业需求的 DTM；三是建立全功能"工程地质信息数据库管理系统"，使地质信息数据数字化、标准化，实现测量、地质、勘探、物探、试验等数据储存、数据管理、数据处理、数据查询等，并基于此进行三维地质建模；四是开发"三维地

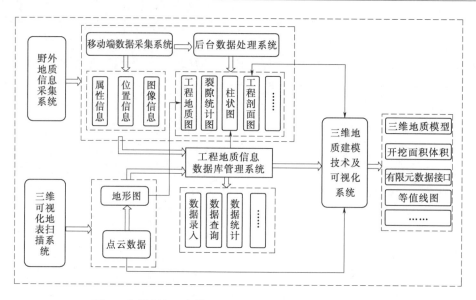

图 1　水利水电工程勘测三维可视化信息平台技术路线图

质建模技术及可视化系统"，建立三维动态可视化地质模型，实现所有地质及工程信息的集成，并与大型有限元软件接口，实现对施工过程及工程运营过程的动态模拟，优化设计，指导施工。

　　野外地质信息采集系统、三维可视化地表扫描系统是整个系统的基础，工程地质信息数据库管理系统是核心，三维地质建模技术及可视化系统及数值分析是目标，它们之间的关系如图 2 所示。

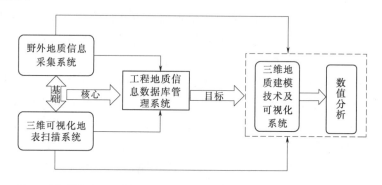

图 2　"水利水电工程勘测三维可视化信息平台"研究内容相互关系图

3.1　野外地质信息采集系统研究

　　地质数据的来源是多种多样的，野外来源现场主要包括岩石露头、探槽、浅井、钻孔、坑道乃至山脉、高原、平原、田野、草原、沙漠和海洋，室内来源现场则主要包括各种物理、力学测试场所和化学分析实验室，野外现场和室内现场是地质数据采集最主要和最直接的源泉，它的特点是原始、真实、准确、现实，而且能提供全方位、多角度的原始数据，这些数据源统称为野外地质信息源。点运动成线，线运动成面，面运动成体，任何一个地质体均可用点、线、面来描述，因此野外地质信息源可分为三大类：点状信息源、线状信息源以及面状信息源。

野外数据采集系统是实现野外地质勘察信息化的一个重要组成部分，是计算机在地质领域重要应用之一。传统的野外地质数据的采集方式是使用野外地质记录簿，由于记录内容随意、记录格式不规范及野外的使用不方便等缺点，难以满足地学定量化和地质信息化的要求。野外数据采集系统的研究，将笔记本、GPS、数码相机等有机地结合，进行实地观测，采集重要的地质点元、线元、面元的信息及重要的地质现象的特性信息、图像信息和坐标信息，并将其存储在硬件中，在地质勘察工作中真正实现无纸信息化。某种意义上，这是野外地质勘察手段的一次全面革新。

长江岩土工程总公司（武汉）基于移动端开发了野外地质信息采集系统，该系统主要安装在平板电脑或大屏幕手机，具有如下主要功能：

（1）智能数字地质罗盘功能。开发了智能数字地质罗盘，具有水平仪、指南针功能，测定地质体产状，并可自动获取。

（2）GPS坐标定位功能。实现了坐标的准确定位和坐标数据自动采集，实现经纬度（WGS84）与北京坐标、西安坐标系的转换。通过自定义坐标转换参数，实现了与世界大多数国家坐标系统转换。

（3）嵌入式照相功能。开发了嵌入式照相模块，实现了文字数据采集与图像采集的无缝衔接。并根据设备状态实现了图片自动旋转、图片的任意裁剪。对于钻孔岩芯的照相，自动根据钻孔编号编排岩芯照片文件名。

（4）地质信息采集功能。快速采集地质体信息，包括地质点数据、断层点数据、水文点数据、钻孔数据、节理裂隙数据及坑槽数据采集，还可以进行地层剖面实测等内容。

3.2 三维可视化地表扫描系统研究

三维可视化地表扫描系统开发，目的是实现三维可视化地表扫描外业数据采集和内业数据处理最优化，简化数据处理流程，提高数据处理效率和生产效率；使地形图标准化；提供现实地理环境的三维全景图，可以通过键盘、鼠标等控制设备，进行虚拟的站内漫游（不包括室内部分）。功能实现速度切换、视角大小切换、导航地图、全屏显示、距离测量、面积测量、截取当前屏幕的效果图（BMP格式）可打印、自由浏览、定速巡航浏览。

通过三维激光扫描设备选型及现场测试比较，选定RIEGL VZ-1000激光扫描仪作为三维可视化地表扫描系统仪器设备，该系统主要功能如下：

（1）真正实现无接触式测量。测量精度高、全数字化、测量方式灵活等特点，能够真正实现无接触式测量。解决了高陡斜坡、高山峡谷人不能去立尺的测量难题。

（2）快速形成地形图，且极大减轻了外业作业人员的劳动强度。

（3）地形图检查方便快捷。地形点云图与影像图叠加，较为真实地展示现场的地形地物情况，为地形图的检查提供真实的场景。甚至可以使地质、设计专家不到现场便可以看到现场的地形地质情况。

（4）为三维地质建模快速提供数据。三维可视化地表扫描快速生成三维点云数据，采用长江勘测规划设计研究院三维协同设计软件CATIA生成三维地形模型。

（5）利用三维激光扫描仪和高精度GPS系统，除可快速进行地形测量及地形图绘制、数字地形建模外，还可应用于地质勘察的平洞编录、施工地质基坑、边坡编录、岩体结构面快速统计及自然灾害调查、地质灾害监测等方面。

3.3 工程地质信息数据库管理系统研究

依据《水利水电工程地质勘察规范》（GB 50487—2008）及相关规程规范，确定数据库信息源由测量、物探、勘探、地质、施工地质、取样、试验和长期观测八大部分组成，完成了工程地质数据库管理系统的研发，系统由数据管理子系统及专题数据提取子系统组成。数据管理子系统为地质报告编辑、图件编绘、三维模型构建和地质体开挖分析、稳定性分析提供数据，提供数据编辑、多源信息集成、工程相关文档资料管理、用户管理等功能；专题数据提取子系统通过提取数据库中的相关数据进行试验数据统计分析和二维地质图件辅助编绘。

工程地质信息数据库管理系统主要功能如下：

（1）建立了基于广域网的工程地质信息数据库，实现工程地质数据的录入、批量导入、查询、删除、试验数据的分析统计、钻孔数据综合查询、成果表的导出等功能，并实现了数据上传、资料上传下载和历史钻孔文件导入等数据文件管理的功能。

（2）利用开发的独立于 AutoCAD、支持 DWG 文件格式的绘图控件，实现快速绘制钻孔柱状图、工程地质平面图以及生成工程地质剖面框架图。

（3）实现了节理裂隙快速统计分析，可生成等密图、玫瑰花图、直方图及相应的统计数据，图形输出格式多样，且利用开发的绘图控件直接输出为 DWG 图形。

（4）基于管理人员开发了文档管理模块，对图件、地质报告、图片及文档进行管理，可浏览 PDF 类型的报告，浏览 DWG 格式的图形。具有照片浏览与编辑打印等功能，快速生成文件归档清单。

3.4 三维地质建模及可视化系统研究

近年来三维地质建模及可视化技术已成为国内外的研究热点。长江岩土工程总公司（武汉）基于 CATIA 软件研发了三维地质建模及可视化系统，其主要功能如下：

（1）基于 CATIA 搭建了三维地质建模平台—水利水电三维地质建模平台，大大简化入门及建模的难度。

（2）实现了地质的参数化建模及快速重构。地质数据库与 CATIA 地质建模平台的对接，成功实现地质数据库直接向 CATIA 导入地形点云数据、地质点数据、钻孔数据，而且能够实现对钻孔数据进行分层、快速生成三维钻孔等功能，极大提高了建模的效率。

（3）掌握了长线路大数据量航片的快速渲染技术。CATIA 建模平台对地形进行渲染的传统方法，是通过输入航片的尺寸及中心点坐标来实现。通过二次开发，成功实现了将航片按坐标进行快速压缩、自动拼接功能，然后再进行渲染。这样不仅可以提高渲染的速度和效率，而且还可以保证渲染的精确性。

（4）掌握了复杂地形地质条件的建模技术。掌握了长线路复杂地形地质条件（包括断层、褶皱、溶洞等）的建模技术，使模型可准确地反映出工程区地形地貌、地层岩性及地质构造。

（5）实现了地质模型的材质和图片渲染功能，为了区分不同的地层岩性的结构形态，增加地质模型的视觉仿真效果，通过各种材料不同的图案或纹理，可以更加方便地查看各地层的属性和分布。

（6）地质体属性查询。地质体属性插件可快速查询地质体编码属性、物理力学性质等属性特征及地质体典型照片，实现了所有地质及工程信息的集成，有利于提高三维协同设计效率。

（7）实现了由三维到二维的参数化输出生成地质剖面图。

（8）CATIA 软件与 FLAC^{3D} 数值分析软件的无缝衔接：通过二次开发，实现了 CATIA 三维设计软件与 FLAC^{3D} 数值分析软件的对接。

4　工程应用

4.1　三维地质建模

重庆市藻渡水库工程位于綦江区藻渡河上，坝址位置在河口上游约 1.2km 处，距重庆市区约 80km。藻渡水库是一座以防洪、城乡供水、灌溉为主，兼顾改善生态环境和发电等综合利用为一体的大型水利工程。藻渡水库正常蓄水位为 375.00m，总库容约 2.0 亿 m³，调节库容 1.35 亿 m³，防洪库容 4975 万 m³，为Ⅱ等大（2）型工程。

该项目工程勘测利用"野外地质信息采集系统"移动端采集到藻渡水库下坝址区地质点及钻孔数据（图 3），地质点数据包括地质点坐标、产状、描述以及照片等，钻孔数据包括钻孔岩芯描述，岩芯获得率及岩芯照片等。利用"三维可视化地表扫描系统"采集藻渡水库地形点云数据，导入 CATIA 建立地形模型（图 4）。将地质数据导入"工程地质信息数据库管理系统"进行数据的统计、分析存储及管理，再利用数据库的接口程序将地质数据自动导入 CATIA 软件（图 5），通过二次开发软件还可以在 CATIA 软件内部查询导入地质点的相关信息如坐标、描述及照片等，钻孔数据导入 CATIA 后采用不同的颜色对不同的地层进行区分，生成三维钻孔。

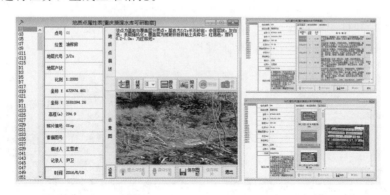

图 3　藻渡水库野外采集地质点及钻孔数据

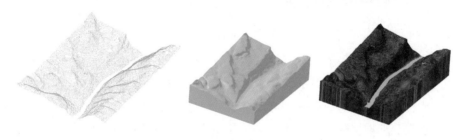

图 4　藻渡水库地形点云及地形体

图 5　藻渡水库地质点数据由地质数据库导入 CATIA

　　地质点、钻孔等数据导入完成后，采用曲面建模的方法构建高精度三维地质模型。结合三维地形模型建立地层分界面，地层分界面与三维地形模型进行分割或布尔运算，生成地质模型。三维地质建模是一个动态的过程，随着勘察阶段的不同，勘探精度的不断提高，如何依据最新的勘测资料及时更新先期建立的地质模型，得到工程不同时期或阶段的三维地质模型，是一个三维地质建模的一个技术难题，笔者研究出一套独特地质模型构建方法，成功实现了数据更新—模型局部动态更新—模型整体更新，突破了技术瓶颈，为三维协同设计提供了技术保障。

　　地质模型建立后，可采用不同的颜色对地质体进行区分，也可以将不同的地层和岩性应用不同的材料加以渲染（图 6）。通过各种材料不同的图案或纹理，可以更加直观地看出各地层的属性和分布。另外也可以在材料库模块下，根据需要自行编辑材料，创建新的材料和材料库。可以先通过照相机实地拍摄不同地质体的典型照片，然后再根据照片来编辑相应的材料，并且能够对各种材料的杨氏模量、泊松比、密度、热膨胀和屈服强度等参数进行自定义，赋予各地质体真实的物理属性。

图 6　藻渡水库三维地质模型

　　地质模型完成后还可以利用公司自主研发的地质体属性查询插件可查询地质体编码属性及物理力学性质等属性特征及地质体典型照片。通过研究与开发，首次以编码的形式实现了地质属性的表达，熟悉编码的人可以对地层信息一目了然，不熟悉编码的人通过编码属性查询也可以获取地层信息，为非专业人员提供了一种快速识别地质属性的途径。还研究了一种模型快速雕刻技术，创建了雕刻模板，可在地质模型上快速添加文字信息。

4.2　模型应用

4.2.1　二维地质出图

地质剖面快速出图主要分为 4 步：①确定剖面两端；②运行公司开发的模型剖切软件；③对剖面进行定位以及自定义剖切参数；④自动绘制标准格式地质剖面图（图 7）。通过二次开发的剖切软件，可以快速地切割及输出标准化二维地质剖面，提高地质出图效率。CATIA 本身带有剖切功能，但输出的剖面只包括线条，需要后期加上图框、图签、钻孔、标尺等，工作量大、较繁琐。通过二次开发的剖切软件，可以快速地切割及输出标准化二维地质剖面，极大提高工程设计效率[2]。

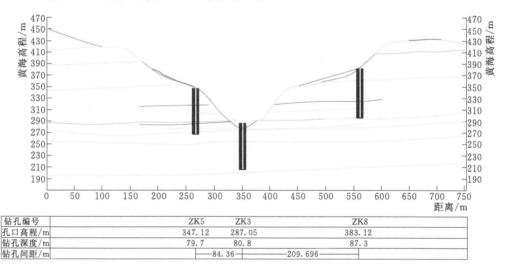

钻孔编号		ZK5	ZK3		ZK8	
孔口高程/m		347.12	287.05		383.12	
钻孔深度/m		79.7	80.8		87.3	
钻孔间距/m			84.36	209.696		

图 7　藻渡水库二维地质出图

4.2.2　工程开挖计算

以藻渡水库导流洞进口边坡开挖为例（图 8），首先根据设计方案建立开挖曲面，对地形模型进行分割计算，再由测量工具计算出开挖的方量。地质模型经导流洞进口边坡开挖曲面分割后，可以清晰直观的查看工程边坡的地质结构，指导工程方案设计。

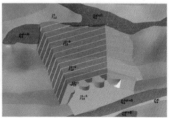

图 8　导流洞进口边坡开挖计算

4.2.3　岩土工程数值分析

通过二次开发，将 CATIA 地质模型网格数据的格式进行转化后，导入 FLAC3D 软件可进行岩土工程数值分析计算（图 9），如边坡的稳定性分析、洞室的围岩应力分析等，为施工决策提供依据。

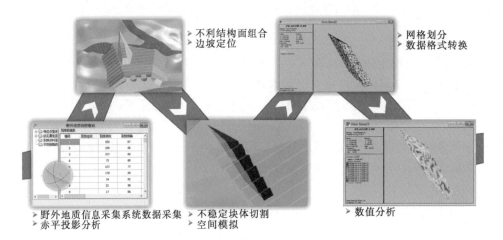

图 9　岩土工程数值分析

5　结语

　　"水利水电工程勘测三维可视化信息平台"获得发明专利 3 项、计算机软件著作权 4 项，平台已成功应用于多个大型水电项目，包括滇中引水工程、尼加拉瓜运河工程、KAROT 水电站、孟东水电站等几十个项目，实现了工程地质勘察工作数字化、标准化、流程化，大大地提高了工程地质勘察的效率及质量，促进了水利水电工程勘测技术的进步。

参考文献

[1]　李俊卫，黄玮征，王旭峰. BIM 技术在工程勘察设计阶段的应用研究［J］. 建筑经济，2015，36（9）：117－120.

[2]　韩旭，徐俊，马丹璇，等. 基于 CATIA 三维地质模型二维出图的研究及应用［J］. 资源环境与工程，2015，29（5）：743－746.

AutoCAD Map 3D 软件在地质工作中的应用

王小锋，完颜亚飞

（中国电建集团昆明勘测设计研究院有限公司，昆明　650051）

摘　要： 本文主要介绍 AutoCAD Map 3D 软件在地质工作中的应用，使用的软件功能包括"Raster Tools"菜单功能、"地图设置"菜单中的指定、附着、连接等功能，主要解决和实现了区域地质图件的校正、不同坐标系地质图件的叠加、GIS 数据的引用、栅格图件的叠加，以及地形曲面渲染等遇到的问题及工作需求，从而提高了区域地质图的校正精度，减少了内业数据处理工作量，完成了地形曲面渲染地质图，提高了工作效率。

关键词： AutoCAD Map 3D；区域地质图；GIS 数据

1　引言

地质工作的前期阶段，地质工作者会收集相关的各类地质图件，如 1：20 万区域地质图、1：5 万区域地质图、地震动参数区划图、工程所在地的交通图以及一些 GIS 数据格式图件等，要将各种图件应用于实际工作中，需要解决纸质图件的坐标配准，不同坐标系图件的相互叠加问题。然而，现在使用广泛的 AutoCAD 软件不具有坐标系设置的功能，无法对不同坐标系图件进行处理，在实际工程中使用特征点进行图件叠加，误差较大[1-3]，给图件的使用带来了很大的阻碍。

2　AutoCAD Map 3D 软件介绍

AutoCAD Map 3D 是一种 GIS 地图制作软件，包括 AutoCAD 的工具和功能。它是一个功能更加强大的 CAD 软件，同时也是一个开发平台，可以在专业地图绘制、土地规划和技术设施管理应用方面发挥重要的作用。软件的文件接口格式更加广泛，可直接访问各类资源的 CAD、GIS 和光栅数据格式。王锦邦[4]利用 AutoCAD Map 3D 软件强大的图形编辑、数据处理功能，并结合 MapGIS 强大的图形整饰、成果输出的优点，实现了图形、数据、文件共享，完成了高效率、高质量的城市旅游图。闵静雅[5]运用 C♯开发语言，在 AutoCAD Map 3D 2008 平台上构建了一个与社区各项管理事务相适应的社区信息业务管理应用系统。袁生礼等[6]结合地形图实际生产现状，提出一种基于 AutoCAD Map 3D 软件的地形图信息图形化技术。AutoCAD Map 3D 软件的应用多集中于地图绘制和信息管

作者简介：王小锋，男，1980 年 11 月出生，高级工程师，主要从事工程地质勘察工作，wwxf2001@163.com。

理平台的开发，而在地质工作方面的应用研究相对较少。笔者利用该软件所具有的 GIS 功能、空间显示等功能，在实际的地质工作中解决了涉及坐标系的一些问题，并完成了简单信息管理及空间数据展示等方面的应用，取得了较好效果。

3 软件应用

以下主要介绍 AutoCAD Map 3D 软件提供的 Raster Tools（光栅工具）、地图设置、分析等菜单提供功能的应用，解决地质工作中遇到的相关问题。

3.1 Raster Tools

本菜单主要功能如图 1 所示，主要功能是对光栅图像进行处理，本文主要介绍对图像进行校正以纠正图像扫描时的倾斜、局部扭曲等错误并匹配相应的坐标。原有的光栅图像校正的方法是以两点来定位进行校正，受到人为操作中的误差影响很多，匹配精度和本菜单中提供的"Match"功能类似。"Rubber Sheet"功能在"Match"校正后的基础上采用网格状节点对图像进行进一步校正，如图 2 和图 3 所示。由于采用了分块多点匹配的方法，有效地降低了"Match"匹配的误差，大大提高了图像校正的精度。如某个水库位于一幅 1：20 万区域地质图的东部边界，为了分析该水库的区域地质情况，需要叠加东侧的 1：20 万区域地质图，而叠加后的成果图片的重合度及图片的精度取决于校正的手段和方法，仅仅采用两点进行校正不仅无法校正地质图，其重合部位会更加不重合，更不匹配。笔者使用 Raster Tools 的功能分布完成了两张区域地质图的配准及校正，校正后的效果如图 4 和图 5 所示。从两张区域地质图交界的部位来看，两张区域图上的地形线在交界部位连接较好，可见两张区域地质图校正后的精度进一步提高。相比于原有的匹配方法，匹配过程虽然更复杂，但精度却得到了大幅提升。

图 1 "Raster Tools"菜单功能

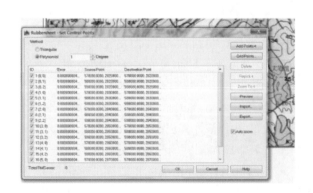

图 2 Rubber Sheet 功能菜单

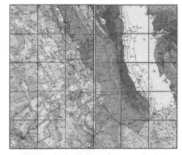

图 3 Rubber Sheet 校正过程

3.2 地图设置

本菜单主要功能如图 6 所示，工作中主要应用了"指定""附着""连接"等功能。

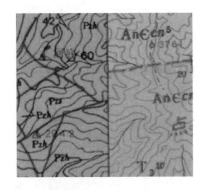 

图 4　区域地质图交界处校正结果（一）　图 5　区域地质图交界处校正结果（二）

图 6　"地图设置"菜单功能

3.2.1　"指定"功能

通过"指定"功能可以对图件进行坐标系设置，功能界面如图 7 所示，提供的坐标系包括 LL84、Beijing1954、Xian80 等常用坐标系，且可以设置自定义坐标系，可完全满足在实际工作中坐标系设置的要求。通过该功能可以对所有图纸进行坐标系设置，为图纸后期的利用提供了基础。

3.2.2　"附着"功能

地质各类图件的坐标系不同，如果直接在 AutoCAD 软件中通过复制粘贴到原坐标，由于各种坐标系的投影参数不同，必然会导致图纸无法完全匹配。例如某水库工程工作中坝址区地形图坐标系为 Xian80，水库区地形图为购买的 1∶1 万地形图，坐标系为 Beijing1954，已有的 1∶20 万区域地质图坐标系为 Beijing1954，已有的地震动参数区划图为 LL84 坐标系。已有坐标系为 Xian80 的坝址区地形图，如图 8 所示，如何利用已有的区域

 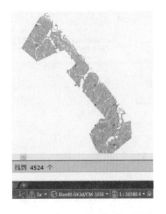

图 7　坐标系指定界面　　　　图 8　坝址、输水线路区
　　　　　　　　　　　　　　　　　地形及坐标系

地质图及地质动参数区划图等来辅助地质工作在 AutoCAD 软件制图过程中会成为比较复杂的问题，原来多采用特征点匹配，如河流交叉点，道路交叉点等，但是由于坐标系的不同，往往不可避免会出现相对较大的误差。AutoCAD Map 3D 软件提供的"附着"功能提供了坐标系自动转换功能，在导入图纸过程中选择图纸相应的坐标系即可实现坐标系的自动转换，从而可以将多张不同坐标系图纸叠加到一张图上，如图 9 和图 10 所示。从图纸叠加后的结果来看，各种特征点和地形线均匹配较好，且图纸匹配的速度快，大大提高了利用已有区域地质成果的效率。

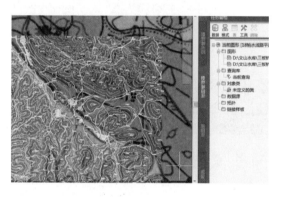

图 9　坝址区地形叠加区域地质图及水库区地形

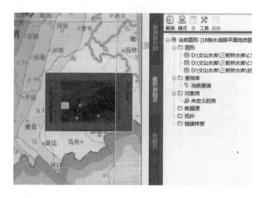

图 10　坝址区地形叠加动参数图片

随着地质资料不断增加，且项目不断增多，对于各种地质图件的管理也变得越来越重要，图件的管理需要快速查询已有的地质图件，高效找到需要的地质图件。由于不同的项目使用的坐标系都不一样，虽然可以集中大量的图纸，但是却无法将大量的图纸范围集中于一张图纸上，不利于在实际工作中查询所关注区域的地质图纸的情况，且不易查询对应的图纸的作图者或项目设总。先对收集到的所有图纸进行对应坐标设置，提取图纸的范围成封闭线段，对线段增加对应的属性，包括图纸比例，项目名称，项目地质专业设总等信息。通过附着的功能，可以将所有的图纸调用到一张图上，本文采用 LL84 坐标系，可以更大范围、更多地加载图纸的范围线段，基本可以把所有项目的图纸的信息集中于一张图

图 11　"连接数据"功能界面

上，提供了一个快速查询相关图件的图纸。由于软件界面熟悉，查询相对简单，图纸的使用较为方便，且应用相对高效。

3.2.3　"连接"功能

该功能提供了图纸与其他多种格式文件的连接功能，可以将其他图纸按照坐标系进行连接，以用于数据的查询和导入，数据连接提供的数据连接的格式包括 SHP、SDF 等格式，如图 11 所示。

由于各种填图软件的 GIS 功能及图纸叠加功能，使得地质填图的野外定点效率大大提高，也极大地提高了野外填图的效率。但是野

外填图成果如何导入已有的地质图上成为一个重要的问题，笔者使用填图软件导出的填图成果为 KML 或 KMZ 格式文件，其坐标系也与实际工作中使用的直角坐标系不一致，导致了填图成果无法直接用于 CAD 作图软件，一般需要通过 ArcGIS 软件对 KML 或 KMZ 文件进行坐标转换，然后导入 CAD 作图软件中，虽然可以叠加部分属性，但是依然会丢失大量的属性，后期需要对照 CAD 图纸和 KML 文件进行比对，逐个整理已有的地质点，资料整理的效率低下。

AutoCAD Map 3D 软件本身无法直接导入 KML 和 KMZ 文件，在软件中添加一个 FDO 插件才可增加"添加 KML 连接"功能。如某水库的野外地质测绘得到了大量的地质测绘点，导出成 KML 文件。通过"连接"功能将 KML 文件导入，导入过程中设置坐标系为 LL84，填图成果与坐标系为 Xian80 的已有地形图的叠加效果较好。同时通过对于地质点属性的设置，可以将野外填图信息直接调用显示在地形图上，便于资料的快速获取和直接利用，如图 12 所示。通过叠加地质点编号可以快速完成地质测绘点的位置输入，通过地质点的地质界线的属性显示，可以方便地编辑各类地质界线，通过地质点产状属性

信息可以快速完成各类产状点的录入。通过添加光栅图像或曲面连接可以将 TIF 格式文件直接导入地形图中，且通过坐标系转换，地形图与光栅图像的匹配较好，满足实际工作中精度要求。由于地质点信息、光栅图像、地形图等各类的信息的叠加，使得滑坡、崩塌等不良物理地质界线的绘制更加准确、快速，而且一些卫片的解译成果可以更加准确、高效地融于现有的地质图中，提高工作的效率和成果的准确性。

图 12　野外填图数据导入地形图

3.3　分析

"分析"菜单主要功能如图 13 所示，以下主要介绍"样式编辑器"及"曲面阴影"功能的应用。现有的地形图多为二维地形图，其空间的效果不明显，无法清楚显示地形及地貌的特征。利用"样式编辑器"及"曲面阴影"功能可完成对地形曲面的渲染，渲染效果可满足地形分析及展示的需要。

图 13　"分析"菜单功能

功能应用实例选择了一个水库，通过地形的特点来分析水库的渗漏问题。将已有的等高线文件在 Civil 3D 软件中打开，通过软件的曲面功能将地形线转换为三维曲面，如图

14 和图 15 所示，将曲面转换成 AutoCAD Map 3D 软件支持导入的曲面格式文件，即 DEM 格式文件。在 AutoCAD Map 3D 软件中，通过"连接数据"功能将 DEM 格式文件导入，即可得到三维曲面，在"样式编辑器"中，默认生成即可得到渲染后的地形曲面，得到地形高程专题图，如图 16 所示。根据蓄水位高程及适当的高程间隔，并对不同高程数据赋予不同的颜色，可以制作满足工程需要的地形曲面渲染图，如图 17 所示。从图上可以清晰地看出水库坝址附近左侧存在低邻谷，且分水岭较为单薄，右岸也存在低邻谷，但分水岭较为宽厚，在水库的库尾存在低于正常蓄水位的洼地，从岩性上分析，该洼地为一个岩溶洼地，需作为重点研究区域，了解水库渗漏的问题。

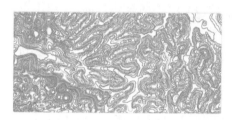

图 14　原始地形图

图 15　Civil 3D 软件生成曲面

图 16　曲面专题图

图 17　曲面渲染地质图

4　结语

（1）AutoCAD Map 3D 软件提供的"Raster Tools"菜单功能可以大大提高图像处理的效率，提高图像校正的精度。

（2）"地图设置"菜单功能可以完成坐标系设置、多种坐标系图件的快速叠加以及 GIS 数据的直接导入，有利于资料的整合分析。GIS 模块带有的对象属性直接调用显示功能可大大方便使用者对资料的判读。

（3）"分析"菜单功能可以非常直观地展示地形的空间特征，提供用于展示的曲面专题图以及用于地质分析的渲染地质图，用于地形相关的地质问题分析。

（4）AutoCAD Map 3D 软件是 CAD 功能与 GIS 功能结合的软件，可以将 CAD 数据与 GIS 数据有机地融合，提升资料的转化效率和转换精度，提高地质工作中处理基础资料的效率。

参考文献

[1]　陈琼. 地质图像的拼接与修复算法的研究 [D]. 北京：中国地质大学，2014.

［2］ 王占昌. 基于 MAPGIS 平台实现地图拼图 ［J］. 青海地质，2001（增刊）：68－73.

［3］ 郑艳飞. 基于区域配准的图像拼接算法 ［D］. 济南：山东大学，2012.

［4］ 王锦邦. 基于 MapGIS－Autodesk Map 联合编制城市旅游图的实践 ［J］. 测绘与空间地理信息，2011，34（4）：141－143.

［5］ 闵静雅. 基于 AutoCAD Map 3D 的社区信息管理系统的构建与实现 ［D］. 南京：南京农业大学，2012.

［6］ 袁生礼，罗方方，仉明. 基于 AutoCAD Map 3D 地形图信息图形化技术研究 ［J］. 城市勘测，2011（4）：63－65.

水利水电工程地质勘察可视化关键技术研究及其工程应用

段建肖，廖立兵，肖　鹏，肖云华，康双双，张　熊

［长江三峡勘测研究院有限公司（武汉），武汉　430074］

摘　要： 随着西部大开发战略的深入实施，我国水利水电工程建设多集中于西部高山峡谷区，"难接近、摸不着、看不到"是地质勘察的技术屏障。本文围绕水利水电工程地质勘察可视化关键技术的研发，总结出了一套集可视化数据采集、视频交互与远程专家诊断、三维地质建模与成果信息管理"三位一体"的工程地质勘察可视化工作系统，实现了地质勘察全过程可视化，具有操作简单、速度更快、精度更高、表达更直观且能实时互动等特点，解决了工程地质勘察的技术难题，提高了勘察精度和成果质量。该技术已在三峡工程、乌东德水电站等重大水利水电工程中实际应用，取得了显著的社会、经济和环境效益，具有广阔的应用前景。

关键词： 水利水电工程；地质 BIM 建模；多专业三维协同设计；GOCAD 三维地质建模

1　引言

随着西部大开发战略的深入实施，我国水利水电工程多集中于西南高山峡谷区。西南地区河床覆盖层厚度经常达数十米至超百米，深厚松散层勘察仍存在"难钻进、取不出、看不见"的技术困境；高山峡谷地区多为悬崖陡壁、倒坡，高陡边坡勘察仍存在"难接近、摸不着、看不到"的技术屏障；同时，时代发展也要求地质勘察"速度更快、精度更高、质量更优"。随着相关领域新技术的蓬勃发展，可视化技术为解决上述难题提供了一种新途径。目前广泛采用钻孔彩电、卫片、航片、近距离三维激光扫描、甚至无人机等可视化技术解决"看不见、摸不着"的问题，并取得了一定的效果。但是，仍存在一些关键技术难题亟待突破。

长江三峡勘测研究院有限公司（武汉）围绕水利水电工程地质勘察可视化关键技术进行了长达 20 年的深入研究，发明了涵盖工程地质勘察内、外业的新技术、新方法，形成了一套集数据采集、视频交互与远程专家诊断、三维地质建模与成果信息管理"三位一体"的工程地质勘察可视化工作系统。

作者简介：段建肖，女，1970 年 9 月出生，高级工程师，主要从事水利水电工程地质与计算机应用方面的研究，duanjianxiao@cjwsjy.com.cn

2　水利水电工程地质勘察可视化关键技术问题

水利水电工程地质勘察是工程规划、设计及施工最重要的基础工作，对工程决策、建设和运行起着至关重要的作用，尤其是工程地质条件复杂的地区，深厚覆盖层、高陡边坡和大型地下洞室是直接关系工程决策和工程安危的三大关键技术难题。随着相关领域新技术的蓬勃发展，可视化技术为解决上述难题提供了一种新途径。国内外均有不少勘察可视化成果问世，但仍存在以下几个方面的关键技术问题：

（1）地质勘探中，一般采用钻探获取岩芯来获得较准确的地下地质资料，但一般岩芯获得率都达不到100％，钻孔电视可有效地获得地下地质信息，甚至比取芯更重要，特别是取芯较差的地方。但目前钻孔电视有两大难题未突破：一是在深厚覆盖层、软弱岩体和岩石破碎的地段无法做钻孔电视，如乌东德坝址河床深厚覆盖层厚度达55～80m；二是"难钻进、取不出、看不见"的技术难题无法克服，继而根本无法查明其工程地质条件。

（2）常规工程地质测绘野外收集的信息主要是文字描述和线条表达，极易遗漏关键地质信息，效率低，人员投入多。对此，国内外均研发了不少可视化测绘系统，但都存在GPS定位、航片、卫片与地形图融合的技术难题，且数据采集的成果仍需必要的室内整理，工作效率和成果精度仍有待进一步提高，特别是高陡边坡的地质测绘，高陡部位人难接近、摸不着、看不到，现有测绘系统根本无法开展工作。

（3）常规地质编录工作具有精度低、开挖面不可再现、人为选择性过滤重要地质信息等特点，这极易遗漏重要地质信息。对此，基于数字摄影测量的地质编录已大量应用，对三峡工程、乌东德水电站这样的大型地下主厂房、超高边坡开挖，仍存在大面积多张高清照片与开挖面坐标信息有机融合的技术难题，无法全面再现开挖现场，数据采集的成果仍需必要的室内整理，工作效率和成果精度仍有待于进一步提高。

（4）形成地质基础数据库目前均较易实现，但地质基础数据库未与三维地质模型、地质成果图件以及与设计之间的接口综合考虑。其关键点就在于没有以三维地质模型为核心来构建地质基础数据库及其成果快速出图。

本文系统研究了水利水电工程地质勘察可视化关键技术及其工程应用，取得了良好效果。

3　水利水电工程地质可视化快速勘察技术研究

水利水电工程地质可视化勘察技术就是从地质原始信息的数据采集到成果管理，通过获取地质对象的图像或视频，用视频或带有尺寸的图像展示工程地质实际，表达工程地质条件，解决工程地质问题。图像或视频能多角度、多尺度、直观展示客观实际；图像和坐标信息融合起来，能显著提高成果精度和工作效率；借助无人机、钻孔电视等技术获取的地质图像或视频开辟了一种难以近观情况下的地质信息采集新途径，如深厚松散层、陡壁、深沟、山顶等无法看到或无法到达的部位。

3.1　总体思路

水利水电工程地质可视化快速勘察技术研发，以工程地质、工程测量与摄影理论为基础，综合应用计算机信息处理、空间测量、摄影、钻孔彩电、无人机、网络视频、GPS、

GIS 等新技术，研究工程地质勘察新技术、新方法，形成集可视化数据采集、视频交互与远程专家诊断、可视化建模与成果信息管理于一体的工程地质信息化工作系统，提高成果精度和工作效率。技术路线如图 1 所示。

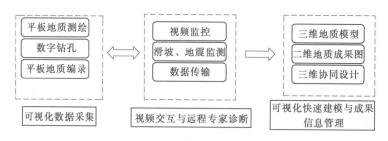

图 1 工程地质可视化快速勘察技术路线图

3.2 可视化数据采集

实现水利水电工程地质勘察可视化，首要任务是将外业采集数据以直观完整的方式直接输入电脑，以使各层级的专家无论何时何地都可以快速获得直观、完整及信息毫无遗漏的原始地质信息，准确地进行工程地质分析、判断。

3.2.1 工程地质测绘

发明了"基于 Windows 的便携平板式工程地质测绘工作方法"[1]（图 2），利用 Windows 系统的便携平板电脑，开发软件，可自动加载地形图、航片、卫片等背景图或者无人机（UAV）拍摄的带有坐标信息的高清照片，结合 GPS 实测地质点经纬度和海拔数据并换算为直角坐标，现场勾绘 CAD 地质图，直接记录地质信息，高质量完成带有清晰影像的 CAD 地质平面图，解决了地质测绘中 GPS 定位、航片、卫片与地形图有机融合的技术难题，解决了人难接近、摸不着、看不到的边坡高陡部位的地质测绘难题，实现了野外现场高效一次性完成带有清晰影像的 CAD 地质平面图，并真正大规模用于生产实践。

实时定位

工作平板

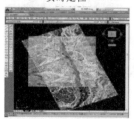
AutoCAD 电子成图

数据采集

图 2 可视化地质测绘示意图

对于地质人员无法到达的高山峡谷、高陡边坡，悬崖陡壁、倒坡、植被茂密或冰雪覆盖，又或上方有落石、塌方或雪崩等危险源存在的区域，运用无人机抵近拍照，在Smart3D软件中快速构建地表三维实景模型，可获取近观的最细部的地表地貌特征，从而在真实、清晰的三维实景模型上进行工程地质勘察工作，可提取产状相关的点的坐标和高程计算地质产状，识别地质体边界，根据长大节理面、构造面以及地表裂缝等产状信息推测其空间走向及展布情况等。在微观分析方面，解决了去不了的难题，且成果直观、立体。

3.2.2　深厚覆盖层可视化探测

发明了"深厚松散层的可视化探测方法"专利技术[2]，打破以往为护壁而护壁的思路，拓展护壁材料的功能，将护壁材料换成高透明性 PMMA 管，一方面将其作为钻孔护壁器，有效地解决了深厚松散层在钻探过程中的塌孔问题；另一方面又利用其透明性实施高清钻孔电视，真实、直观地了解松散层的物质组成和结构特性，从而实现深厚松散层工程地质勘察的可视化，解决了深厚松散层不能做钻孔电视的技术难题。结合常规性钻孔编录资料，完整获得数字钻孔信息，如图 3 所示。

施钻

数字钻孔

岩芯

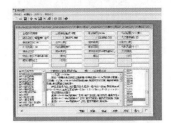
数据采集

图 3　数字钻孔编录示意图

3.2.3　快速可视化地质编录

发明了"大型洞室仪测成像可视化地质编录方法"[3]和"基于 Windows 的平板式施工地质可视化快速编录方法"[4]，开发了水利水电工程地质编录系统，在施工地质编录时，人工拍摄开挖面照片，或采用旋翼无人机（UAV）抵近拍照，通过实测控制点坐标，校正每幅图片中已明确标示的激光控制点并定点拼接多张照片，利用拼接图片进行现场编录，解决了地质编录中现场大面积多张照片与开挖面坐标信息有机融合的技术难题，提高了自动化程度，实现了一次性快速生成 CAD 地质高清线划影像图，可全面再现大洞室、高边坡开挖所揭露的地质现象，真正大规模用于生产实践中，如图 4 所示。

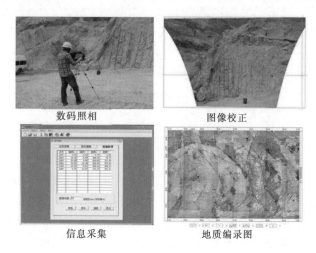

图 4　可视化地质编录示意图

3.3　可视化快速 BIM 地质建模与成果信息管理

引入 GOCAD 三维地质建模软件并进行二次开发研究，开发以三维地质模型为核心的数据转换、数据管理及成果图绘制等软件，实现了基于 GOCAD 可视化工作系统的地质信息数据库快速构建及工程地质剖面图快速制图，如图 5 所示。

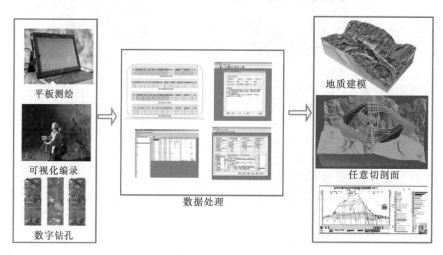

图 5　可视化快速 BIM 地质建模示意图

3.4　视频交互远程专家诊断

采用可视化快速勘察技术，实现了各勘察阶段勘察过程和勘察资料的可视化，原始信息资料的可视化大大提高了远程专家诊断的便捷性和可能性。采用可视化快速工程地质测绘、可视化勘探、可视化快速编录、自动化监测等新技术获得有地质细部特征的现场地质细观信息，通过 Internet 网络实时传送到后方，进行统计、分析、三维地质建模等工作，可实时与专家交互，实现远程专家分析判断，如图 6 所示。

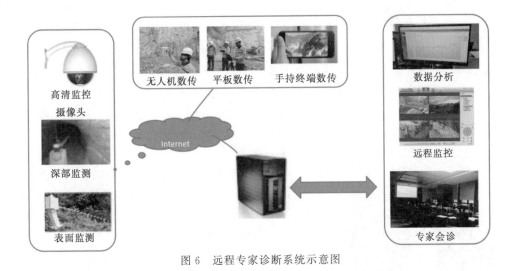

图 6　远程专家诊断系统示意图

4　工程应用实例

4.1　三峡工程（三峡地下电站主厂房可视化地质编录）

应用大型洞室仪测成像可视化地质编录技术，成功地在三峡水利枢地下电站主厂房、变顶高尾水洞等特大型洞室进行了快速施工地质编录和综合利用。由于每张照片都有测量坐标控制，最终成果可拼接形成完整的建筑物壁面影像图。以主厂房为例，长 311.3m、顶拱跨度 32.6m 的主厂房顶拱及上、下游壁面可用一幅完整的影像图展示出来（图 7）。该图真实、客观地再现了开挖面所揭露的地质现象，且具有标准比例，图中每点通过相应换算都有与之对应的三维坐标，是一幅具有较高精度的数字化地质图，可在图上进行综合性的地质观察和研究工作，如不利稳定块体的搜索及分析、断层起伏度研究、结构面的规模、产状、密度、排列及微观特征研究、岩体结构和围岩类型的划分和统计等，同时高清

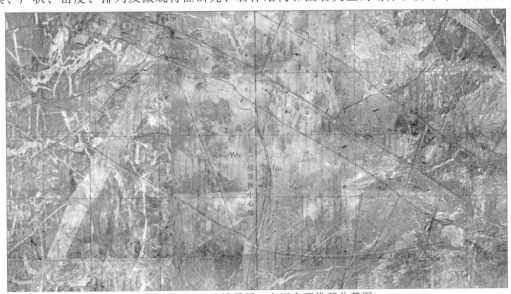

图 7　1/50 照片效果图（主厂房顶拱部分截图）

图像也为研究成果及结论提供了直观有力的佐证。

4.2 乌东德水电站

乌东德水电站是金沙江下游河段（攀枝花市至宜宾市）四个水电梯级——乌东德、白鹤滩、溪洛渡和向家坝中的最上游梯级。水电站上距攀枝花市 213.9km，下距白鹤滩水电站 182.5km，与昆明、成都的直线距离分别为 125km 和 470km，与武汉、上海的直线距离分别为 1250km 和 1950km。

4.2.1 坝址区深厚覆盖层可视化探测

乌东德水电站坝址区河床覆盖层深厚，一般厚达 55～69m；其物质组成有河流冲积成因的

图 8 ZK83 钻孔覆盖层可视化图片

砾、砂、卵石及少量漂石，两岸崩塌入江的块碎石及金坪子滑坡堆积形成的碎块石等，成分混杂，成因及工程特性等复杂。在乌东德水电站地勘钻探工作中，采用可视化探测技术，完成钻孔高清录像解译 6761.81m/63 孔，取得河床覆盖层清晰直观的彩色图像资料（图 8）；钻孔电视不仅仅是看清楚，通过高清图片结合现场解译出颗粒级配，实测密度，室内复原原始级配，模拟土体做各种力学试验，意义重大，攻克了厚覆盖层中钻进、取芯、取原状样技术难题，为深基坑、高围堰、深防渗墙设计、施工等提供了高质量的地质资料，同时节约了施工工期，也节约了工程投资。

4.2.2 坝址区可视化地质测绘

应用"基于 Windows 的便携平板式工程地质测绘工作方法"在乌东德坝址区进行工程地质外业测绘，利用自主开发的工程地质测绘软件，采用便携式平板电脑，可直接在绘图软件上将影像图、地形图有机融合，并以影像图、地形图为背景，直接将实测地质点在图上标注，并现场绘制地质图，提高了勘察精度；有效地实现野外地质数据采集、现场检验和数据向 AutoCAD、GOCAD 的传输工作，现场一次性生成带有清晰影像的 CAD 地质平面图，不需要重复录入数据，减少大量内业工作量，节约测绘现场与数据中心基地往复时间与次数，在野外地质现场即可完成所有工作，提高了勘察工作效率。

4.2.3 坝址区 BIM 地质建模

结合 GOACD 及 CATIA 软件，从预可研阶段开始，建立地质信息数据库，以勘探钻孔、平洞及平剖面图等地质资料为依据，构建准确的坝址区 GOCAD 三维地质模型，并及时转为 CATIA 格式（图 9），供其他设计专业协同设计；基于 GOCAD 进行二次开发，快速剖切各

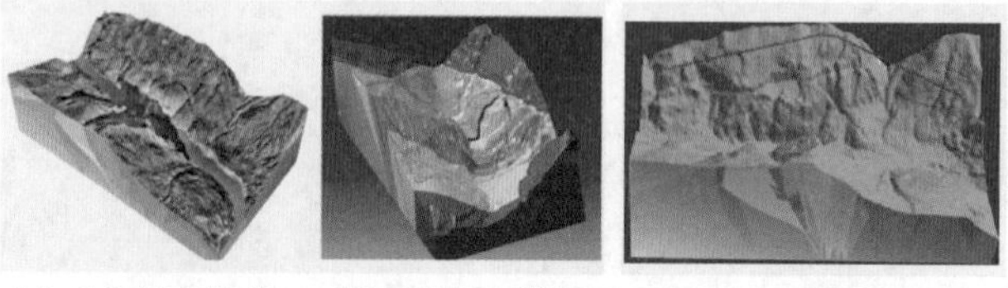

（a）GOCAD 模型　　（b）CATIA 模型　　（c）设置剖面线

图 9 乌东德坝址区 BIM 三维地质建模

种地质剖面图，及时为设计提供准确可靠的地质依据，并且大大提高工作效率。

4.2.4 大坝高边坡开挖快速可视化地质编录

应用基于 Windows 的平板式施工地质可视化快速编录方法，大坝建基面地质编录 1 万余平方米 （1：100）。大坝所在部位高边坡开挖从 1160～718m，历时 19 个月，实施 UAV 近距离拍照 289 架次，获取照片近 1.7 万张，建立完整的乌东德大坝建基面三维影像模型 （图 10），不仅快速精确地完成了高边坡和大型地下洞室编录，取得了可靠、准确的地质外业数据，同时还节约了施工工期，也节约了工程投资，工程意义非常重大，社会效益和经济效益不容估量。

三维影像模型可反复、多角度、可追溯观察分析，弥补了传统方式在大坝浇筑后无法再对建基面进行深入研究的遗憾。乌东德大坝建基面由 1.7 万张高清图片合成真实、完整、高清晰三维影像，应属世界首例。

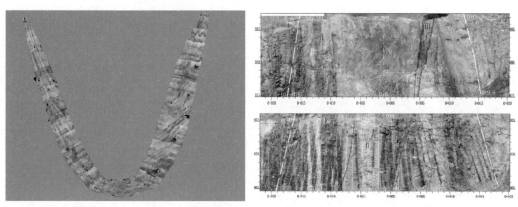

（a）乌东德大坝拱肩槽基岩面三维影像 （1.7 万张照片合成）　　（b）乌东德水电站左岸坝肩影像编录图 （局部）

图 10　无人机编录乌东德大坝建基面三维影像

5　结语

本文围绕水利水电工程地质勘察可视化关键技术的研发，总结出了一套集数据采集、视频交互与远程专家诊断、三维地质建模与成果信息管理"三位一体"的工程地质勘察可视化工作系统[5]，实现了地质勘察全过程可视化，具有操作简单，速度更快、精度更高、表达更直观且能实时互动等特点，不仅解决工程地质勘察的技术难题，提高了数据采集和成果出图的效率，而且提高了勘察成果的质量。该技术已在三峡工程、乌东德水电站等重大水利水电工程中实际应用，取得了显著的社会、经济和环境效益，具有广阔的应用前景。

参考文献

[1] 长江三峡勘测研究院有限公司 （武汉）. 基于 Windows 的便携平板式工程地质测绘工作方法：中国，ZL 2014 1 0039114.7 ［P］. 2015 - 03 - 11.

[2] 长江三峡勘测研究院有限公司 （武汉）. 深厚松散层的可视化探测方法：中国，ZL 2008 1 0047809.4 ［P］. 2010 - 04 - 14.

［3］　长江三峡勘测研究院有限公司（武汉）．大型洞室仪测成像可视化地质编录方法：中国，ZL 2009 1 0273051. 0 ［P］. 2011 - 05 - 11.

［4］　长江三峡勘测研究院有限公司（武汉）．基于 Windows 的平板式施工地质可视化快速编录方法：中国，ZL 2014 1 0039112.8 ［P］. 2015 - 04 - 08.

［5］　长江三峡勘测研究院有限公司（武汉）．一种工程地质信息化工作系统：中国，ZL 2014 1 0039057. 2 ［P］. 2015 - 06 - 10.

乏信息条件下国外水电工程规划地质影响研究

彭森良，李　忠，杨传俊

（中国电建集团昆明勘测设计研究院有限公司，昆明　650051）

摘　要：国外水电工程规划的地质勘察工作通常面临区域背景资料少、精度低、现场地质调查难以开展、经费有限及安全隐患多等困难，传统的工作思维难以完成本阶段的地质工作。本文以印度尼西亚拉朗河流域规划为例，详细阐述了国外水电规划地质勘察工作的创新思路，从资料收集、数据库搭建到遥感解译及局部现场验证，再到最终丰富、全面、翔实的地质报告，能够为水电规划阶段规避重大工程地质问题提供依据，工作模式值得借鉴和推广。

关键词：乏信息技术；国外水电工程；地质信息数据库；遥感地质解译

1　引言

拉朗河流域位于印度尼西亚西苏拉威西省波索县境内，南纬 1.1°～2.3°、东经 119.2°～120.5°，东西向长约 130km，南北向长约 140km，流域总面积约 1 万 km²。拉朗规划河段实际可利用落差约 1000m，水能资源理论蕴藏量约 2460MW，规划阶段采用六级开发方案，其中，LR1 及 LR2 为混合式开发，LR3、LR4、LR5 及 LR6 为堤坝式开发。拉朗河流域内人烟稀少，除部分原始农耕文明形成的村落有简易公路相通外，对外交通极为不便。

（1）河流规划研究工作开展过程中，面临困难如下：

1）流域内人烟稀少，除 LR1 级坝址及 LR2 级厂房附近有居民点分布外，其余均为原始森林，匪患猖獗，现场工作安全风险极大。

2）区域地质背景资料匮乏，按照传统渠道购买满足精度要求的区域地质图成本较高。

3）没有专门的历史地震记录分布图及地震烈度区划图等详细信息。

4）对工程影响较大的帕鲁断裂的展布位置、宽度及局部力学性质等不甚清晰。

（2）针对上述背景，采取的解决方案如下：

1）为规避安全风险，适度开展现场工作，仅对 LR2 坝址及厂址部位开展了地质调查工作，共完成地质点记录 29 个，拍摄照片 46 张。

2）通过网络渠道搜集及低成本购买区域地质图，共 4 张。

作者简介：彭森良，男，1984 年 1 月出生，高级工程师，主要从事水电工程地质勘察及 3S 集成技术应用研究，156194636@qq.com。

3）通过网络渠道收集整理历史地震记录信息、矢量化前人研究成果，搭建地质信息数据库，在此基础上开展地址空间分析，最终成果快速生成构造纲要图、历史地震记录点分布图及地震动参数区划图等。

4）对帕鲁断裂开展专门的遥感地质解译，判译其展布情况、宽度、局部力学性质及活动性等。

2 网络信息数据搜集

本次共搜集或低成本购买到区域地质图 4 张，工程研究区 150km 范围内查询到的 $M \geqslant 4.7$ 级地震历史记录 433 次；$M \geqslant 6.0$ 级地震历史记录 30 次；各规划梯级近场区 $M \geqslant 4.7$ 级地震历史记录合计 22 次。

网络免费收集到规划研究区 ETM+影像 2 幅，涵盖 8 个波段，面积 1 万 km^2，DEM 数据（栅格分辨率 30m）涵盖面积约 1.51 万 km^2；此外还收集到了规划研究区的谷歌影像及必应影像，分辨率为 0.5～10m。

3 地质信息数据库搭建

收集到资料后，为便于工作开展，需搭建规划研究区地质信息数据库，主要包括规划研究区水系信息、地震信息、地形信息、规划资料、区域地质、解译标志及天然建筑材料等（图 1）。在地质信息数据库的基础上，开展了规划研究区的遥感地质解译工作，主要包括地形分析、地表水文分析、影像增强、影像分类及光谱分析等手段。

图 1　地质信息数据库
主数据库

4 帕鲁断裂遥感地质解译

帕鲁断裂自北苏拉威西海沟呈 NNW 向沿北部城市帕鲁延伸至南部城市卡洛附近入波尼湾，延伸长度约 585km，宽度 0.95～2.2km，近直立，具压扭性，为左旋滑移断裂。该断裂年位移量 30～44mm，属晚更新世以来活动断裂，断裂沿线地震活动频繁，一般孕震 6.0 级地震，最大 7.7 级，发生于 1938 年 5 月 19 日，震中位于望加锡海峡，距离工程区最近距离（LR6 坝址）约 120km，震源深度 35km。

帕鲁断裂是研究区内活动最强烈的地震带，地震带沿线共发生 $M \geqslant 4.7$ 级地震近 200 次，$M \geqslant 6.0$ 级地震 10 次，最大一次地震发生于 1968 年 8 月 14 日，震级 7.2 级，震中位于帕鲁以北约 116km 的苏拉威西岛北臂海滨区域，震源深度 20km；该地震带内地震活动非常频繁，反映了其强烈活动特点，但在不同地段仍有明显差异，地震活动主要集中在研究区北部边缘至潘加纳以北约 20km 一带，在 LR2 枢纽区西侧也有零星分布，并造成了拉朗河流域内最大的一次地震。从时间分布上来看，该地震带在 21 世纪以来主要地震活动发生在巴寇利附近，距离 LR4 坝址区最近，约为 50km。

根据活动性断裂的主要解译标志，对帕鲁断裂开展遥感地质解译，详述如下：

（1）地貌标志。在北端形成帕鲁湾，沿线多处 NE、NW 向山脊被错断，发育线状断陷盆地，盆地底部为第四系松散堆积物，形成多处断层崖、断层三角面及线状垭口，并发育有线状或串珠状分布的重力异常地貌，在 LR2 坝址至厂房一线尤为明显。

（2）地层岩性标志。断裂先后错断了第四系冲、洪积物，衮巴萨组混合岩地层，康布诺/巴团、泰罗波萨恩组花岗岩地层，拉提莫江组花岗岩、千枚岩、杂砂岩、石英砂岩、灰岩、泥质板岩、粉砂岩夹砾岩、硅质岩和火山岩地层，以及蒂奈巴组安山岩、玄武岩及英安岩等喷出岩地层。

（3）地质构造标志。在"大拐弯"南侧错断了波索逆断裂（F_7），并在苏拉威西岛南部错断马塔诺断裂（F_{10}），沿线错断多处次级构造。

（4）水系标志。断裂对拉朗河流域水系发育控制作用明显，自"大拐弯"至 LR4 库尾附近直线距离约 35km 的河段均沿其展布，两岸支流多以直角汇入。

（5）植被及色调标志。断裂在帕鲁至大拐弯一线形成明显的亮色条带和线状带，植被指数分析成果揭示，断裂沿线植被覆盖率与两侧相比有明显异常。

（6）地震活动标志。自北苏拉威西海沟至帕鲁以南约 40km 形成明显的地震集中活动带，"大拐弯"附近亦有零星地震活动记录。

（7）活动断裂标志。在帕鲁以南约 20km 处错断了第四系地层，断裂形成的断陷盆地在遥感影像上与两侧色调有明显差异，沿线分布有多处断层崖，自帕鲁至"大拐弯"一带发育有串珠状温泉，第四系断陷盆地呈线性排列，断裂对拉朗河及其支流的河流流向控制相当明显，两侧为明显的地震活动带。

根据遥感地质解译成果，帕鲁断裂距离 LR2 厂址约 1km，并在 LR3 右岸坝肩山后约 800m 的垭口处通过，并纵向穿越 LR2 水库近坝库段及 LR3 水库全段，对两个梯级的工程布置影响较大，且需要采取必要的工程抗震措施。受帕鲁断裂（F_1）影响，LR2 水库蓄水后库岸稳定问题突出；坝基岩体完整性差，需要一定的防渗处理工程量；厂址工程地质问题不突出；推测隧洞围岩稳定条件一般较差。LR3 库岸稳定问题突出；存在发生水库诱发地震的可能；近坝库段右岸支库山后垭口为单薄分水岭，且位于帕鲁断裂带（F_1）内，存在沿单薄分水岭及 F_1 断裂带发生向下游渗漏的可能性；坝基可能存在抗滑稳定问题及坝肩开挖边坡稳定问题。

5 其他乏信息技术应用

5.1 地形地貌解译

拉朗河流域内地势总体东高西低，主要山脉及河流受 NNW 向及 NE 向构造控制，海拔最高点为帕得哈国家自然公园内的帕得哈山，高程为 2290.00m。拟开发河段河谷高程 1060.00～60.00m，河流切割深度一般 500～1000m，区域地貌特征主要表现为中、低山侵蚀、剥蚀地貌，仅卡巴拉民附近至入海口段为部分丘陵地貌和滨海冲积平原。开发河段拉朗河两岸地形坡度一般为 25°～35°，局部略陡，支流发育，地形完整性较差，河道坡降大，大部分河面狭窄，仅在帕达、巴寇利、图艾尔、拉布阿及湃乐姆比亚附近地势较缓，并发育有冲洪积堆积阶地。

5.2 可溶岩分布解译

通过对碳酸根离子在影响上的光谱反应对比，提取解译标志，得到规划研究区可溶岩分布遥感解译图，可见，区内可溶岩主要发育于波索逆断裂（F_7）以东的拉朗河流域外围，在拉布阿、巴里里、萨旺吉及帕得哈山附近也有零星分布，各规划梯级工程内则发育程度低，未形成规模。

5.3 基于地质信息数据库快速成图

利用 GIS 相关软件，结合地质信息数据库，可自动生成区域地质图、构造纲要图、历史地震震中分布图等，在乏信息条件下，生成的图件在一定程度上具有全面丰富、层次清晰、表达直观、无重复和遗漏的优势。

6 结语

采用网络数据检索技术、数据库技术、遥感地质解译技术及地质空间分析技术，突破了传统地质工作模式的限制，为解决乏信息条件下水电工程规划地质影响研究问题提供了一种新思路，其工作模式值得借鉴。

HydroBIM® -三维地质系统在岩土工程勘察中的应用

王小锋

（中国电建集团昆明勘测设计研究院有限公司，昆明　650051）

摘　要：HydroBIM® -三维地质系统是一个面向土木工程的地质建模系统，包括了数据库管理，对象建模，模型分析，软件接口等模块，可以完成数据的系统管理，地质对象的快速建模，模型成果的快速分析以及向设计软件的快速转换。本文以一个地铁项目及一个机场项目介绍该系统在岩土工程勘察中的应用，相关经验可为岩土工程勘察工作者的地质建模工作提供参考。

关键词：HydroBIM® -三维地质系统；三维地质建模；岩土工程勘察；设计工作

1　引言

三维地质建模的目的不仅是为了展示地质体的空间形态，更重要的是能够为解决地学领域许多理论和应用问题提供一个开发研究的崭新环境和科学手段[1]。随着三维技术的不断发展，实现各种原始数据、图像、图件、文字报告的综合动态管理变得越来越可行和必要[2]。现有的国内外三维地质建模系统大都偏重于可视化效果[3-6]，不能支持工程设计与分析。黄佳铭等[7]通过对 BIM 软件的二次开发和软件升级克服了现有的软件在岩土工程上应用遇到的困难，并在岩土工程勘察、岩土工程设计及岩土工程监测等方面进行了应用，证明了 BIM 技术完全可以运用在岩土工程勘察的多个领域。HydroBIM® -三维地质系统针对实际工作流程进行开发，不仅可服务于地质专业的工作，而且可直接转换三维地质模型到设计软件中供设计专业人员进行设计工作。下文选取了两个岩土工程勘察项目介绍该系统的三维建模过程及应用成果。

2　HydroBIM® -三维地质系统介绍

HydroBIM® -三维地质系统是中国电建昆明院 HydroBIM® 平台的一部分，主要是对工程关注的地质对象进行建模，服务于地质专业及设计专业。系统包括权限管理、数据维护、三维建模、模型分析、图件编绘、网络数据查询、软件接口等模块，可完成地质相关数据的管理、地质模型的快速创建、地质对象的空间分析、地质图件的三维模型剖切绘制等地质专业的工作，还可以提供导入设计软件的地质模型及模型带有的地质参数，满足设计专业的要求。

作者简介：王小锋，男，1980 年 11 月出生，高级工程师，从事工程地质勘察工作，wwxf2001@163.com。

3 建模基本流程

三维地质模型中的各种地质对象都不是孤立无联系的，而是受到其他对象的影响和约束的，地质对象建立的先后顺序及创建过程中的相互参考对于模型的合理及精度影响很大，三维地质建模的基本流程如图 1 所示。具体流程可以分为以下几部分：

（1）三维地质建模以各种原始资料为基础，首先需将各类基础地质资料录入数据库中。

（2）导入测绘专业提供的地形面，通过系统提供的各种功能将基础地质资料转换为空间点线数据。

（3）根据各类勘探数据绘制建模区的三角化控制剖面，根据各类地质对象的特点绘制特征辅助剖面对建模数据进行加密，得到各类地质对象的控制线模型，通过选定的拟合算法拟合得到各类地质对象的初步面模型。

（4）通过剪切、合并等操作形成三维地质面模型，通过围合操作得到三维地质围合面模型，通过分割操作得到三维地质体模型。

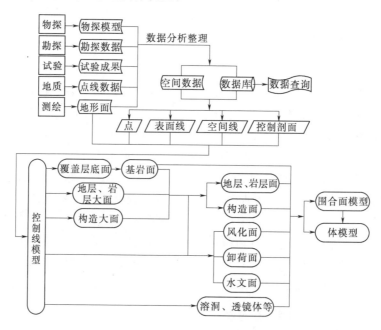

图 1　三维地质建模流程图

4 工程应用

4.1 应用案例一

应用案例一选择了某地铁工程的一个站点及相邻区间段的地质勘察工作，线路长度约 1.76km，建模范围约 0.19km²。工程区表部分布地层为第四系河、湖混合相沉积层和上第三系地层，第四系地层物质主要为砂、砾、黏土，上第三系地层物质为黏土、砂、砾石及褐煤。工程区下伏地层为古生界石炭系上统马平群，岩性为灰岩。

4.1.1 基础资料整理

基础资料主要包括地形面、勘探资料及试验成果，建模范围内共完成了 62 个钻孔。将钻孔成果直接录入数据库中或通过批量导入功能将数据直接导入，数据库中数据可以直接通过网络进行查询和统计，如图 2 和图 3 所示。将地形面直接导入系统中得到地形数据，通过勘探建模功能可以将钻孔数据直接转换成空间数据，如图 4 所示。

 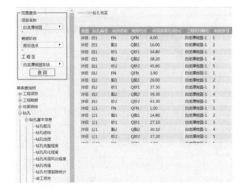

图 2　钻孔资料录入　　　　　　　　　图 3　数据库数据网络查询

图 4　钻孔及地形面

4.1.2 地质对象建模

通过对钻孔数据及试验成果进行分析，大致可将地层分为相对连续的 4 个岩性层以及许多呈透镜状的岩性层。直接调用数据库中钻孔数据，通过建模功能将钻孔中岩性层分界点数据转换成空间点数据，对同一属性的空间点按照给定的拟合算法进行拟合得到初步的岩性层面模型。由于岩性层的空间起伏变化较大，勘探点间距相对较大，直接由钻孔数据得到的面模型不能真实反映整体形态，需要通过建模人员的人工判断来检查面模型的合理性。通过剖切分析检查面模型的合理性，然后对局部不合理的部位增加控制线条修改面模型，通过不断调整得到相对合理的面模型。本次建模主要完成了 3 个连续岩层面以及部分规模相对较大的透镜状岩性层的建模，岩层面模型如图 5 所示。通过地形面边界向下延伸生成侧面并给定建模高程生成底面，形成初步围合面，使用各个岩性层面对侧面及底面进行分割即可得到反映岩性层面在侧面及底面的分布形态的围合面模型，岩层围合面模型如图 6 所示。模型分析主要针对已建的三维地质围合面模型进行空间分析，可以进行单截面分析、多截面分析、剖面分析、虚拟钻孔、虚拟平洞等操作，在空间上、多角度反映地质对象的变化情况，为地质对象的空间分析提供了基础。通过模型分析功能得到了地铁线路轴线的三维剖切图，如图 7 所示。

图 5　岩层面模型

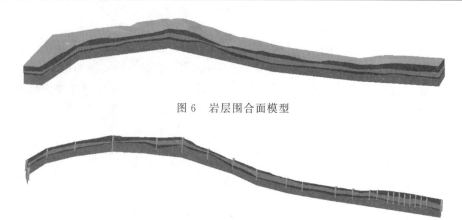

图 6   岩层围合面模型

图 7   线路轴线三维剖切图

4.1.3   地质模型转换

由于设计专业使用的设计软件与地质建模软件不同，需要通过对地质模型进行转换才可得到直接导入设计软件的地质模型，中国电建昆明院设计专业使用的设计软件主要为欧特克系列软件，包括 Inventor、Revit 和 Civil 3D 软件等。导入 Inventor、Revit 软件的地质模型为实体及面的混合模型，带有地质相关信息，包括地质对象的岩性、风化、建议开挖坡比及相关的岩土力学参数。Inventor、Revit 软件在处理大量实体对象时操作效率较低，在转换过程中有针对性进行部分地质对象的实体转换，其他地质对象以面的方式导入，可以大大减小地质转换模型的文件大小，在保证设计工作数据需求的情况下提高了软件处理地质对象的效率。导入 Civil 3D 软件的地质模型为面模型，带有面的相关属性，如地层分界面、风化程度、水位面等信息。通过面模型及面边界的数据转换，可以保证地质模型向 Civil 3D 软件的无损转换。本次模型转换工作对地质模型进行了面及实体两种转换，转换后的模型可以直接导入设计软件中。在地质模型上完成的站点支护设计如图 8 所示，在地质模型上完成的站点及区间线路三维布置如图 9 所示。

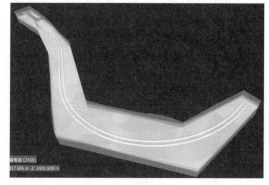

图 8   站点支护设计图　　　　　　图 9   站点及区间线路三维布置图

4.2   应用案例二

4.2.1   工程概况

应用案例二选择了某机场的一个工程，该工程场区为岩溶发育区，覆盖层为红黏土，基岩为二叠系下统阳新组茅口段（P_1y^2）灰岩。主体工程位于一个岩溶洼地内，洼地面积约 6000m²，场区内多为第四系覆盖，基岩零星出露，覆盖层厚度一般 5～8m，最厚者可达 14.5m，底部无积水。根据钻探结果资料，勘察区内的 297 个钻孔中有 34 个（不包括追踪孔）钻孔揭露到地下岩溶洞穴（溶洞），位于洼地中部的 ZK219 钻孔揭露一个高为 3.4m 的溶洞，为进一步查清溶洞的规模和形态，在钻孔周边布置了 9 个补勘孔，有 6 个补勘孔揭露到溶洞，采用二维平剖面的方式来表达溶洞非常复杂，且难以清楚表达空间的展布情况。根据已有的钻孔资料，完成了溶洞的建模，并给出了桩基设计的一些建议。

4.2.2 溶洞建模

资料整理及录入与 3.1.1 类似，不再赘述，钻孔揭露溶洞空间离散点如图 10 所示。溶洞由上下底面来确定其形态特征，分别对上顶面和下底面进行建模。通过属性可以快速确定分属于不同面的点的集合，对点集合进行直接拟合就可以得到对应的上顶面和下底面的初步面模型（图 11）。通过剖切分析了解面模型的形态特征是否符合判断结果，通过增加空间线条的方式来不断的修正面模型的形态（图 12）。建立的上顶面和下底面需要做得比溶洞的空间大小更大一些，且上顶面和下底面需要在溶洞的边界有上下的交叉，这样才可以完成两面的相互剪切，完成溶洞的具体形态的创建（图 13），通过竖直剖切即可得到模型的空间分析模型（图 14 和图 15）。

从溶洞三维图及竖向剖切图可以看出，溶洞的形态极不规则，顶面及底面均起伏较大，纵向起伏相对横向起伏更大。推测溶洞的发育先以水平方向为主，随着地壳的抬升，

图 10　钻孔揭露溶洞　　图 11　初拟溶洞上顶面　　图 12　辅助线条控制面的
　　　　空间离散点　　　　　　　及下底面形态　　　　　　　范围及形态

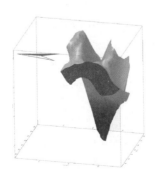
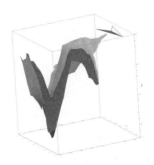

图 13　溶洞三维图　　　　图 14　溶洞剖切图 1　　　　图 15　溶洞剖切图 2

溶洞的发育转变为以竖向发育为主，受到密集陡倾节理的影响，纵向发育更加明显，从而形成现在的溶洞形态。

4.2.3 溶洞对桩基的影响及设计建议

根据设计文件，本工程采用桩基础，以中等风化岩体作为持力层，桩体全断面需要嵌入岩体深度为 1 倍桩径（1.2m）。在 ZK219 孔位位置创建了桩基模型（图 16）。由于桩基距离临空面仅仅 0.2m（图 17），不利用桩基础的稳定，所以建议对桩基础进行加深，优化后的桩基和溶洞的空间关系如图 18 所示，二维分析剖面如图 19 所示。

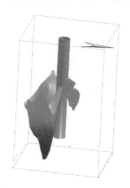

图 16 溶洞、桩基组合

图 17 溶洞及桩基
二维分析剖面 1

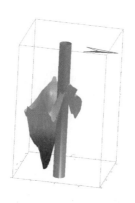

图 18 优化后的桩基及
溶洞空间关系

图 19 溶洞及桩基
二维分析剖面 2

5 结语

（1）HydroBIM®-三维地质系统在岩土工程勘察中应用是可行的，不仅完成了地质对象的建模，并且可提供数据的管理、查询和统计。

（2）建立的地质模型具有很好的三维可视化效果，并且可以直接、快速地用于地质成果分析。

（3）地质模型与设计成果的融合可以非常直观地展示建筑物的地质条件，便于地质人员对地质条件进行分析。同时，地质模型与设计软件的接口，可以为设计专业提供直接导入设计软件的地质模型,方便设计人员根据地质条件直接进行方案比选及支护方案的选择。

(4)对于岩土工程勘察中遇到的一些不规则对象,如溶洞,透镜体等,通过合适的建模方法,依然可以较好地展示其形态特征,并可以对设计方案提出更加合理的建议。

(5)尽管现有的三维地质建模技术在岩土工程勘察工作中应用效果较好,但是建模的效率还有待提高,现有的方法更多依靠建模人员的经验推测,且需要大量的人工添加数据来控制模型的形态。应不断探索新的建模方法来提高建模的效率,如采用一些智能算法完成对于现有数据的处理,根据已有的建模规则,自动完成模型的创建。

参考文献

[1] 武强,徐华. 三维地质建模与可视化方法研究 [J]. 中国科学:D辑,地球科学,2004,34(1):54-60.

[2] 杨传江. 基于三维地质模型的岩土工程设计与可视分析 [D]. 沈阳:东北大学,2013.

[3] 黄静莉,王清. 基于GOCAD的三维工程地质地层建模研究 [J]. 吉林地质,2013,32(3):111-114.

[4] 罗智勇,杨武年. 基于钻孔数据的三维地质建模与可视化研究 [J]. 测绘科学,2008,33(2):130-132.

[5] 熊祖强. 工程地质三维建模及可视化技术研究 [D]. 武汉:中国科学院研究生院,2007.

[6] 郝以庆,高晓波,董鑫,等. 分块区域三维地质建模及可视化过程研究 [J]. 港工技术,2017,54(4):59-64.

[7] 黄佳铭,郑先昌,侯剑,等. BIM技术在岩土工程中应用研究 [J]. 城市勘测,2016(2),157-160.

基于CATIA的三维动态地质建模
——以单斜构造为例

胡瑞华[1]，李　书[1]，周　莉[2]

（1. 水利部长江勘测技术研究所，武汉　430011；

2. 湖北省地质科学研究院，武汉　430034）

摘　要： 三维地质模型是水利水电工程三维设计重要部分。从地质建模过程看分为动态建模和静态建模两种。动态建模是指模型随着数据的增减、修改而自动更新，不需要重复建模过程。动态建模更符合水利水电工程勘测设计的特点和要求。但因为地质构造的自然性和复杂性以及软件功能限制，使得动态地质建模难以实现。CATIA三维设计平台中知识工程、参数化建模、曲面更新的机制为动态地质建模提供了条件。本文介绍了CATIA V5R20三维平台下，单斜构造地层曲面的动态建模方法和过程，为水利水电工程动态地质建模提供一些借鉴。

关键词： 动态地质建模；CATIA；单斜构造

1　引言

从三维地质模型建模过程看，可分为静态建模和动态建模。静态建模模型是孤立的，与建模数据的联系是静态的，因而增加或修改数据，模型难以修改，有些甚至需要重建。动态建模要求三维地质模型能与建模地质资料关联，能随着建模资料的变更而自动更新。动态建模更符合水电工程勘测设计的特点，也能更好提高建模效率。然而实现三维地质动态建模是一件十分困难的事，国内外很多学者都在开展这方面的研究，提出了一些思路和方法。本文以单斜构造为例，介绍CATIA平台动态地质建模的方法。

2　水电工程三维动态地质建模

水利水电工程中开展三维地质建模源于两方面的需求：一是地质勘察本身发展的需求，大型水利水电工程大都处于高山峡谷地区，地质构造复杂、地质信息众多，给工程勘测、设计与施工带来了极大的困难，传统二维地质数据反映的是孤立、静态、局部的地质结构形态，很难完整、动态、全面地反映工程区地质结构形态，不能满足对实际工程分析的需求；二是工程设计技术发展提出的要求，水利水电工程地质勘察提交的数据是为工程设计服务，目前工程设计技术正从二维向三维发展，地质勘察必须适应这一趋势，将地质

作者简介：胡瑞华，男，1967年9月出生，高级工程师，从事水利水电工程地质信息化技术、三维地质建模研究，
huruihua2000@163.com。

数据处理与分析方式、数字成果的表达方式由二维转向三维。[1]

一般将水利水电工程地质勘察研究内容分为四部分：区域构造稳定性评价及地震危险性分析、水库区工程地质及环境地质、坝址及枢纽建筑物工程地质与水文地质、天然建筑材料。在工程各阶段，根据水利水电工程地质勘察相关规程规范要求进行不同精度的地质勘察，通过钻探、平洞、地表测绘、坑探、物探、遥感等勘察技术手段，查明工程区地质情况，获取工程地质信息，解决工程中地质问题，提交报告和图件。[2]传统的地质勘察工作是二维的，因为地质勘察提交的图件是二维的，二维工程地质资料描述空间地质构造的起伏变化直观性差，不能充分揭示其空间形态及变化规律，难以使人们完整准确地理解地质结构，越来越不能满足工程地质分析的需求。因此，利用工程地质勘察和实验分析得到一系列空间分布不均的离散数据，建立三维地质模型，来完整准确地描述地层及地质构造的空间展布情况，实现工程地质的三维可视化分析，是水利水电工程地质勘察技术发展的必然趋势。[3]

水利水电工程三维地质建模工作一般以坝址区为重点，有时也针对特定滑坡或天然建材储量评估等专门的地质勘察问题，建立特定地质体的三维模型。区域或库区因为范围大，勘察精度有限，三维模型只具有演示意义。坝址区三维地质建模，技术上要解决三个问题：①何时开始建立三维地质模型；②如何建立三维地质模型；③如何应用三维地质模型。从时间节点上看，三维地质建模工作有两种方式：第一种方式是所有地质勘察工作完成，地质情况比较清晰，二维地质资料比较全面，将二维地质资料全部导入三维地质建模平台，建立三维地质模型，这是一个由二维到三维的过程，三维地质模型一次性完成，基本是静态的，可理解为静态建模；第二种方式是地质勘察工作一开始，就在三维地质建模平台下工作，录入地质勘测资料，建立原始初步的三维地质模型，随着地质资料逐渐地增加与调整，三维地质模型逐渐的动态调整，这种方式模型是动态的，可理解为动态建模。前者二维地质资料比较丰富，三维地质模型已经在专家的头脑中。三维地质建模的主要任务是把专家头脑中的地质模型在三维平台中表达出来，因此三维地质模型比较容易建立，模型修改量比较少；后者要求通过原始地质资料和专家的知识先粗略构建三维地质模型，随着地质资料的不断丰富或更新，三维地质模型动态更新。当前，从工程实际看两种方式并存，一方面地质构造是自然形成的，复杂性难以完全用数字化表达；另一方面也受建模软件功能制约。但水利水电工程勘察设计的特点就是一个动态的过程，勘察数据是一个动态的变化过程，模型的作用不仅用于最后的直观表达，而且通过动态建模的过程来分析工程地质问题。因此动态建模更符合水利水电工程勘测设计特点，更能满足工程需要。[4]

3 CATIA 三维动态建模的机制

CATIA 是法国达索公司开发三维协同设计平台。该系统具有三维可视化、参数驱动建模、关联性技术、协同设计等突出的优点，具有强大的曲面功能，广泛地用于汽车、航空航天、轮船、军工、仪器仪表、建筑工程、电气管道、机械等方面。近年来水利水电三维设计发展迅速，许多勘测设计院选择 CATIA 平台，进行三维设计，在该平台下地质、枢纽、施工、机电等各专业全面协同，实现水利水电工程（特别是水利水电枢纽）的三维协同设计。

以多截面曲面为例，简单介绍 CATIA 动态建模机制如下。

多截面曲面是 CATIA 平台下构建曲面的常用方法，该方法的思想是用一条空间曲线作为引导线，在该曲线上选定若干个点，在点的位置上用一根曲线为截面轮廓，通过多条截面确定该曲面的空间形态。图 1 所示为用一条引导线和三条截面所确定的空间曲面。[5]

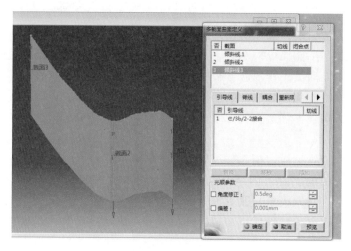

图 1　多截面曲面命令构建空间曲面

如果需要增加、替换、删除截面等只需在命令对话框中进行相应的操作，确定后所构建的曲面自动更新。图 2 所示为在图 1 的截面 2 和截面 3 之间增加加一条截面曲面自动重构。

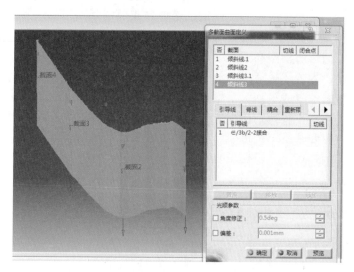

图 2　增加截面曲面自动重构

CATIA 除了可以直观地命令对话框方式，实现动态建模外，还提供强大的知识工程功能。即通过参数公式表格等驱动建模，对于一些用户定义的几何特征封装成模板，反复调用。既提高了建模的效率，也使得建模流程更加清晰。

4　CATIA 平台下单斜构造地层动态建模方法

单斜构造是指一个地区内一系列岩层向同一个方向倾斜，其倾角大致相同。单斜构造十分常见，单斜构造岩层的空间状态用岩层产状表示，岩层产状有三要素：岩层层面的走向、倾向、倾角，如图 3 所示。三要素的几何意义分别是：走向是岩层面与水平面交线的方位角，表示岩层的空间延伸方向；倾向是垂直走向顺地层面向下引出一条直线，此直线在水平面的投影的方位角，表示岩层在空间的倾斜方向；倾角是岩层与水平面所夹的锐角，表示岩层在空间倾斜角度的大小。因为走向与倾向垂直，在地质图上就用倾向和倾角表示岩层的产状。

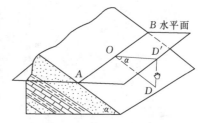

图 3　岩层产状三要素
AB—走向；*OD′*—倾向；*OD*—倾斜线；
α—倾角

根据图 3 所示，在 CATIA 中用多截面曲面构建地层曲面是十分合适的方式，以 *AB* 为引导线，在 *A*、*B*、*O* 等点放置截面线，即图 3 中的 *OD* 线。而 *OD* 通过产状参数控制。考虑 *OD* 产状倾斜线会反复调用，可以 CATIA 软件中将其做成模板。模板的制作过程在此不详述。

把单斜地层曲面建模过程归纳为以下 4 个步骤：①选择岩层出露线中的若干出露点；②在出露点放置产状倾斜线；③采用"多截面曲面"命令生成岩层曲面；④局部调整曲面。[6]

图 4 中白色线为单斜岩层出露线，在出露线上选取了 5 个点，放置产状倾斜线，蓝色线为产状倾斜线，产状线可以选择直线模板也可以选择曲线模板，受出露点的倾向和倾角

图 4　在选择的出露点上放置产状线倾斜线

参数控制。图 5 所示为运用"多截面曲面"命令，根据产状线构建的岩层曲面。

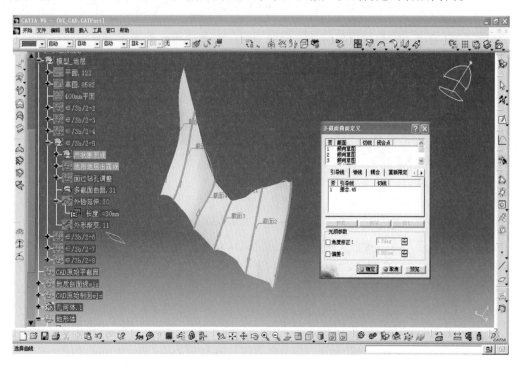

图 5　运用"多截面曲面"命令生成岩层曲面

　　通过产状参数建立的地层面可能会出现在深部与钻孔数据不完全吻合的情况。这在地质建模中是不能允许的错误。需要将地层曲面调整到完全吻合钻孔数据。需要对地层曲面进行局部调整，在 CATIA 里曲面调整的方法很多，图 6 所示为运用"外形渐变"方法，根据钻孔数据对岩层曲面进行调整局部。调整后的曲面完全吻合钻孔数据，而其他由产状倾斜线控制的地方保持不动。也可以增加一条产状倾斜线使其通过钻孔数据，再构建地层曲面。图 7 所示为某水电站坝址单斜构造中多个岩层曲面的三维模型，从图中看出多个岩层

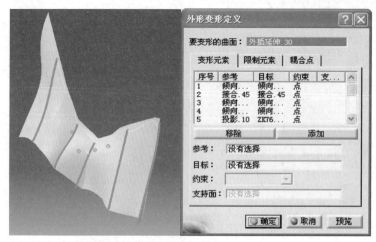

图 6　根据钻孔数据采用"外形渐变"命令局部调整岩层曲面

的倾向大致相同。

上述建模过程是全参数驱动，倾角倾向参数（包括钻孔数据点）改变模型也自动更新，实现了地层曲面动态建模的目标。

5　结语

本文介绍了 CATIA 平台下单斜构造地层面的建模方法，通过上述地层面建模过程可以实现：地层面的模型可以通过参数（倾角、倾向）改变而动态改变，也可以随钻孔数据的调整而动态调整，实现了地层面动态建模，与单斜构造有相似的几何特征的地质

图 7　某水电站坝址单斜构造的多个岩层曲面

曲面，如由走向线、倾向和倾角决定空间形态的断层和长大裂隙也可以借鉴该方法建立模型[7]。虽然可以对单斜构造地层面动态建模，然而总体上看水利水电工程三维地质建模是十分复杂的工作，要实现工程全范围全过程三维动态地质建模依然十分困难。很多情况下地质构造是无法参数化，地层面并无规律，如基岩与覆盖层的分界面、复杂褶皱构造地层面、不整合构造的岩层面等，建模过程很难实现动态化，目前也只能用大量编辑、重复建模过程来解决。这也是目前水利水电工程地质建模困难所在[8]。尽管存在很多困难，但也有很多学者开展三维动态地质建模研究。屈红刚等提出了一种交叉折剖面的三维地质模型自动构建方法[9]，何珍文博士提出了"基于非共面剖面拓扑推理的三维地质模型动态重构算法"[4]，相信随着研究的深入、技术的发展，水利水电工程全过程的动态三维地质建模一定会实现。

参考文献

[1]　钟登华，李明超，刘杰. 水利水电工程地质三维统一建模方法研究 [J]. 中国科学，2007（3）：455 - 466.

[2]　陈德基，蔡耀军. 中国水利水电工程地质 [J]. 资源与环境工程，2004（3）：5 - 13.

[3]　李明超. 大型水利水电工程地质信息三维建模与分析研究 [D]. 天津：天津大学，2006.

[4]　何珍文. 地质空间三维动态建模关键技术研究 [D]. 武汉：华中科技大学，2008.

[5]　王秋明，胡瑞华. 基于 CATIA 的三维地质建模关键技术研究 [J]. 人民长江，2011，42（22）：76 - 78.

[6]　张德文，王进丰. 黄少华，等. CATIA 水利水电工程三维设计技术 [M]. 武汉：长江出版社，2015.

[7]　朱良峰，潘信，吴信才，等. 地质断层三维可视化模型的构建方法和实现技术 [J]. 软件学报，2008，19（8）.

[8]　钟登华，李明超. 水利水电工程地质三维建模与分析理论及实践 [M]. 北京：中国水利水电出版社，2006.

[9]　屈红刚，潘懋，明镜，等. 基于交叉折剖面的高精度三维地质模型快速构建方法研究 [J]. 北京大学学报：自然科学版，2008，44（6）.

BIM 在水利水电工程边坡三维地质建模中的应用

徐典政，张万奎，杨学峰

（中国电建集团昆明勘测设计研究院有限公司，昆明　650000）

摘　要：本文主要介绍了三维地质建模技术在水利水电工程三维地质建模中的应用，重点介绍了应用土木工程三维地质系统软件（GeoBIM）以及 Civil 3D 软件进行水利水电工程边坡三维工程地质建模的基本流程、各种地质对象的建模方法以及建模得到的各种成果。

关键词：GeoBIM 软件；Civil 3D 软件；水利水电工程边坡；地质对象建模

1　引言

三维地质建模就是运用计算机技术，在三维环境下将空间信息管理、地直解译、空间分析和预测、地学统计、实体内容分析以及图形可视化等工具结合起来，用于地质研究的一门新技术[1]。三维地质建模最初主要是为了解决矿业工程、油藏工程等地质模拟和辅助工程设计而提出的，随着相关理论基础的研究和深入以及计算机技术的迅速发展，国外在相关领域出现了一些地质建模可视化软件，如 EarthVision、GOCAD、3DGMS 等。近年来，国内三维地质建模软件系统的开发逐渐成为关注的热点，一些单位及高校研究开发出了满足不同要求的三维地质建模系统[2-5]。土木工程三维地质系统（GeoBIM）是由中国电建集团昆明勘测设计研究院有限公司和中国地质大学（武汉）联合开发的三维地质建模软件，软件功能涉及权限管理、数据维护、三维建模、数据分析、图件编绘、网络数据查询等，软件已在十多个水利水电工程中得到应用，取得了大量的应用成果。

2　三维地质建模的基本流程

2.1　数据准备

三维地质建模以各种原始资料为基础，用于地质建模的数据一般包括以下几类：①地形数据；②物探数据；③勘探数据；④试验数据；⑤地质测绘数据。本文主要介绍的是水利水电工程施工过程中，应用 Civil 3D 软件在对水利水电工程开挖边坡所编录的地质资料以及前期勘察成果完成三维地质展示模型的基础上，应用 GeoBIM 软件进行水利水电工程边坡三维工程地质模型建模的技术。

该技术根据不同的地质测绘数据类型以及设计图纸，分别进行整理和归纳，在 Civil

作者简介：徐典政，男，1986 年 11 月出生，本科，主要从事工程地质勘察工作，xu139874@126.com。

3D 软件中进行编辑，中间成果服务于现场施工地质工作，又根据各类地质数据的充实不断更新三维地质展示模型，最终由地质校审人员从数据的完整性、合理性、精确性等方面对数据进行全面的检查和复核，并保存为阶段性地质成果，作为水利电工程边坡三维工程地质建模的阶段性基础资料。

2.2 建模基本流程

首先把三维工程地质展示模型经过简单处理后导入 GeoBIM 软件，得到带有地质数据的边坡开挖面模型，根据各类前期勘察成果以及开挖揭露的地质数据绘制建模区的后期拟合控制剖面，并根据各类地质对象特点绘制特征辅助剖面对建模控制线模型进行加密，得到各类地质对象的控制线模型，通过拟合算法即可得到各类地质对象的前期面模型，再通过 GeoBIM 软件的剪切、合并等命令操作形成三维地质面模型，再通过围合命令操作得到三维工程地质围合面模型，最后通过分割操作得到三维工程地质体模型。GeoBIM 软件建模的基本流程图如图 1 和图 2 所示。

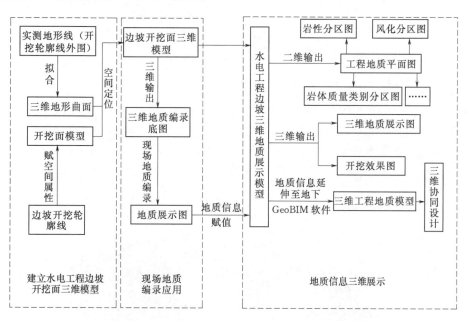

图 1 边坡三维工程地质展示模型建模流程图

3 工程地质对象建模

3.1 边坡三维地质展示模型

水利水电工程边坡开挖体型确定后，通过赋予各开挖轮廓空间属性，构建边坡开挖面三维模型；开挖面模型整体性强，输出后作为地质编录底图使用，有利于现场编录定位及追索地质界线，提高现场工作效率的同时可以提高地质编录精度；开挖揭露的地质信息编录后，通过赋予地质属性及空间属性添加到边坡开挖面模型，即可获得水利水电工程边坡三维地质展示模型。

（1）将水利水电工程边坡区域设计专业提供的实测地形图和边坡开挖平面布置图配置

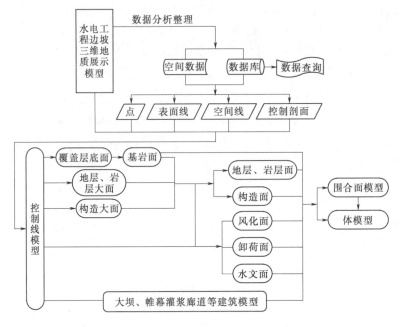

图 2 边坡三维工程地质模型建模流程图

到设计提供的唯一绝对坐标系，并裁去开挖轮廓内地形等高线，将实测地形线按实际高程进行赋值，并拟合构建三维地形曲面，并对水电工程边坡开挖轮廓线进行空间定位和赋予空间三维属性，并标示三维桩号线及开挖平台高程信息，利用具有三维属性的开挖轮廓线构建开挖面模型，与三维地形曲面合并成水利水电工程边坡开挖面三维模型，如图 3 所示。

图 3 水电工程边坡开挖面三维模型

（2）使用三维动态观察水电工程边坡开挖面三维模型，选定需要进行现场编录的边坡范围，采用三维输出具有空间属性的三维地质编录底图，利用三维地质编录底图的空间信息，进行现场定位及地质界线追索，再将开挖边坡揭露的地质信息编录到地质展示图上，对开挖边坡揭露的重要地质信息，实测在坡面上出露的空间位置，将现场编录的地质展示图上的地质信息通过赋予地质属性及空间属性添加到边坡开挖面三维模型，将实测的重要地质信息，进行精确的空间定位，校准已经添加到边坡开挖面三维模型内的地质信息。

根据相邻已完成地质编录边坡的情况核对该台边坡的地质信息和界线，并对下级边坡工程地质条件进行预测预报；准备下一级开挖边坡地质编录底图，图幅范围须包含临近已完成地质编录的开挖部位；重复上述步骤，直至所有开挖边坡三维展示完成，形成边坡三维地质展示模型。由地质校审人员对照现场揭露的地质信息复核三维地质展示模型（图4），经校审后，作为阶段性地质成果予以保存[6]。

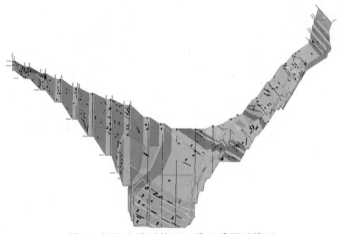

图 4　坝基边坡开挖面三维地质展示模型

（3）边坡三维地质展示模型经过简单处理后导入 GeoBIM 软件系统，此时需重新进行校核及更新数据，以保证模型的精度，如图 5 和图 6 所示。

图 5　导入 GeoBIM 软件的三维地质展示模型 1　　图 6　导入 GeoBIM 软件的三维地质展示模型 2

3.2 地层及构造建模

导进 GeoBIM 软件的边坡三维地质展示模型的各类地质对象只附着于开挖面模型，进一步可应用 GeoBIM 软件对复杂的边坡三维地质展示模型进行三维地质实体建模。地层及构造主要采用实测出露位置、产状以及区域内前期勘察成果来建模，在空间延展分界点上给出反映该处对象变化情况的倾向线或小范围面，综合各个分界点的特征线或特征面拟合成大面，可以保证大面模型通过现有分界点，又可反映地层和构造的整体空间形态，进一步通过 GeoBIM 软件的剪切、合并等命令操作形成三维地层、构造面模型，最后通过围合命令操作得到三维地层、构造围合面模型，如图 7～图 10 所示。

图 7　地层界面模型　　　　　　　　　　图 8　构造面模型

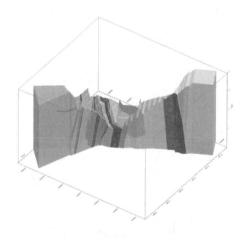
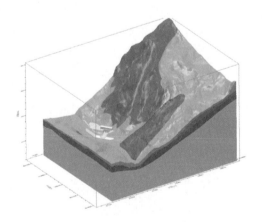

图 9　某水电工程坝基地层围合面模型　　　图 10　某水电工程地层围合面模型

3.3 剖面线建模

风化面、卸荷面、地下水位面等地质对象的建模没有产状信息，且空间形态不规则，需要整合更多的参数来控制各界面的起伏埋深变化。将现有的各类点，通过剖面的方式来连接各类带有地质信息的空间点，可以避免因为数据量小引起的局部地质面拟合方向出现大的偏差，提高拟合成目标面的效率。剖面线建模以现有的勘探点地质资料作为控制点，形成三角化的剖面线网格控制工程区的建模，而对于缺少勘探数据的部位可根据地质界面的延伸规律增加适量的辅助剖面来进行数据加密，提高模型的合理性，如图 11～图 13 所示。

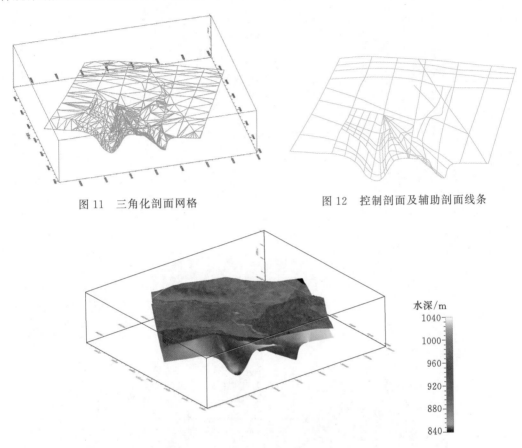

图 11　三角化剖面网格　　　　　　　图 12　控制剖面及辅助剖面线条

图 13　某岩溶地区水利工程地下水位面模型

3.4　特殊对象建模

　　特殊对象包括工程建筑物、溶洞等模型，这类对象的建模方式较多。可用 GeoBIM 软件自带建模工具，通过构建地质对象的轴线和特征截面线，采用放样的方式来建模，但目前主要应用 Autodesk 系列软件（如 Civil 3D、Inventor）进行一般建模或由设计专业提供，经过数据转换成 GeoBIM 软件系统能够识别的数据，再进行模型编辑，如图 14～图 16 所示。

4　建模成果

4.1　基础图件

　　通过对数据库数据的直接调用，可以直接得到各类基础图件，如钻孔柱状图、赤平投影图、节理玫瑰图等，如图 17 和图 18 所示。

4.2 模型分析

模型分析主要是对已经建好的三维工程地质模型进行单截面分析、多截面分析、剖面分析、虚拟钻孔、虚拟平洞等操作，在三维空间里多角度察看各地质对象以及跟工程建筑

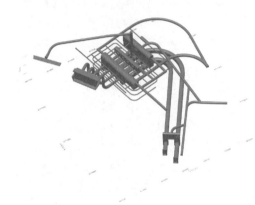

图 14 开挖洞室模型

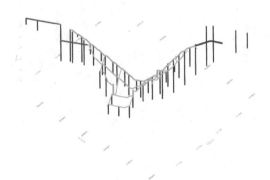

图 15 灌浆廊道及灌浆孔模型

图 16 三维工程地质模型

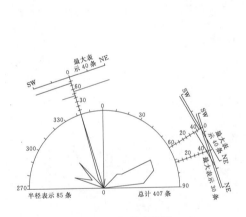

图 17　钻孔柱状图

的相互关系，为快速了解、分析各类枢纽区工程建筑物布置区的工程地质条件提供了基础，如图 19 和图 20 所示。

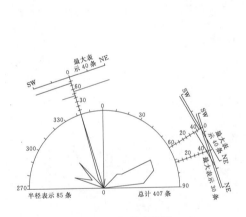

图 18　节理玫瑰图

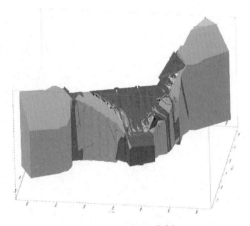

图 19　单截面分析

4.3　成果图件编绘

三维地质图在表达上更加直观，更具空间感，但由于缺少三维地质图的相关出图标准，现阶段的图件编绘二维图件和三维图件相互共存。可以直接从三维模型中抽取得到二维图件；三维图件在强调信息的展示的同时注重展示效果，既可达到表达信息的效果，又可美观地展示，为三维图件的标准化提供了范例，见图21～图 24。

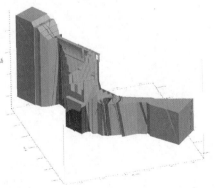

图 20　多截面分析

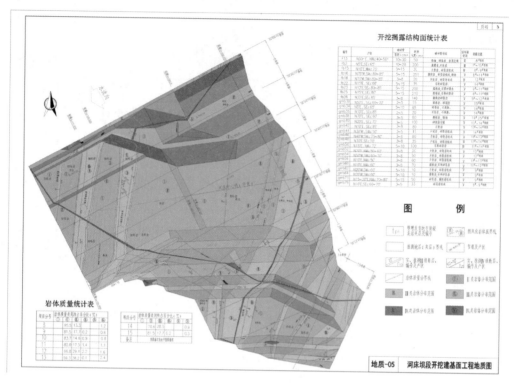

图 21　二维平面地质图

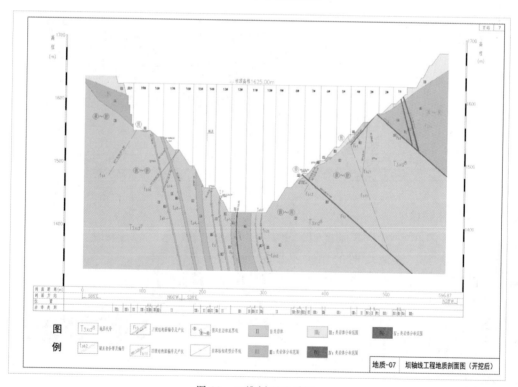

图 22　二维剖面地质图

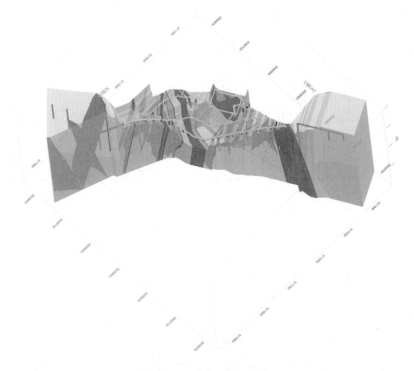

图 23　三维工程地质图

图 24　三维工程地质剖面图

4.4 稳定性分析地质模型

随着各种数值计算分析软件的不断发展，三维数值模拟分析在工程中得到了大量的应用，二维设计成果需要通过成果转换得到三维模型，三维设计可以直接提供三维地质模型，经过适当的简化就可以应用于数值模拟计算，如图 25 和图 26 所示。

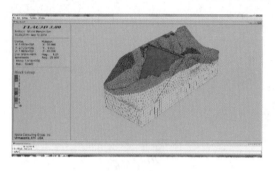 

图 25　模型剖分结果　　　　　　　　　图 26　模型分析结果

4.5 提供设计专业成果

设计专业使用的设计软件与 GeoBIM 软件不同，三维地质模型进行数据格式转换可得到直接导入常见的设计软件，如 Inventor 软件和 Civil 3D 软件。导入 Inventor 软件的地质模型为实体模型，带有地质相关信息，包括三维地质模型本身具有的地质属性。导入 Civil 3D 软件的地质模型为面模型，带有面的相关属性，如地层分界面、构造面、地下水位面等信息，可根据不同用途选择数据转换格式，如图 27 和图 28 所示。

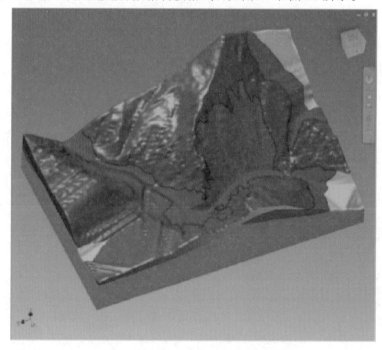

图 27　导入 Inventor 软件的地质模型

图 28　导入 Civil 3D 的地质模型

5　结语

　　GeoBIM 软件以及 Civil 3D 等 Autodesk 系列软件在水利水电工程三维地质模型建模工作中取得了较好的应用效果，方便了各类原始资料的整理和归纳，解决了各类地质对象的快速建模、分析、图件快速编绘以及提取专业成果等问题，提高了工作效率，为整个工程的三维协同设计工作打下了坚实的基础。随着人们对于三维设计的认可度、技术的提高，三维地质建模技术在未来的工程勘察设计中将发挥重要的作用。

参考文献

［1］　Houlding S W. 3D geoscience modeling：computer techniques for geological characterization［M］. Berlin：Springer – Verlag，1994.

［2］　钟登华，李明超，刘杰. 水利水电工程地质三维统一建模方法研究［J］. 中国科学，2007.38（3）：455 – 466.

［3］　刘振平. 工程地质三维建模与计算的可视化方法研究［D］. 武汉：中国科学院武汉岩土力学研究所，2010.

［4］　梁昌玉. 水电工程地质体三维建模及可视化研究［D］. 兰州：兰州大学，2010.

［5］　王正. 水利水电工程三维地质建模可视化技术研究［D］. 长沙：中南大学，2013.

［6］　张万奎. 黄登水电站坝基开挖面三维地质展示的创新应用［C］// 中国水力发电工程学会第五届地质及勘探专业委员会. 中国水力发电工程学会第五届地质及勘探专业委员会第二次工程地质学术研讨会论文，2014.

IFC 标准在泵闸工程机电设备 BIM 模型建立中的应用

胡安奎[1,2]，刘晓辉[1,2]，黄　遥[1,2]，赵　瑞[1,2]

(1. 西华大学流体及动力机械教育部重点实验室，成都　610039；

2. 西华大学能源与动力工程学院，成都　610039)

摘　要： 在泵闸工程运维阶段，涉及大量的机电设备维修任务，传统方式是由维修管理人员依据事先制定的定期维修计划，通过查询设备的二维图纸、文件等大堆资料，进而开展各类设备的维护与修理工作，耗费大量时间且难以有效管理。针对上述弊端，在考虑泵闸工程机电设备维修管理特点的前提下，充分分析维修管理活动的基本信息，指出传统管理方式的局限性及可突破方向，并以此为基础，结合 BIM 技术及 IFC 标准体系，建立泵闸工程机电设备维修管理新型信息模型，并以此开发机电设备维修管理平台。

关键词： BIM；机电设备；维修管理；IFC 标准

1　引言

对泵闸而言，机电设备作为其重要组成部分，是保证工程正常工作的基础。当机电设备发生运行异常，但未能被管理人员及时察觉时，就会加剧设备故障的安全隐患，进而严重降低设备的使用寿命。当故障出现时，设备的运行状态会被打断，此时需要对其修理，以免造成连锁式的故障，这就产生了大量的维修费用，从而增加了水利项目在运行维护阶段的整体成本，甚者，会引发机电设备事故，造成人员伤亡。而在传统机电设备维修，依然存在着以下问题：①设备管理的数据基础较多是通过分散无序、未格式化的设备信息，操作人员需要人工地浏览、分类和选择；②泵闸工程机电设备数量、种类繁多，相关联的维护说明书往往页数众多，而在事故发生的紧急情况下，可供翻阅理解的时间有限，设备维护工作变得异常艰难；③部分工作人员专业技术水平有限，且新员工或在岗员工难以得到有效而专业的系统培训，致使新员工上手慢，且一旦发生设备故障，只能停产待修，既浪费时间，又浪费人力、物力、财力。

针对泵闸工程机电设备维修领域中存在的问题，本文将 BIM 技术引入到日常管理活动中，并探讨 BIM 技术及其数据标准在维修管理方面的具体应用模式及方法，以期通过信息化手段解决现有问题，提升设备维修的技术水平。

作者简介：胡安奎，男，1988 年 9 月出生，讲师，工学博士，主要从事水工结构分析、水电工程安全技术研究，stephen5842@163.com。

2　基于 BIM 的机电设备维修管理模型

BIM 是一个富含信息的工程模型，其不仅仅能够展示三维机电模型，而且能方便地与其他类型的数据集成，并能够保证设计阶段和施工阶段的机电设备数据在运维阶段维修管理方面得到持续应用，避免重复录入。因此针对传统模式下的泵闸工程机电设备维修管理的诸多不足，本文引入 BIM 技术，结合信息化手段重新建立业务管理模型，以期解决上述问题。

针对传统机电设备的维修计划管理、设备现场维修管理、备件管理、维修人员培训等方面存在的弊端，本文基于机电设备维修管理 BIM 模型，创建泵闸工程机电设备维修管理信息化参考模型如图 1 所示。

与传统机电设备维修管理模型相比，基于 BIM 的维修管理信息化模型拥有以下优势：

（1）信息的连续性与完整性。BIM 模型能够集成从设计到施工交付过程的所有机电设备信息，保证了信息传递的连续性与完整性，为机电维修管理业务提供了统一数据库。

（2）维修管理过程中的信息积累形成统一知识库。在维修过程中产生的大量经验数据通过 BIM 接口，完整地导入模型中，形成信息动态积累的知识库。随着数据的大量沉淀，将为后续的工作提供更加可靠的数据支持。

（3）模型构件分类加快信息统计。模型构件的分类创建，使各信息收集工作可以按照设备类型快速统计，避免了以设备实体为主的传统统计方法带来的弊端。

（4）模型的可视化表达。通过 BIM 模型可直观清晰地将机电设备的空间布局和逻辑关系展现给用户，改善了传统二维视觉的感官认识；有助于加强新员工对设备构造的理解，提高设备故障溯源及维修速度。

（5）故障设备的快速检索。通过设计阶段对闸室/泵房等 BIM 模型进行竖直及水平方向的分层分区，加快故障设备的快速检索，并可以此为基础优化设备巡检路线。

3　IFC 标准应用

3.1　IFC 标准体系

BIM 应用的核心是数据交互，通过建立统一的标准规范，实现各专业设计人员、各参建方能够基于同一平台实现 BIM 的协同化应用。目前应用最为广泛的 BIM 数据交互标准就是 building SMART 组织（前身为 IAI）针对建筑工程特性制定的 IFC 标准，国内外约有 150 家软件开发商的产品支持通过 IFC 标准格式文件共享和交换 BIM 数据。

IFC 标准体系结构由 4 个层次构成，从下到上依次为资源层（Resource Layer）、核心层（Core Layer）、交互层（Interoperability Layer）以及领域层（Domain Layer）。各层均包含一系列信息描述模块，并遵守如下规则：每层内的实体只能对同层及下层的资源进行引用，而不能直接引用上层的资源；当上层资源发生变动时，下层不会受到影响[1]。其标准体系主要由类型定义、实体、规程和相关的内容定义组成，其中：

（1）类型定义是 IFC 标准的主要部分，包括定义类型（Defined Type）、枚举类型（Enumeration）和选择类型（Select Types）。

（2）实体（Entity）是信息交换与共享的载体，采用面向对象的方式构建，与面向对

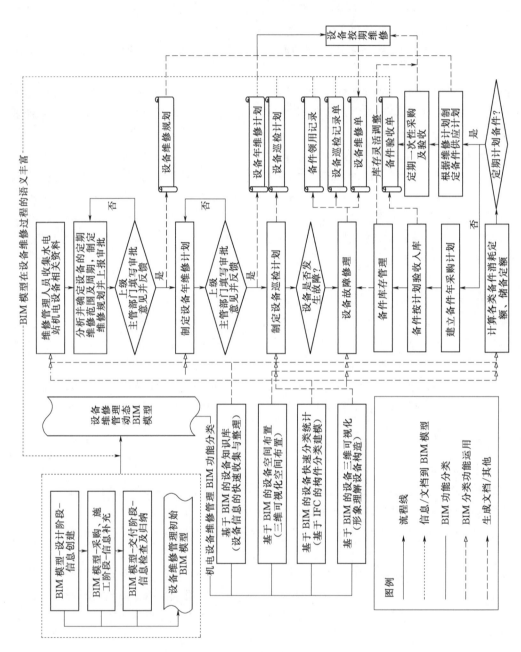

图 1 基于 BIM 的泵闸工程机电设备维修管理信息化模型

象中类的概念相对应，是 IFC 标准体系的核心内容，实体均是依靠属性对自身信息进行描述，分为直接属性、导出属性和反属性。直接属性是指使用定义类型、枚举类型、选择类型表示实体的属性值，如 Global ID、Named 等；导出属性是指由其他实体来描述的属性；反属性是指通过关联类型的实体进行链接的属性，如 Is Typed By 通过关联实体 IF-CRelDefinesByType 关联构件的类型实体。

三种不同类别的属性在其应用范围和应用时机上各有其侧重点。一般来讲，如果一个实体中的某个属性是专有属性或不变属性，则适合使用直接属性进行定义，如 Global ID 定义了全局唯一标识；反之则使用逆属性进行定义，比如 IFC Property Set 属性集实体中的 Defines Occurrence 就是通过逆属性来定义的，因为一个属性集可以由其他多个实例共用；导出属性则多用于定义资源层的一些底层实体。

（3）规程包括函数和规则两个部分，主要用于计算实体类型的属性值，控制实体类型属性值满足约束条件以及验证模型的正确性等。相关的内容定义包括属性集（Property Set）、数量集（Quantity Set）和个体特性集（Individual Properties Set）三个部分。IFC 标准对常用的属性集进行了定义，称之为预定义属性集。数量集是对长度、面积、体积、重量、个数或时间等参数的度量。

2013 年 4 月 1 日，IFC 标准（IFC4 标准）在 ISO 体系中从 PAS（公共可用规范）升级为 IS 标准，正式标准号为 ISO 16739：2013。此次标准等级的提升，将 IFC 体系中所有的内容都纳入 ISO 16739 标准中，扩大了 IFC 标准在建筑工程管理领域的影响范围。

目前，最新的 IFC 标准是 2016 年 7 月 15 日发布的 IFC4 ADD2，共包含 776 个实体以及 397 个定义、枚举、选择等类型。

3.2 基于 IFC 标准的 BIM 模型展示

本文采用 B/S（Browser/Server，浏览器/服务器）架构建立基于 BIM 的机电设备维修管理平台，将更多的处理压力留给服务器，用户只需一台装有浏览器的电脑就可完成所有的管理工作，无需购买性能卓越的计算机，减轻维修管理人员的设备开支。为此，需要选用一款 BIM 服务器系统作为 BIM 信息的存储载体，通过服务器与客户端之间的通信完成 BIM 信息的交互。

BIM 服务器通常采用安装在服务器端的中央数据库进行 BIM 数据存储与管理，用户可从 BIM 服务器提取所需的信息，进行相关应用的同时，扩展模型信息，然后将扩展的模型信息重新提交到服务器，从而实现 BIM 数据的存储、管理、交换和应用。目前，BIM 服务器平台主要有 IFC Model Server、EDM Model Server、BIM Server、Eurostep Model Server 以及各 BIM 软件开发商自行开发的与设计软件配套的协同设计服务器，其主要特征的比较见表 1。

从主流 BIM 服务器的特点以及维修管理平台的实际需求角度出发，本文采用 BIM Server 作为 BIM 服务器。BIM Server 软件是由 TNO 组织使用 Java 语言开发的开放原始码程序（第三方 IFC Engine DLL 插件除外），用于 BIM 数据共享，与 Windows、Apple、Unix、Linux 等操作系统兼容，可在 IE、Safari、Firefox、Chrome 等浏览器使用，目前仍在不断开发中。BIM Server 使用 Berkeley DB 作为数据库引擎，在用户上传 IFC 格式的 BIM 模型后，通过解译 IFC 文件，将模型数据及管理信息存储于 Berkeley DB 中，有筛

表1 主流 BIM 服务器对比

名称/类型	架构	面向全生命周期	是否开源	开发阶段
IFC Model Server	B/S	能	否	完成
EDM Model Server	C/S	能	否	完成
BIM Server	均有	能	是	开发中
Eurostep Model Server	B/S	能	否	完成
BIM 协同设计服务器	基本为 C/S	否	否	完成

选、查询、自动碰撞检测、自动判断模型更动变化、管理不同版本等功能。

BIM 服务器的核心功能是对 IFC 模型文件进行解析，并输出三维几何数据、空间数据及其他存在于 BIM 模型中的信息，后续的展示需要通过专业的平台进行。本文采用 BIM Surfer 平台，它是 BIM Server 的相关开源模型浏览平台，基于 Web GL 中的 Scene JS 框架，能够完成对 BIM 模型的简单交互操作以及渲染过程的局部调整，同时，能够读取本地的 JSON 格式模型文件，支持子模型的精确筛选以及属性查询功能。

3.3 基于 IFC 的模型构建的快速检索

泵闸工程机电设备种类繁多，设备数目巨大，所有设备集中在一个单一的 BIM 模型中，如何在单一数据源中进行设备的快速检索与定位是机电设备维修管理的重要内容之一；此外，在设备维修管理中，设备的信息不是一成不变的，而是需要不断地将维修计划、维修结果、设备状态等信息注入 BIM 模型中。因此，设备的快速查询与信息修改是 BIM 模型在泵闸工程机电设备维修管理领域能够得到充分应用的关键基础。

目前，对 BIM 模型进行构件查询与信息修改的主要技术有以下几种：

（1）EQL。BIM 技术发展至今，人们开始创建越来越多的大型且复杂的 BIM 模型，这就产生了基于 BIM 的查询语言的需求。早期查询语言的典型例子是 Huang[2]于 1999 年提出的 EQL（EXPRESS query language，EXPRESS 查询语言）。EQL 主要用于对以 STEP Part 21 文件格式存储的数据执行查询。由于 IFC 是 STEP 的一个特例，针对 STEP 标准的数据查询可以完全满足对 IFC 的查询要求。但 EQL 并没有得到广泛应用，因为它具有查询封闭性，即查询的结果不能再被查询，如当用户检索特定零件实体后，在结果基础上，不能继续检索拥有这些零件设备实体。

（2）PMQL。Adachi[3]提出了一种新的 BIM 查询语言，即部分模型查询语言（part model query language，PMQL），旨在提供一种能够实现检索、更新、删除部分模型数据的一般手段。该语言是完全基于 IFC 标准设计的，因此针对 IFC 模型的查询是相当简单和直接的，如图 2 所示为查询模型中每个门的高度。

```
1. <select type="entity" match="IfcDoor" action="get">
2. <cas cades>
3. <select type="attribute" match="OverallHeight" action="get" />
4. </cas cades>
5. </select>
```

图 2 利用 PMQL 查询模型中
每个门的高度

然而，目前它不提供创建或添加模型数据到现有 BIM 模型中的功能，并且它只支持 XML 语法的查询语言，这就使得 BIM 应用平台的非程序员终端用户使用额外的工具来构建查询过程。

（3）SMC。SMC 是商业应用程序"Solibri Model Viewer"的简称，在其软件内提供了几种选择或查看 BIM 部分内容的方法。但是，这些方法仅适用于 SMC，其平台相关性导致了这种方法无法在自开发的系统中使用。

（4）BIM Server。BIM Server 是开源的 BIM 服务器，它提供了多种方法实现从全局 BIM 中提取部分信息模型，例如通过输入 IFC 模式中的对象 ID、GUID 或类的名称来进行选择，也可以通过编写 Java 代码来创建自定义的复杂查询，但开发成本过高，且不支持模型信息的创建与修改。

（5）BIMQL。尽管上述各方法均提出了部分解决方案，但是它们在开源、查询与修改功能完整、操作简单、平台无关等各类需求上均存在一定的不足。针对上述问题，Mazairac 等人[4]提出了一种新的检索与信息更新技术，即 BIMQL。BIMQL 是一种用于 BIM 模型的、开放的查询语言，用于检索和更新存储在 IFC 模型中的数据，且满足各类需求。

任何一种查询语言均有自己的规则约束，BIM QL 语言也是。通过制定的若干条查询规则，BIMQL 能够实现对 IFC 模型的复杂查询与信息更新。BIM QL 查询语言的主要规则包括如下部分：

1）BIMQL 规则。用户可以选择"select"（选择）作为 BIMQL 查询语言的开始，表示用户在进行后续操作前必须获得一个实体定义。

2）select 规则。表示用户进行查询操作，后面紧跟一个变量名，用于存储结果列表，并可被后续动作引用；变量后可紧跟"where"规则，用于缩小选择范围，或"cascade"规则，用于选择相关实体，或"set"规则，用于更改所选实体的属性。

3）cascade 规则。表示级联规则，用于在一次查询结果范围内进行二次查询，此时，实体的直接属性，乃至属性集内的属性均可作为查询条件，如图 3 所示，在 IFC 中，发电机实体的状态属性存在于与实体相关联的 Pre-set Electric Generator Type Common 属性集中，通过 Is Defined By 及 Has Properties 两个递进的逆属性表示，当用户希望通过"Status"属性查询"正在运行"的发电机实体集，按照 IFC 标准思路，必须先获取相关联的 IFC Property Set，然后检索所有相关联属性集中名为"Status"的属性，最后通过匹配"Status"属性值获取实体集，这对于对不了解 IFC 标准的用户来说比较困难，因此 BIMQL 在级联规则中通过封装底层查询语言，使这部分属性能像直接属性一样，被用户检索到；并且用户可以通过设置"depth"值选择查询深度，如"1"表示查询实体逆属性所关联的实体，"2"表示关联实体的关联实体也会被检索。

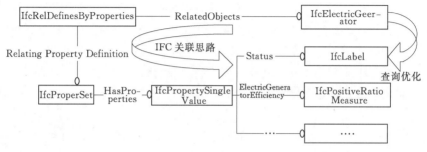

图 3　支持使用属性集中的属性直接查询

4）where 规则。根据条件缩小选择范围。

5）set 规则。修改对象直接属性的属性值。

6）还有其他的一些规则，比如支持在查询中使用"＊"代表通配符查询等。

如图 4 所示，通过检索获得拥有 Predefined Type 属性，且其值为 WATERTUR-BINE 的 IFC Electric Generator 实体对象（即发电机模型）。

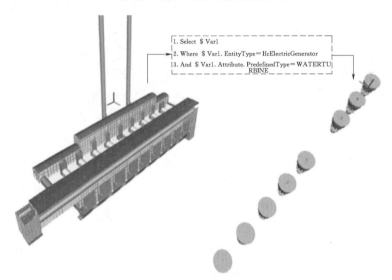

图 4　利用 select、cascade、where 规则进行发电机的检索

4　管理平台开发

4.1　平台架构

平台由下而上可分为四层，分别为数据层、逻辑层、表现层、应用层，具体结构如图 5 所示。

（1）数据层。数据层主要包括：非结构化信息（主要是文档资料），作为 BIM 模型的外部引用存在；维修过程信息，在工作过程中动态更新，并集成到 BIM 模型中；BIM 数据库，将几何、空间、业务、文档等数据集成在一个统一的 BIM 数据源中，并为用户提供对象、构件、子模型等不同粒度的访问层次。

（2）逻辑层。逻辑层主要负责对数据层的数据进行一系列逻辑处理，并推送到表现层进行展示，包括 IFC 数据解析、子模型的划分和提取及基于坐标的集成、BIM 信息访问与控制、基于 BIMQL 的设备信息检索与更新及维修管理业务的逻辑处理流程。

（3）表现层。基于 BIM Surfer 平台获取逻辑层处理结果数据，进行模型渲染及其各种属性的展示，并根据业务需要从属性中提取维修业务管理信息，分类形成不同管理内容的应用模块。

（4）应用层。根据业务功能类别的不同，划分为系统管理、可视化管理、维修计划管理、维修过程管理、备件管理、知识库管理等六大模块，应用层是最终呈现给用户的界面。

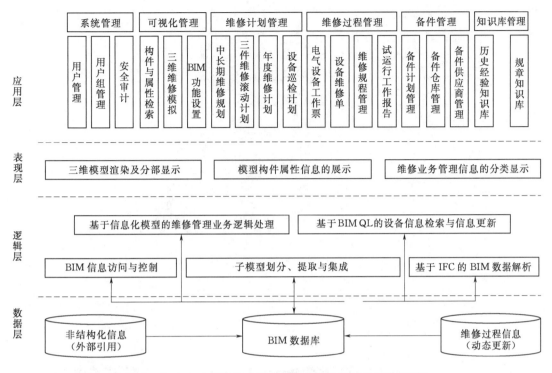

图 5　基于 BIM 的泵闸工程机电设备维修管理平台总体架构

4.2　平台功能

（1）设备三维可视化。

1）BIM 模型管理。当登录完成后，进入系统的第一个模块即是三维可视化模块，BIM 模型被分成了暖通、水工、建筑、电气、金结、水机等部分，不同类型的维修人员被赋予不同的子模型访问权限（在系统管理中设置），如电气维修人员可以查看水工和电气部分的模型，在进行可视化操作时，这两部分数据被同时加载，既保证了模型安全，又减轻了不相关的子模型对电气维修人员管理工作的干扰。在 BIM 模型结构树左侧，集成部分 BIM Server 支持的插件，包括 IFC 数据解析组件、渲染引擎等，使用者可进行合理的配置。

2）构件检索与属性展示。BIMQL 暂不能新增属性参数，只能在原有基础上进行更新，因此为使用 BIMQL 实现模型维修信息的动态修改，本平台采用的 IFC 数据模型内置了大量待确定参数，在维修管理过程中，对这些参数进行自动赋值；此外，平台对 BIMQL 进行了进一步的封装，用户仅需通过在输入框中输入查询条件，即可完成构件的快速检索，如图 6 所示。

3）维修模拟。首先对设备中各细粒度的零配件进行实体定义，接着通过检索关联实体 IFCRelSequence 获取各零部件的维修先后顺序，即可在模型视图中对设备维修过程进行三维模拟，增强维修人员的技术水平，如图 7 所示。

（2）设备维修计划管理。设备维修计划管理主要实现对中长期维修规划、三年维修滚动计划、年度维修计划及设备巡检计划的有效管理，首先通过对 IFC 模型文件的检索，

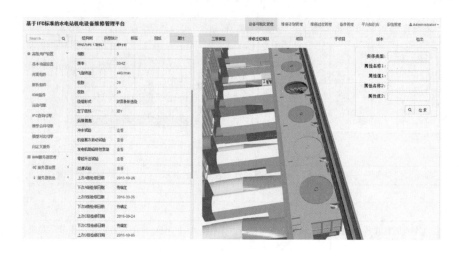

图 6　构建检索与属性展示

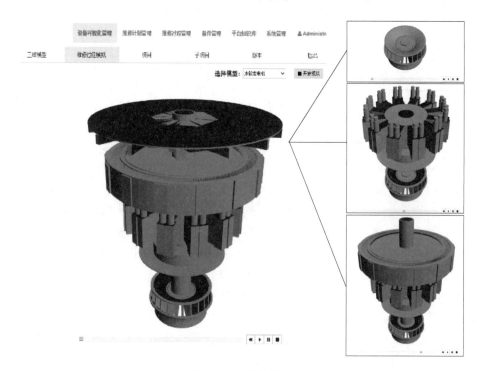

图 7　三维维修模拟

根据实体定义及预定义的类型获得机电设备的分类清单，接着依照知识库的历史经验及规章内容（需要用户提前根据相关规定提取有关信息录入知识库管理）对各类型设备的维修计划进行初始化安排，接着计划制定人员可以在此基础上针对泵闸及区域用电安排的实际情况进行微小的修改，即可完成计划的制订。

（3）设备现场维修管理。设备现场维修管理主要是对维修人员在机电设备维修现场产生的各类数据进行管理，包括各类设备的维修规程/电气设备维修前填写的工作票、设备维修完成后填写的维修单及设备大修完成后进行的试运行工作报告等。

（4）备件管理。备件管理主要包括备件采购计划管理、备件库存管理及合格备件供应商管理三部分。通过维修计划建立备件采购计划，包括用于定期维修的一次性采购和用于不定期维修的年度采购计划，并进行采购活动，对不定期维修所需备件进行验收入库，定期维修所需备件进行使用、登记，并根据实际情况对供应商进行评价，作为后续选择供应商的参考意见。在非定期维修备件验收入库后，对其进行库存管理，包括领用登记、退料登记等。

（5）设备维修知识库。

1）规章知识库，存储设备维修有关的国际公约或法规、国家法规、行业法规、行业规章、属地规章、企业规范及其他规章制度等内容，用于指导维修管理的相关活动。

2）历史经验知识库，不仅包括泵闸工程自身在维修管理活动中产生的大量文件，而且对以往其他泵闸工程、市政项目等工程在设备维修领域的优秀行为及事故进行收集统计，为设备维修管理的决策判断提供大数据基础。

（6）系统管理。系统管理模块的主要功能包括以下几点：

1）访问控制。基于角色的访问控制（Role - Based access control，RBAC）原理，创建用户组，并根据各组工作内容的不同，授予对应的平台操作权限；接着通过确定各用户所属用户组类别，进行用户的权限管理。

2）安全审计。记录用户在系统中的访问及操作痕迹，检查、审查和检验操作事件的环境及活动，从而发现系统漏洞、入侵行为或改善系统性能的过程。

5 结语

为了提高泵闸工程机电设备维修管理的水平，本文通过分析 BIM 模型在维修管理中的应用模式，并根据维修工作特点，在 IFC 相关技术的基础上，开发了机电设备维修管理平台，主要研究成果如下：

（1）引入 BIM 模型及信息化手段，对维修管理工作中的主要业务参考模型进行优化，创建了基于 BIM 的机电设备维修管理信息化模型，从而为 BIM 技术在该领域的应用指明了方向。

（2）以基于 BIM 的机电设备维修管理信息化模型为基础，利用 IFC 标准及 BIMQL 等技术，开发基于 BIM 的机电设备维修管理平台。

参考文献

［1］ 邱奎宁，张汉义，王静，等. IFC 技术标准系列文章之一：IFC 标准及实例介绍［J］. 土木建筑工程信息技术，2010，2（1）：68 - 72.

［2］ Huang L Z. EXPRESS Query Language and Templates and Rules：Two languages for advanced Software System Integrations［D］. Ohio：Ohio University，1999.

［3］ Adachi，Y. Overview of Partial Model Query Language［C］// In proceedings of the 10th ISPE International Conference on Concurrent Engineering. 2003.

［4］ Mazairac W，Beetz J. BIMQL - An open query language for building information models［J］. Advanced Engineering Informatics，2013，27（4）：444 - 456.

水利水电工程设计中 BIM 与三维 GIS 集成技术研究

闻 平，王 冲，吴小东，桂 林

（中国电建集团昆明勘测设计研究院有限公司，昆明 650041）

摘 要：近年来，BIM 与三维 GIS 的集成应用越来越广泛，本文分析了 BIM 与三维 GIS 的技术特点及相互关系，结合水利水电工程设计阐述了当前实现 BIM 和三维 GIS 集成过程中待解决的关键技术，针对 Autodesk 系列软件的 FBX、DWG 等格式实现了自动转换为 .OBJ 模型，通过地形整平与地形开挖实现了模型与地形的融合，设计了基于三维 GIS 的大范围 BIM 模型组织管理与可视化，并通过实例进行了验证。

关键词：水利水电工程；BIM；三维 GIS；集成技术

1 引言

对于单专业、小范围的单体建筑，基于专业的 BIM 软件就可实现工程项目的规划设计、工程建设和运行管理的全过程应用，实现数据和应用的无缝过渡。对于水利水电工程、长距离引水工程等，独立分散的 BIM 模型只能反映工程的局部部分，只有集成的 BIM 模型才能反映全面真实的工程，实现 BIM 模型深入应用，但传统的 BIM 软件难以支撑海量地形和模型数据。此外，水利水电工程建设项目整个生命周期中参与方众多，建设周期较长，必然产生海量的、形式多样的、格式不一的、精度不同的信息数据，在管理过程中容易形成信息孤岛，进而导致项目全生命周期中信息流失严重，很大程度上制约了工程建设项目管理水平和管理效率的提高。

BIM 模型精细程度高，语义信息丰富，侧重整合和管理建筑物自身所有阶段信息，包括建筑物所有微观图形化和非图形化信息，三维 GIS 侧重宏观、大范围地理环境与建筑物三维表面模型的集成，提供高效的"查询定位、分析管理"服务。三维 GIS 宏观应用的广度和 BIM 精细应用的深度结合能实现水利水电工程全生命周期信息化管理的革命性转变：从各专业分散的信息传递到多专业协同的信息共享服务的转变，从各阶段独立应用到规划设计、工程建设、运行管理全生命周期共享应用的转变。

2 BIM 和三维 GIS 的关系

BIM 是将工程建筑内部结构、外部结构以三维模型的形式进行表达，并将与建筑相关的设计信息、施工信息、运维信息都附着在模型上进行管理[1]。在此基础上，通过碰撞

作者简介：闻平，男，1982 年 7 月出生，高级工程师，主要从事 3S 技术集成应用研究，34933146@qq.com。

检测、施工模拟、工程量计算、节能优化、物料管理等手段，减少设计中的错漏缺碰，提高设计精确度和效率，避免施工过程中的资源浪费。

地理信息系统（geographic information system，GIS），在维基百科中的解释为：它是一门综合性学科，它结合了地理学与地图学，已经广泛地应用在不同的领域，是用于输入、存储、查询、分析和显示地理数据的计算机系统[2]，是近些年发展起来的对地理环境有关问题进行分析和研究的一种空间信息管理系统。近几年地理信息系统领域三维热潮也正在兴起，在各行业的纵深应用及对三维空间信息的迫切需求下，三维 GIS 得到了快速的发展。

水利水电工程设计涉及的专业众多，受到地理环境、地质条件、交通条件、经济因素等多方面的影响，很多水电站的设计都涉及上百千米，甚至几百千米的范围[3]。目前的 BIM 模型设计软件支持的空间范围都比较小，无法承载海量大范围的基础地理数据，也不具备对地理信息进行分析统计的功能；BIM 模型精细程度高，数据量大，可视化预处理时间长。而 GIS，特别是三维 GIS 以其空间数据库技术的特点，能够实现海量三维地理空间数据的存储、管理、可视化及分析应用[4]。大量高精度的 BIM 模型可作为三维 GIS 系统中一个重要的数据来源。BIM 技术与 GIS 技术的比较见表 1。

表 1　　　　　　　　　　　**BIM 技术与 GIS 技术比较**

序号	功能比较	BIM 技术	GIS 技术
1	4D 模拟	主要应用于施工过程中的冲突检测和提高项目管理的沟通效率，结合成本等拓展到 5D、6D……	一方面为冲突检测；另一方面用于地理空间环境的物流业务整合
2	规划功能	主要应用于建筑物内部规划。如暖通空调施工空间使用分析和能源消耗分析	主要应用于建筑物外部大环境规划，如工地选址、物流服务、紧急疏散设计等
3	空间关系	突出建筑构件之间的空间关系	管理一切与位置有关的数据，突出建筑物与环境之间的关系
4	拓扑结构	拓扑功能相对薄弱，无法进行高级的空间分析	基于二维数据的拓扑分析功能较为成熟
5	分析功能	具有简易的分析与统计功能，例如布尔运算、数量统计，但目前缺少成熟的高级分析功能	以传统的矢量和栅格的空间分析为基础，可实现最短路径分析、网络分析等高级分析功能
6	三维模型	三维模型具有精细的几何特征、丰富的属性信息，完善的空间结构	长于数据表面模型的建立及基于空间数据库的属性关联
7	坐标体系	多为直角坐标系，且常见独立坐标系统	具有完善的空间坐标系统，包括投影坐标、地理坐标
8	本质区别	BIM 侧重中模型及其属性的管理	GIS 侧重环境的表达、信息管理及空间分析

3　BIM 和三维 GIS 集成研究进展

BIM 和三维 GIS 的集成，一方面可以较好地利用三维设计的模型数据，结合施工、竣工模型，采用高精度的模型和丰富的全生命周期的属性信息作为 GIS 的重要数据来源；另一方面，BIM 和三维 GIS 的集成可以深化多领域的协同应用，从各专业分散的信息传递到多专业协同的信息共享服务，从各阶段独立应用到规划设计、工程建设、运行管理全生命周期共享应用。因此，BIM 和三维 GIS 的融合已经成为国际学术界和工业界的前沿技术，但是 BIM 与三维 GIS 的集成应用还处于理论设想和方法探讨的阶段，并未得到广泛的实际应用。

4 BIM 和三维 GIS 集成关键技术

4.1 BIM 到三维 GIS 模型的自动转换技术

目前，水利水电工程设计行业各大设计院所采用的 BIM 设计软件各不一样，有 Autodesk 系列软件、Catia 软件等，每种软件内部均会有一种格式作为中间交换格式，如 Autodesk 系列软件采用的 FBX 格式，虽然能够在 Autodesk 系列软件之间基本达到无缝集成，但在跟体系外的平台进行数据转换与集成时，会有大量的信息丢失情况，如三维 GIS 数据平台，转换模式也多是借助于第三方软件（如 3ds max）等，转换效率低，信息损失大，效果不理想，无法做到 BIM 数据的完美重现与重复利用。因此如何克服现有技术的不足是目前水利水电工程设计技术领域亟须解决的问题。针对 Autodesk 系列软件的 FBX、DWG 等格式转换自动转换为 .OBJ 模型，作者进行了一些研究，实现了模型的自动转换，图 1 所示为 DWG 格式的模型转换前后效果对比图。

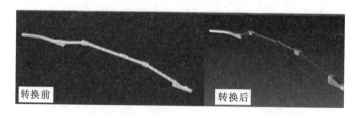

图 1　DWG 模型通过程序自动转换前后效果对比图

4.2 地形的修改与融合

在进行三维场景构建的过程中，由于获取 DEM 的时间和手段的限制，导致 DEM 局部反映的地形情况和三维设计后的地形不一致，从而使模型与地形之间的关系反映不正确，出现模型高于地形或者被地形覆盖或者地形未被开挖的情况。为了解决该问题，可采用地形整平或地形开挖等方式来处理模型与地形的融合。

（1）地形整平。地形整平是处理独立地物模型的一个折中的方式，通过使用模型外接立方盒的底面表示模型与地形的交线并通过这个交线来修改交线范围内的 DEM 高程数据，从而完成地形整平功能，最终完成模型与 DEM 的无缝贴合，如图 2 所示。

地形整平算法描述如下：

1）将原始的模型数据按照其模型格式的特有组织方式，解析其包含的所有的三角网信息，并提取其三维顶点坐标。

2）将各个顶点按照其空间位置，进行求并（Union）处理。即定义三维点的空间求并为：求点（命名为 Pa）与点集（命名为 Ca）进行空间求并后的空间范围（命名为 Ba），Pa 如果在包含 Ca 的最小立方体空间内，则不更新该最小立方体 Ba；如果 Pa 不在当前 Ba 代表的空间范围内，则将 Pa 的 x、y、z 方向的空间范围与 Ba 的空间范围尽心求并，并更新 Ba，从而完成 Pa 与 Ca 的空间求并。

图 2　地形整平效果图

3）遍历模型空间点集合中所有的顶点，进行 B 中的处理，直到处理完成。获得最终的点集合的空间范围立方盒 Ba。

4）将 Ba 的底面四边形的各个顶点作为模型的外接边界，并将其投影到 DEM 范围上，完成该边界范围内的 DEM 栅格点的高程修改。

地形整平算法流程如图 3 所示。

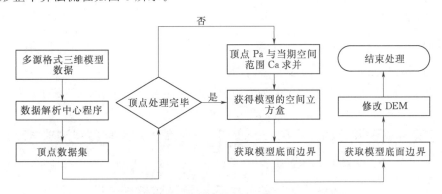

图 3　地形整平算法流程图

（2）地形开挖。地形开挖功能是一种精确的模型与地形的融合功能。其通过一定的算法处理获取模型在二维平面上的精确投影边界，利用该边界首先对地形进行开挖处理，即让该范围内的地形高程值变为无效，然后把模型直接与开挖后的地形进行叠加的方式，如图 4 所示。

4.3　基于三维 GIS 的大范围 BIM 模型组织管理与可视化技术

BIM 更多侧重于建筑物本身和内部详细信息的高精度的三维体现，强于表达建筑的空间几何及语义信息，可以便捷地应用于对工程项目的全生命周期管理，但是在项目整体表达时，由于其对海量数据的支撑与可视化能力相对薄弱，难以支持大范围、长距离工程的管理，目前多应用于单个项目或小范围的工程设计和管理。但是很多水电站的设计都涉及上百千米，甚至几百千米的范围，如何才能更好地充分发挥 BIM 及三维 GIS 的优势，使得成果既能面向微观、同时也能面向宏观的管理及可视化分析应用，从而用于支撑大规

图 4　地形开挖效果图

模工程的协同分析和共享应用，也是亟须解决的问题。

5　原型系统开发

　　基于对以上关键技术的研究，笔者开发完成了三维可视化集成平台，对基础地理信息数据、工程设计成果及相关工程设施进行展示及管理。

　　平台界面具有一定的松散性，利于界面端和数据端的逻辑划分，方便对该平台的功能进行数据的扩展和相关的移植，平台的界面如图 5 所示。

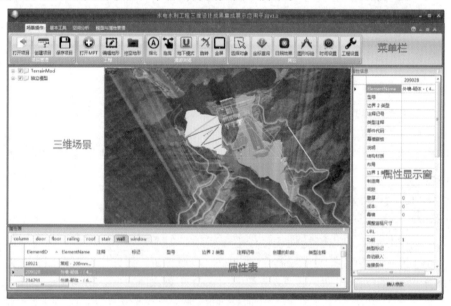

图 5　三维可视化集成平台界面

6 结语

随着大型基础设施建设和新型城镇化建设的推进，BIM 与三维 GIS 的集成应用成为大趋势。BIM 以建筑本身的结构信息表达为主，随着应用的深化，也需要一些建筑外部空间的信息以支持进行多种类型的应用分析，例如结构设计需要地质资料信息，节能设计需要气象资料信息，而这些在地球表层（包括大气层）空间中与地理分布有关的数据都可以借助三维 GIS 得到。反过来，通过 BIM 和三维 GIS 的集成，BIM 为三维 GIS 提供了建筑物精细化的几何与属性信息，从而大大扩展了三维 GIS 能力，提升了三维 GIS 的应用水平。

但是面向工程项目全生命周期更深层次的应用要求，还需从以下几个方面进行延伸扩展，如各专业 BIM 应用标准体系框架、多专业 BIM 数据标准化、BIM 与三维 GIS 数据协同、面向 BIM 模型的高精度空间分析等。

参考文献

[1] 任晓春. 铁路勘察设计中 BIM 与 GIS 结合方法讨论 [J]. 铁路技术创新，2014 (5)：80 - 82.
[2] 钱意. BIM 与 GIS 的有效结合在轨交全寿命周期中的应用探讨 [J]. 地下工程与隧道，2013 (3)：40 - 42.
[3] 张社荣，顾岩，张宗亮. 水利水电行业中应用三维设计的探讨 [J]. 水力发电学报，2008，27 (3)：65 - 70.
[4] 朱庆，林晖. 数码城市 GIS [M]. 武汉：武汉大学出版社，2004.

BIM 技术在工程质量管理中的应用

曹登荣[1]，李剑萍[1]，孙檀坚[2]，徐　雷[2]

（1. 中国电建集团昆明勘测设计研究院有限公司，昆明　650051；

2. 河海大学，南京　210098）

摘　要：BIM 技术作为现代工程技术最鲜明的旗帜，其发展趋势不可逆转，其成功应用将会带来巨大的价值。传统项目质量管理中各阶段存在着工作分离、信息交流不充分、浪费现象严重等问题，而 BIM 技术的三维仿真模拟、三维协同设计、碰撞检测等技术恰好可以减少甚至避免这些问题的发生。通过对 BIM 技术在质量管理领域应用的研究，可以在总结经验的基础上进一步发掘其应用价值，为 BIM 技术在工程质量管理中的深度应用奠定基础。

关键词：BIM；质量管理；仿真模拟；协同设计；碰撞检测

1　引言

建筑信息模型（building information modeling，BIM）是一种改进建筑的计划、设计、建造、运营和维护过程的技术，它使用标准化的机器可读的信息模型为每个建筑部件及设备建模，模型包含独立创建和收集的能够在建筑的全生命周期使用的建筑部件及设备信息（图1）。

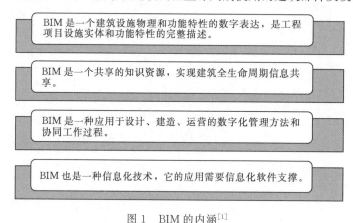

BIM 是一个建筑设施物理和功能特性的数字表达，是工程项目设施实体和功能特性的完整描述。

BIM 是一个共享的知识资源，实现建筑全生命周期信息共享。

BIM 是一种应用于设计、建造、运营的数字化管理方法和协同工作过程。

BIM 也是一种信息化技术，它的应用需要信息化软件支撑。

图 1　BIM 的内涵[1]

2　BIM 技术在工程质量管理中的应用

BIM 技术作为现代工程技术最鲜明的旗帜，其发展趋势不可逆转，它在项目质量管

作者简介：曹登荣，男，1992 年 11 月出生，硕士，从事水利水电工程技术应用和研究，1040435233@qq.com。

理领域的应用将会带来巨大的价值。BIM 技术在工程质量管理中的应用主要涉及设计和施工两个阶段，具体应用参见表 1。

表 1　　　　　　　　　　　**BIM 技术在工程质量管理中的应用**

项目阶段	BIM 具体应用	项目阶段	BIM 具体应用
设计阶段	三维仿真模拟	施工阶段	碰撞检测
	三维协同设计		深化设计
	碰撞检测		施工模拟
	CAD/CAE 集成分析		物料跟踪
	性能分析		BIM＋智能全站仪
	BIM＋云计算等		施工现场配合等

2.1　三维仿真模拟在质量管理中的应用

基于 BIM 的三维可视化功能可以实现工程项目的三维仿真模拟。随着时代的发展，建筑业的建筑形式日新月异，各种复杂造型不断涌现，传统的二维图纸已经难以表现其真正的构造形式，BIM 技术所提供的可视化功能提供了很好的解决方案，利用 BIM 技术可以将传统的平面的二维的构件构造成三维的直观的实体图形。不同于现在建筑业出的三维效果图，BIM 所具备的可视化是指能够同构件之间形成互动性和反馈性的可视，是整个项目全生命期的可视化，即工程项目的设计、建设和运行阶段中交流、决策等都可以在可视化的状态下进行。

除了单纯的三维可视化展示外，利用三维仿真技术可以进行方案的比选，提高设计质量，加强质量控制。以糯扎渡水电站三维仿真技术应用为例：利用 BIM 的三维仿真技术可以在规划阶段即对糯扎渡水电站的选址、规模、坝型比选等问题进行三维演示和初步的可行性分析。案例中，在概念规划阶段设计方中国电建昆明院协同多专业应用 AutoCAD 和 3ds max 等软件，实现糯扎渡水电站枢纽布置格局与坝型选择三维可视化仿真，方便多专业交流设计意图和决策方快速评估设计方案，并针对比选坝型混凝土重力坝和心墙堆石坝分别进行三维静动力数值仿真分析，为坝型选定提供重要支撑（图 2）。

（a）心墙堆石坝方案　　　　　　　　　　（b）重力坝方案

图 2　糯扎渡枢纽布置方案三维可视化仿真与优化

2.2　三维协同设计在质量管理中的应用

三维协同设计准确地说应该是三维模型设计的协同效应。三维模型为设计的可视化、精准性提供基础平台，而协同效应则带来高效率、高质量。三维协同设计的出现为工程设计尤其是数字化工厂设计带来了新的设计方法和手段，对实现建筑的智能化也提供了基础条件。在传统建筑业，由于各专业间或不同的设计师间沟通不及时或不到位，导致项目变更的案例比比皆是。针对这种事后协调的复杂性和潜在的经济损失，BIM 技术提供了多专业协同设计的思路，利用 BIM 技术不仅可以在设计期间达到多专业协同设计、提高设计质量的目标，更可以大大提高设计效率，节省项目的变更延误，降低了相应的建设成本[4]。

基于 BIM 的三维协同设计大大改善了多专业设计的协同能力，将分散的专业人员集成到一个协同平台，减少了设计信息的丢失、不同专业之间的设计碰撞等问题。三维协同设计需要稳定的项目协同管理平台，并且要求各专业软件之间的设计模型和信息能够交互。目前常见的四大软件商都有自己的三维协同设计软件，具体见表 2。

表 2 　　　　　　　　　　　　**四大软件商三维协同设计平台对比表[5,6]**

软 件 商	项目协同管理软件	设计建模平台
欧特克（Autodesk）	Vault/Buzzsaw	Revit 等
达索（Dassault）	ENOVIA	CATIA、Digital Project 等
奔特力（Bentley）	Project Wise	MicroStation 等
图软（Graphisoft）		ArchiCAD 等

以某水电站三维协同设计应用为例：在协同机制下，分散的各专业人员相当于坐到了一张虚拟的大桌子上进行设计、讨论、反馈、修改和再提交，具体水电工程三维协同设计机制如图 3 所示。

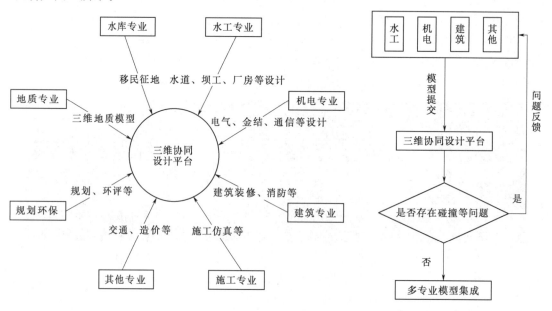

图 3　水电工程三维协同设计机制

　　一般而言，水电站厂房等三维模型的协同工作可以基于 Revit 进行。目前 Revit 软件的协作模式主要有两种：①模型链接，在一个 Revit 项目文件中通过插入链接的方式引用其他 Revit 文件的相关数据；②工作集，通过使用工作共享，多个设计者可以操作自己的本地文件，并通过中心文件与其他工作者共享工作成果，形成完整的项目成果（表3）。

表3　　　　　　　　　　　　基于 **Revit** 的两种协同设计模式比较

协同方式	工 作 集	模 型 链 接
项目文件	同一中心文件，不同本地文件	不同文件
更新	双向、同步更新	单向更新
效果	复杂模型时速度慢	复杂模型时速度较快
适用范围	同专业协同	专业间协同

　　在该水电站的厂房三维协同设计过程中，主要涉及水工、建筑、机电等专业，因此选择利用 Revit 软件自带的模型链接功能进行专业间协作（图4～图6）。

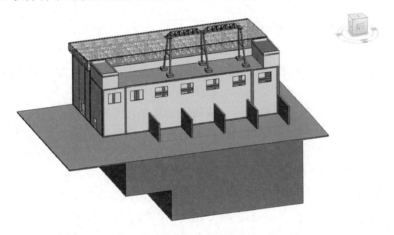

图 4　厂房三维图

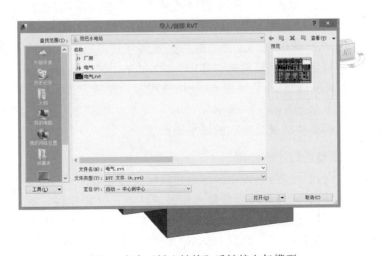

图 5　点击"插入链接"后链接电气模型

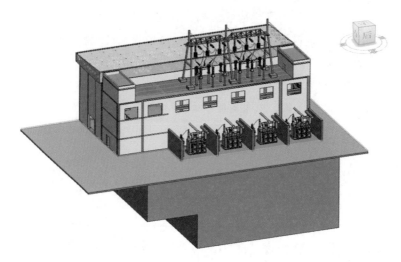

图 6　Revit 多专业模型集成后效果

2.3　碰撞检测在质量管理中的应用

碰撞检测是指在工程项目实际施工前即利用 BIM 技术检查项目中不同对象间的冲突，主要包括实体与实体之间的碰撞冲突，以及实际并未发生碰撞、但是空间或间距无法满足施工规范两种情况。

随着科技的发展，工程项目尤其是建筑物更加复杂，室内的各种管线、梁板柱等都有可能发生各种碰撞。当前，由于建筑、暖通、给排水、消防等不同专业间设计人员的相对割裂、协调不足，加之受到现场施工情况等因素影响，必定存在很多隐性的和不可预见的问题，这些都将导致建筑过程中的空间交叉、冲突等问题。不管是从工程进度，还是从工程投资或是工程质量等多方面考虑，都要求不仅要在施工前进行深化设计，更需要实现各专业施工对象的空间协调。简而言之，需要将碰撞问题解决在施工前。

以某水电站厂房碰撞检测应用为例：水电工程的工期长、工程量大、施工复杂，利用 BIM 软件如 Navisworks 的碰撞检测可以有效地减少施工的碰撞，达到质量控制的目的。本案例继续采用上节中的厂房模型进行碰撞检测，包括厂房的检测、厂房与机电模型集成（采用 Revit 链接的方式）的检测等。对于欧特克系列软件而言，碰撞检测可以分为设计软件内部检测和外部检测，碰撞检测机制如图 7 所示。

设计软件内部（Revit）检测共发现 65 处碰撞问题，包括管线、墙、柱、楼板、管道等多类碰撞，具体结果如图 8 和图 9 所示。

经过设计调整和模型修改最后得到的成果如图 10 所示。

2.4　性能分析等在质量管理中的应用

（1）性能分析。在设计过程中创建的虚拟建筑模型已经包含了大量的设计信息（几何信息、材料性能、构件属性等），将模型导入相关的性能化分析软件，就可以得到相应的分析结果，分析计算支持 gbXML、IFC、DXF 和 DWG 等标准文件格式。模拟和分析建筑能效，确定建筑能源负荷，了解建筑 HVAC 系统并设计配置方案；生成峰值负荷、年度能源计算、能耗、碳排放量和燃料成本且符合 ASHRAE90.1 要求的报告。通风分析如

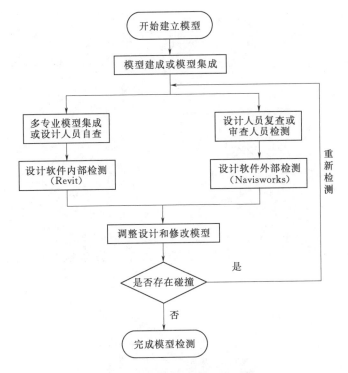

图 7　Revit 模型的碰撞检测机制

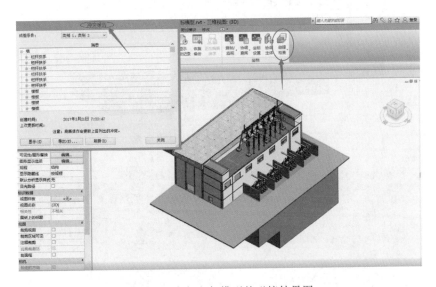

图 8　厂房与电气模型的碰撞结果图

图 11 所示。

（2）物料跟踪。BIM 模型作为一个建筑物的多维度数据库，物联网是建筑的感知系统，每个设备、物体都可以有自己独特的 ID。BIM 模型中，每个构件或物体都被赋予了相对应的唯一的编码，这些编码就是各个构件的"身份证号"，并且可以生成二维码或条

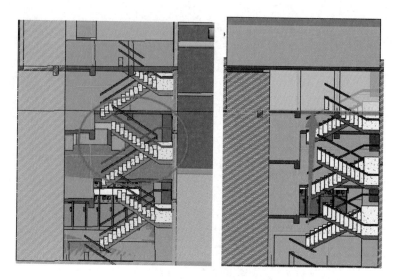

图 9　厂房楼梯和楼板的碰撞问题展示

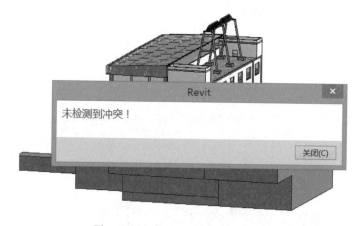

图 10　调整修改后的碰撞检测结果

图 11　通风分析

形码，将虚拟模型与现实对应。利用 RFID 无线射频识别电子标签可以获取 BIM 模型中各个构件或物体的详细信息，通过 RFID 可以把建筑物内各个设备构件贴上标签，以实现对建筑材料进行跟踪。在材料进场交付时，施工方可以设置 RFID 标签，确定其详细信息。在施工过程管理中，管理人员可以借助施工现场安装的 RFID 阅读器，监控每批材料的使用情况，避免材料发生被盗或被以次充好等情况的发生，从而提高材料管理效率。当材料剩余量不足，管理人员可以根据其预警及时上报并进行材料的采购[2,3]（图 12）。

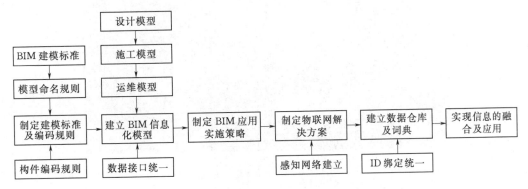

图 12　BIM 技术与物联网集成应用方法和步骤示意图

（3）CAD/CAE 集成应用。实际工程中经常遇到大体积或复杂结构的计算，需要利用有限元软件计算，但是目前常用的 CAE 软件建模过程繁琐，面对异形结构更加复杂。利用 BIM 核心建模软件可以较为快捷简便地实现建模操作。因此，在项目实施过程中，为了简化计算分析过程，可以将三维 CAD 软件模型导入到 CAE 软件中进行分析计算。CAD/CAE 集成技术可以应用到水电工程的厂房配筋出图、大坝应力分析等众多方面。CAD/CAE 集成技术应用流程如图 13 所示。

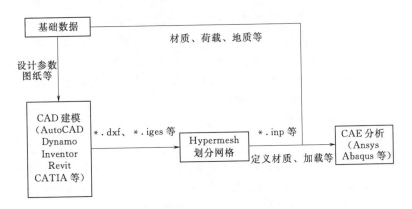

图 13　CAD/CAE 集成技术应用流程

（4）施工现场配合。使用移动客户端——数字化移交（图 14），模型元素带有工程属性和关联的工程资料文档，方便带到施工现场或已建成的工程现场作校验和检查，达到施工质量控制的目的。

图14　移动端查看施工信息

3　结语

　　本文主要从 BIM 技术的三维仿真模拟、三维协同设计、碰撞检测、性能分析、物料跟踪等方面阐述了 BIM 技术在工程项目质量管理领域的应用，较为全面地展示了 BIM 技术在提高工程项目设计、施工质量等方面的价值。随着 BIM 与其他专业技术的集成应用以及 BIM 发展瓶颈的逐渐解决，相信 BIM 技术在工程项目质量管理领域将会有更大的应用价值和前景。

　　从目前的 BIM 技术实践中可以看出，单纯的 BIM 应用越来越少，更多的是将 BIM 技术与其他专业技术、通用信息化技术、管理系统等集成应用，以期发挥更大的综合价值，因此，BIM 应用不再仅仅局限于单纯的 BIM 理念，而是呈现出"BIM＋"的特点。同时，还应当看到，BIM 技术还在发展过程之中，它在应用中有很多难点需要解决。无论是 BIM 应用软件，还是 BIM 相关标准或是 BIM 技术应用模式都需要不断完善。值得高兴的是，在过去的十年时间里，BIM 技术在我国工程建设领域得到了快速发展，从基础技术研究到标准的制定，再到工程实践，BIM 技术经历了从概念到快速发展乃至广泛应用的过程[2,3,7]。尤其是最近几年，住房和城乡建设部相继发布了《2011—2015 年建筑业信息化发展纲要》《关于建筑业发展和改革的若干意见》《关于推进 BIM 技术在建筑领域应用的指导意见》《关于推进建筑信息模型应用的指导意见》等一系列文件，各地行管部门陆续推出相应的 BIM 推广意见。星星之火，可以燎原。在这种强劲的推力下，BIM 技术在我国的发展也将步入一个新的时期，BIM 技术在工程质量管理中的应用前景也将更为广阔。

参考文献

[1]　NBIMS. National Building Information Modeling Standard［S］. 2011.

［2］ 倪江波，等. 中国建筑施工行业信息化发展报告（2014）：BIM 应用与发展［M］. 北京：中国城市出版社，2014.

［3］ 倪江波，等. 中国建筑施工行业信息化发展报告（2015）：BIM 深度应用与发展［M］. 北京：中国城市出版社，2015.

［4］ 高博. 三维协同设计在水利设计院中的应用［J］. 水科学与工程技术，2013（5）：94-96.

［5］ 张人友，王珺. BIM 核心建模软件概述［J］. 工业建筑，2012（S1）：66-73.

［6］ 何关培. BIM 和 BIM 相关软件［J］. 土木建筑工程信息技术，2010（4）：110-117.

［7］ 清华大学软件学院 BIM 课题组. 中国建筑信息模型标准框架研究［J］. 土木建筑工程信息技术，2010，2（2）：1-5.

BIM 技术在水电工程 EPC 项目中的应用研究

严　磊[1,2,3,4]，刘　明[5]，孙琼芳[1,2]

(1. 中国电建集团昆明勘测设计研究院有限公司，昆明　650051；

2. 云南省岩土力学与工程学会，昆明　650051；

3. 国家能源水电工程技术研发中心高土石坝分中心，昆明　650051；

4. 云南省水利水电土石坝工程技术研究中心，昆明　650051；

5. 贵州省水利水电勘测设计研究院，贵阳　210098)

摘　要：EPC 总承包模式可以较好地解决设计、采购、施工等环节中存在的矛盾，从而有效地控制成本、缩短工期，已广泛应用于大型水电工程项目中，但水电工程 EPC 项目较为复杂，参与方众多，项目管理的难度较大。针对这一问题，本文提出了将 BIM 技术应用于水电工程 EPC 项目中，BIM 技术以建设工程项目全生命周期的信息管理为特征，可以为 EPC 项目全程管理提供先进的数据化工具和信息共享平台。昆明院基于自身丰富的 EPC 总承包实践经验，融合 HydroBIM 技术，研发了基于 B/S 架构的 HydroBIM® –EPC 信息管理系统，该系统包含十四个业务管理模块，以 BIM 模型为载体，关联工程项目的进度、成本、质量、安全、资源等信息，可以实现动态资源管理、进度管理、成本管理、工程变更管理、合同管理等功能。该系统已应用于多座水电站和风电场 EPC 总承包项目，大大提高了 EPC 项目管理水平，为工程建设的精细化管理发挥了重要作用。

关键词：建筑信息模型（BIM）；设计-采购-施工（EPC）项目；水电工程；Hydro-BIM

1　引言

水电工程 EPC（engineering，procurement and construction）工程总承包是指从事水电工程总承包的企业受业主委托，按照合同约定对水电工程项目的勘察、设计、采购、施工和试运行等实行全过程的承包[1]。与传统承包模式相比，EPC 模式可以较好地解决设计、采购、施工等环节中存在的矛盾，具有提高产品质量、控制成本、缩短工期的优势，故已广泛应用于大型水电工程项目中。但水电工程 EPC 项目规模较大，工期较长，项目实施过程中产生和需要的各种信息非常丰富，项目参与方数目众多、分布广泛，给项目的管理带来了极大的困难[2]。

作者简介：严磊，男，1982 年出生，河北藁城人，博士，高级工程师，主要从事水利水电工程安全风险评估与全生命周期 BIM 应用研究，20133412@qq.com。

国内外对 BIM 技术的应用研究主要侧重于系统和软件的研发，对 BIM 技术在 EPC 项目中的应用研究还较少。张建平等[3]开发了基于 BIM 的工程项目 4D 施工动态管理系统，将 3D 模型与施工进度、资源等信息集成一体，实现了基于 BIM 和网络的施工进度、人力、材料、设备、成本、安全、质量和场地布置的 4D 动态集成管理以及施工过程的 4D 可视化模拟。刘文平等[4]通过分析 EPC 公路工程项目的特点和 BIM 在 EPC 公路项目中的应用价值，提出 BIM 在 EPC 公路工程项目中的应用流程与保障机制。RIB 集团[5]研发了 ITWO 软件，打通了设计、建造、算量、造价与项目管理之间的屏障。

为了发展水电工程 EPC 项目，解决项目管理的难题，必须使用先进的技术辅助项目的生产与管理。本文提出将 BIM 技术引入水电工程 EPC 项目中，针对水电工程的特点，以行业普及软件作为应用平台，借助先进的计算机技术，开发了 HydroBIM® - EPC 信息管理系统，该系统基于 Browser/Server 架构，包含十四个业务管理模块，以 BIM 模型为载体，关联工程项目的进度、成本、质量、安全、资源等信息，可以实现动态资源管理、进度管理、成本管理、工程变更管理、合同管理等功能，应用该系统可大大提高 EPC 项目管理水平，为工程建设的精细化管理发挥重要作用。

2 BIM 技术

对于 BIM 概念，很多机构和个人都对其进行了定义，但目前业内对 BIM 仍没有统一的定义。美国国家标准把 BIM 定义为："BIM 是一个设施（建设项目）物理和功能特性的数字表达；BIM 是一个共享的知识资源，是一个分享有关这个设施的信息，为该设施从概念到拆除的全生命周期中的所有决策提供可靠依据的过程；在项目不同阶段，不同利益相关方通过在 BIM 中插入、提取、更新和修改信息，以支持和反映其各处职责的协同作业。"[6]

可以从以下几个方面理解和把握 BIM 的内涵：首先，BIM 是一种模型式的建筑工程信息库，借助数字化技术，提供完整、准确的建筑工程信息。其次，BIM 不局限在设计中的应用，可以应用于建筑工程项目的全生命周期，它是设计工具，更是一种项目管理手段。第三，BIM 的数据库在应用过程中是动态的，数据信息不断得到修改、更新、丰富和充实。第四，BIM 极大地提高了建筑工程信息的集成化程度，为参与项目的相关利益方提供了工程信息交换、共享、分析评估和协同工作的平台[7]。

BIM 技术服务于建设项目的规划设计、工程建设、运行管理等整个生命周期（图 1），对于提高工程质量、节约成本、缩短工期等具有巨大的优势作用。在可行性研究阶段，可以利用 BIM 模型对建设项目方案进行分析、模拟，为技术和经济可行性论证提供帮助。在设计阶段，BIM 技术基于三维模型的特性和一处修改处处修改的特点，以及协同工作的平台，可以解决传统 CAD 时代图纸冗繁、错误率高、变更频繁、协作沟通困难等缺点。在施工阶段，基于 BIM 模型包含了建设工程全生命周期信息的特点，可以实现施工进度、成本、资源的管理。在运营维护阶段，BIM 模型可以作为各种设备管理的数据库，提高运营过程中的收益和管理水平。

3 BIM 与 EPC 结合的价值

以建设工程项目全生命周期的信息管理为特征的 BIM 技术与对工程建设项目实行全

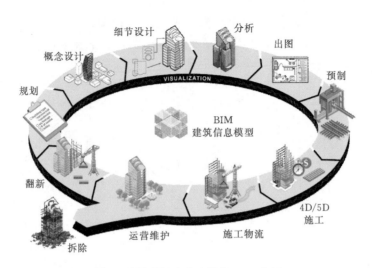

图 1　建设项目全生命周期 BIM 应用

过程承包的 EPC 模式的结合，可以充分发挥两者的优势，取长补短，创造更大的价值。

首先，BIM 与 EPC 的结合极大地方便了顶层设计[8]，基于 EPC 总承包模式的 BIM 应用可以利用总承包商对设计和施工的管理职能，使施工人员参与到设计中，从整体出发考虑设计和施工阶段的问题，同时方便总承包商顶层设计 BIM 技术流程和标准，极大地方便了建筑信息的传递。其次，BIM 技术可以提高 EPC 各专业、各参与方之间的沟通效率和工作质量。利用 BIM 的可视化、数字化、集成化等优势，一方面可以辅助工程各方的沟通与管理，如基于 BIM 的可视化会议可有效辅助多方决策、方案比选和技术讨论等；另一方面可以实现基于 BIM 平台的协同工作，如深化设计、施工场地布置与管理及资源管理等。从而，加强各参与方对项目的认知与表达，提高项目的实施质量与效率。最后，BIM 技术可以辅助 EPC 项目的资源管理及施工过程的优化。基于 BIM 数据库的信息数据平台，任一时点的工程信息，包括工程量、资源的投入和消耗量、人力和机械设备的使用等，都可以被快速获取并传送到信息管理系统中，实现工程量和工程进度的实时监控；基于 BIM 技术和模拟技术，同时将三维模型和进度计划结合起来，实现基于时间维度的施工进度模拟和控制[9]。

4　HydroBIM® -EPC 信息管理系统

中国电建昆明院针对水电工程在项目周期中的业务特点和发展需求，充分总结糯扎渡工程实践[10]，提炼出了 HydroBIM® 综合平台，作为水电工程规划设计、工程建设、运行管理一体化、信息化的最佳解决方案（见图 2）。HydroBIM® 即水电工程三维信息模型（hydroelectrical engineering building information modeling），是学习借鉴建筑业 BIM 和制造业 PLM 理念和技术，引入"工业 4.0"和"互联网＋"概念和技术，发展起来的一种多维（3D、4D -进度/寿命、5D -投资、6D -质量、7D -安全、8D -环境、9D -成本/效益……）信息模型大数据、全流程、智能化管理技术，是以信息驱动为核心的现代工程建设管理的发展方向，是实现工程建设精细化管理的重要手段。HydroBIM® 的核心理念包括：①一个平台——HydroBIM 综合平台；②两种手段——常规分析和云计算；③三个阶

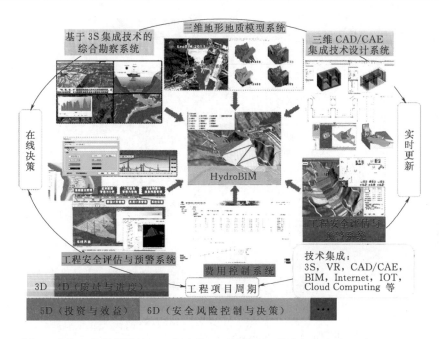

图 2　水电工程规划设计、工程建设、运行管理一体化解决方案 HydroBIM®

段——规划设计阶段、工程建设阶段、运行管理阶段；④四大工程——枢纽工程、机电工程、水库工程、生态工程；⑤五位一体——设计质量、工程质量、建设管理、工程安全、综合效益；⑥六方和谐——政府机构、发包人单位、设计单位、监理单位、施工单位、制造单位。HydroBIM® 已正式获得由国家工商行政管理总局商标局颁发的商标注册证书。

　　HydroBIM® 是中国电建昆明院在三维数字化协同设计基础上，持续推进数字化、信息化技术在水电工程建设和运维管理中的集成创新应用的结晶，使设计企业为工程服务的能力、为业主创造价值的能力取得重大突破。在中国电建重点科技项目的支持下，HydroBIM® 得到了进一步发展，现已初步完成 HydroBIM® 综合平台开发，重点包括四大系统：HydroBIM® -乏信息条件下前期勘测设计系统、HydroBIM® -3S 及三维 CAD/CAE 集成设计系统、HydroBIM® -EPC 信息管理系统、HydroBIM® -工程安全运行管理系统，并开展了大量工程应用实践，可为工程建设项目精细化管理提供强有力的技术和平台支持。下文重点介绍 HydroBIM® -EPC 信息管理系统及应用。

　　中国电建昆明院认真总结自身近二十年 EPC 总承包实践，成功融合 HydroBIM 技术，自主研发了基于 B/S 架构的 HydroBIM® -EPC 信息管理系统（图 3），该系统包含十四个业务管理模块，以 BIM 模型为载体，关联工程项目的进度、成本、质量、安全、资源等信息，可以实现动态资源管理、进度管理、成本管理、工程变更管理、合同管理等功能。作为 HydroBIM 平台的重要组成部分，该系统于 2014 年年底完成一期开发，经过半年的试运行，已于 2015 年 6 月正式上线，在中国电建昆明院水电工程和风电场 EPC 工程总承包管理中发挥着重要作用。

4.1　系统主要功能

　　通过将 HydroBIM® -EPC 信息管理系统各个业务模块数据与 HydroBIM 模型的双向

图 3　基于 B/S 架构的 HydroBIM® – EPC 信息管理系统界面

链接，建立清晰的业务逻辑和明确的数据交换关系，实现业务管理、实时控制和决策支持三方面的项目综合管理。为项目各参与方管理人员提供基于浏览器的远程业务管理和控制手段。系统主要功能如下：

（1）业务管理。为各职能部门业务人员提供项目的综合管理、项目策划与合同管理、资源管理、设计管理、招标采购管理、进度管理、质量管理、费用控制管理、安全生产与职业健康管理、环境管理、财务管理、风险管理、试运行管理、HydroBIM 管理等功能，业务管理数据与 HydroBIM 的相关对象进行关联，实现各项业务之间的联动和控制。

（2）实时控制。为项目管理人员提供实时数据查询、统计分析、事件追踪、实时预警等功能，可按照多种条件进行实时数据查询、统计分析并自动生成统计报表。通过设定事件流程，对施工过程中发生的安全、质量等事件进行跟踪，到达设定阈值将实时预警，并自动通过邮件和手机短信通知相关管理人员。

（3）决策支持。提供工期分析、台账分析以及效能分析等功能，为决策人员的管理决策提供分析依据和支持。

4.2　系统架构

HydroBIM® – EPC 信息管理系统工作模式从逻辑上划分为三层：表示层（客户端）、业务逻辑层和数据层。表示层包括管理界面、客户端、统计报表界面等；业务逻辑层是系统的核心部分，它接收来自表现层的功能请求，是实现各种业务功能的逻辑实体；数据层包括数据访问层和数据采集层，负责存放并管理各种信息。

HydroBIM® – EPC 信息管理系统包含十四个业务管理模块，通过将各个业务模块数据与 HydroBIM 模型双向链接，建立清晰的业务逻辑和明确的数据交换关系，实现业务管理、实时控制和决策支持三方面的项目综合管理。系统整体架构如图 4 所示。

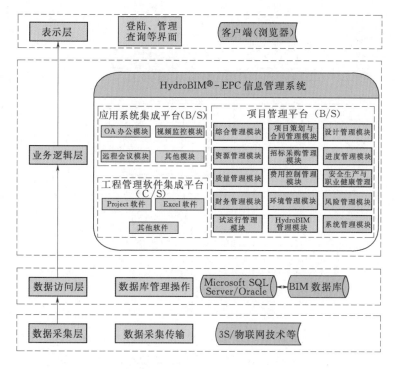

图 4　HydroBIM® – EPC 信息管理系统架构

4.3　关键技术

根据 HydroBIM® – EPC 信息管理系统的功能需求和系统架构，要解决分布式、异构工程数据之间的一致性和全局共享问题，实现水电项目全生命周期的信息集成、存储和管理，需要解决的核心技术是各领域信息与 BIM 几何模型的无缝链接。

中国电建昆明院为了尽可能地发挥 HydroBIM 信息模型在项目建设阶段的优势，经过充分研究和论证，确定采用 Revit 系列软件作为二次开发软件平台，综合运用 Microsoft SQL Server 2008 数据库技术和高级编程语言，开发 Revit 接口，集成 HydroBIM 模型与 EPC 项目全生命周期信息，形成 HydroBIM® – EPC 信息模型，以 BIM Server 服务器作为 HydroBIM® – EPC 模型信息的存储载体，解决基于 HydroBIM 的数据存储、管理、集成和访问等技术难题。HydroBIM 模型与 EPC 信息关联的技术途径如图 5 所示。

5　应用实例

觉巴水电站位于澜沧江右岸一级支流登曲中下游河段，坝址位于西藏自治区昌都地区芒康县曲登乡上游 1km 处，坝址距昌都市约 360km。电站采用混合式开发，属于四等小（1）型工程，正常蓄水位为 3228.00m，装机容量为 30MW，多年平均年发电量为 1.47 亿 kW·h，为澜沧江干流如美水电站提供施工用电。

工程采用 EPC 总承包的建设形式，总承包单位为"昆明院·十四局联合体"，总包合同价约为 5 亿元。该工程总承包模式下的信息管理具有工程管理风险性大、工期紧、协调管理与控制难度大以及施工资源繁多等特点，结合该工程的项目特点和工程总承包管理的

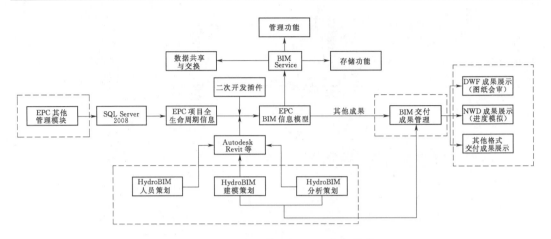

图 5 HydroBIM 模型与 EPC 信息关联

需求,昆明院建立起集 HydroBIM 几何模型的建立、HydroBIM® – EPC 信息管理系统两部分内容的 HydroBIM 集成应用方案。

5.1 模型建立

根据觉巴水电站工程的实际需求,使用 Revit 系列软件创建工程的 HydroBIM 模型。建模工作分成三个阶段:第一阶段为首部枢纽部分;第二阶段为引水发电建筑物部分;第三阶段为工程整体模型的碰撞检查。

(1)首部枢纽 HydroBIM 模型。建模范围包括挡水建筑物、泄水消能建筑物和沉沙池。水工专业设计人员使用 Revit 进行以上建筑物的三维体型建模。图 6 所示为利用 Revit 软件建立的觉巴水电站首部枢纽部分的 HydroBIM 模型。

(2)厂房 HydroBIM 模型。建筑专业设计人员使用 Revit 进行觉巴厂房 HydroBIM 模型的创建,在觉巴厂房模型中建立基础、筏基、挡土墙、混凝土柱梁、钢结构柱梁、楼板、剪力墙、隔间墙、帷幕墙、楼梯、门及窗等组件,再按照设计发包图建造 HydroBIM 模型。图 7 为使用 Revit 设计的三维模型。

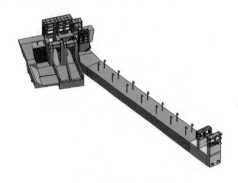
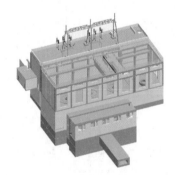

图 6 首部枢纽模型   图 7 主厂房模型

(3)机电 HydroBIM 模型。机电 HydroBIM 模型种类多样、结构复杂,若厂房模型与机电模型在同一个模型中创建,将造成模型创建时间过长,影响整个 HydroBIM 流程的效率,Revit 中族的使用就很好地解决了这一问题。觉巴机电 HydroBIM 模型均由族创建，图 8 为主厂房机电设备图。

（4）模型碰撞检测。目前国内项目中，大多数都被碰撞的问题困扰过，因为碰撞的问题的存在给项目带来了很大的影响和损失。在觉巴水电站 HydroBIM 模型碰撞检测过程中，有效地避免了返工损失，为业主节约了大量成本。在本项目中，对工程进行全面地碰撞检查，对厂房的墙、常规模型、楼梯、电气设备等进行碰撞检查，如图 9 所示。

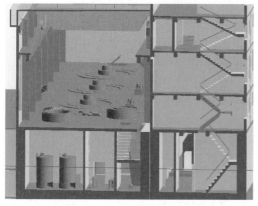
图 8　主厂房机电设备

图 9　碰撞检查

5.2　进度与成本管理

系统提供了 WBS 工作结构分解和 P6 数据接口，实现了系统中 WBS 节点与 P6 任务节点相连接。同时还集成 P6 应用进度部分的功能，可进行进度计划的编制、更新及 MS Project 文件格式和 P3 文件格式的信息导入，方便用户快速编制合理的进度计划。图 10 为使用 P6 应用导入的觉巴水电站施工总进度计划。

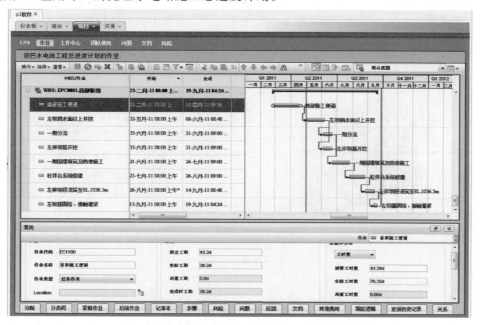
图 10　P6 应用中的觉巴水电站施工总进度计划

在施工阶段，通过将工程构件的 Global ID 与进度计划的任务相绑定，实现 3D 构件与进度计划信息的链接与集成（图 11），以及施工日报数据与进度计划数据的实时同步，实现动态进度管理。同时还可利用系统的进度模拟功能，直观地反映整个施工过程，从而提前发现可能的问题，并提前制定应对措施，使进度计划和施工方案最优。

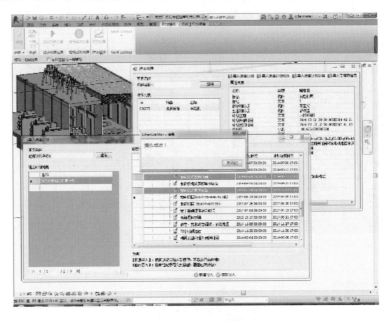

图 11　构件关联进度信息

在 4D-BIM 模型的基础上直接对三维构件做工程成本信息的添加，并与相关的进度信息进行链接，形成觉巴工程 5D-BIM 模型（图 12），从而透明地反映项目实施流程，增加施工过程中成本信息的透明度，实现项目的精细化管理，是基于成本事中控制的基础。

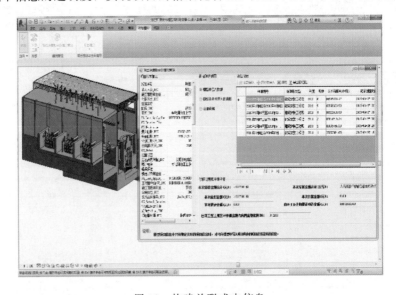

图 12　构建关联成本信息

通过建立的 5D 模型，可以确定施工进度计划中各工序及时间与 3D 施工对象之间、与各种资源需求之间、与成本之间的诸多复杂关系，并且以三维图像的形式形象地展示出来，实现整个施工过程的进度资源成本模拟。通过对工程建设期的资源（包括人工、机械、物料）和资金使用计划进行多次模拟，并不断优化，最终得到最优的资源和资金使用计划，用于指导工程建设。图 13 为进度资源成本模拟。

图 13　进度资源成本模拟

5.3　觉巴水电站 HydroBIM 管理模块

HydroBIM 管理模块分为四个子模块，分别为 HydroBIM 策划子模块、HydroBIM 交付子模块、HydroBIM 协同子模块和 HydroBIM 展示子模块，图 14 所示为 HydroBIM 管理模块功能结构。

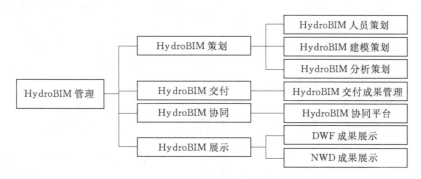

图 14　HydroBIM 管理模块功能结构图

5.3.1　HydroBIM 策划

HydroBIM 策划主要实现项目 HydroBIM 的前期策划，包含人员策划、建模策划、分析策划三大功能。

觉巴项目的人员策划信息包括 HydroBIM 的核心团队成员以及专业团队成员(图 15)。

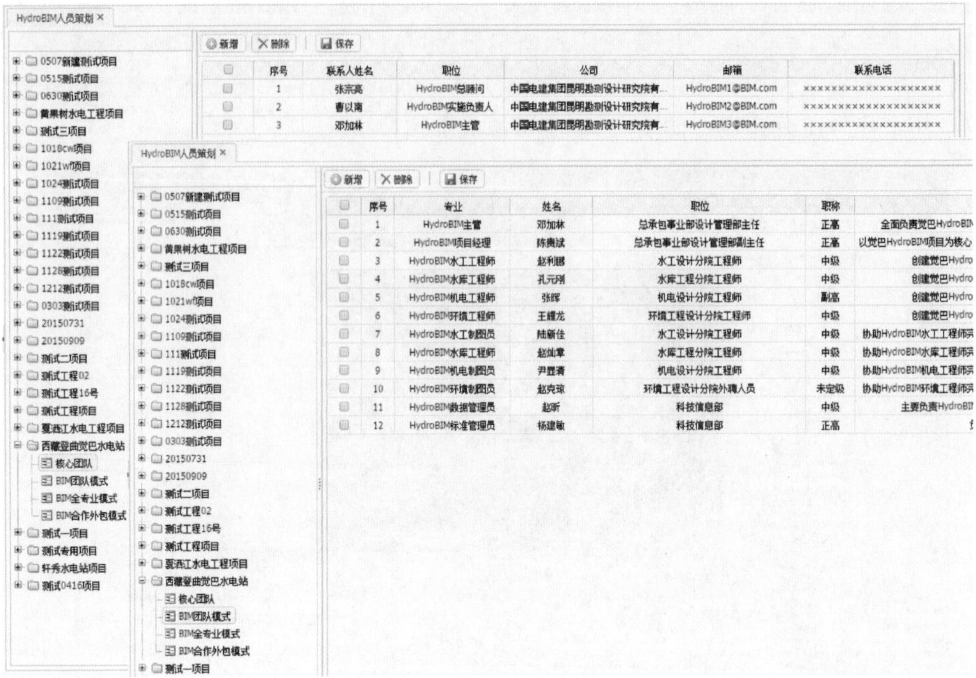

图 15　觉巴项目 HydroBIM 核心成员及团队成员

觉巴项目的模型策划包含模型经理、计划模型、模型组件以及详细计划信息。图 16 所示为觉巴项目 HydroBIM 计划模型信息,模型类别为生态工程 HydroBIM、枢纽工程 Hydro-BIM、机电工程 HydroBIM、水库工程 HydroBIM,同时策划信息还包含了具体类别的 HydroBIM 模型的内容、项目的阶段划分以及所有参与的专业以及所用到的建模工具信息。

序号	模型类别	模型内容	项目阶段	参与专业	建模工具
1	生态工程BIM	森林、湿地、草原生态等	规划设计阶段,工程建设阶段,运行管…	HydroBIM环境…	GIS、Skyline等
2	枢纽工程BIM	坝体、溢洪道、主厂房、主变室、引…	规划设计阶段,工程建设阶段,运行管…	HydroBIM水工…	CAD、Civil3D、Revit等
3	机电工程BIM	直管段、管件、附件、设备等	规划设计阶段,工程建设阶段,运行管…	HydroBIM机电…	Revit、Designer、MagiCAD等
4	水库工程BIM	水库建筑物模型组织安排、水库地基等	规划设计阶段,工程建设阶段,运行管…	HydroBIM水工…	GIS、Skyline、Civil3D等

图 16　觉巴项目 HydroBIM 计划模型信息

觉巴项目的分析策划包含分析内容和详细分析计划信息。图 17 所示为觉巴项目 HydroBIM 详细分析计划,共有 5 项分析内容,分别为碰撞检测分析、结构分析、可视化分

序号	名称/内容	工作阶段	分析工具	责任部门	文件格式	开始时间	结束时间	备注
1	碰撞检测分析	规划设计阶段	Navisworks	觉巴HydroBIM团队	nwf、nwd	2012-05-02	2013-06-04	碰撞检测分析在觉…
2	结构分析	规划设计阶段,工…	Abaqus、ansys、FL…	觉巴HydroBIM团队	inp、rpt、odb等	2012-05-09	2014-06-03	规划设计阶段以及…
3	可视化分析	规划设计阶段,工…	skyline、GIS等	觉巴HydroBIM团队	xpc、xpl等	2012-07-04	2015-05-13	贯穿整个项目建设…
4	工程量估算分析	规划设计阶段,工…	iTWO、鲁班等	觉巴HydroBIM团队	Ifc、rvt等	2012-09-06	2014-08-05	主要是利用国内的…
5	进度分析	工程建设	Navisworks、iTWO等	觉巴HydroBIM团队	Ifc、avi等	2013-05-07	2015-03-11	

图 17　觉巴项目 HydroBIM 详细分析计划

析、工程量估算分析以及进度分析，针对某一模型每条分析计划还详细列出了工作阶段、分析所用工具、责任部门、分析成果的格式以及详细的计划开始时间和结束时间。

5.3.2　HydroBIM 交付

HydroBIM 交付主要实现 HydroBIM 交付成果的管理，针对四大工程的 HydroBIM，成果主要包含模型成果，图纸成果以及分析成果。

图 18 所示为觉巴枢纽 HydroBIM 交付成果详细信息，用户提交的是主厂房模型的模型成果，隶属于建筑专业，当前为规划设计阶段。

图 18　觉巴枢纽 HydroBIM 交付成果详细信息

5.3.3　HydroBIM 协同

HydroBIM 协同主要实现不同参与方之间的信息共享与协作交流。

HydroBIM 协同平台是一种 HydroBIM 集成管理系统，维护与管理建筑数据资源库，提供基本的模型处理能力，主要为专业应用程序提供数据接口，HydroBIM 协同平台用户界面如图 19 所示。

5.3.4　HydroBIM 展示

HydroBIM 展示主要实现对不同格式 HydroBIM 模型交付物的三维交互展示。图 20 和图 21 分别为 DWF 格式以及 NWD 格式 HydroBIM 成果的在线展示。

西藏登曲觉巴水电站工程运用 HydroBIM® – EPC 信息管理系统，实现了设计、技术、质量、进度、费用、协调等所有信息的高度集成共享，强化了项目管理水平，缩短了项目工期，降低了投资费用，提高了工程质量，获得了更高的综合效益。

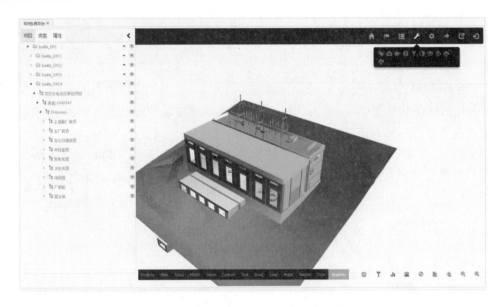

图 19 HydroBIM 协同平台用户界面

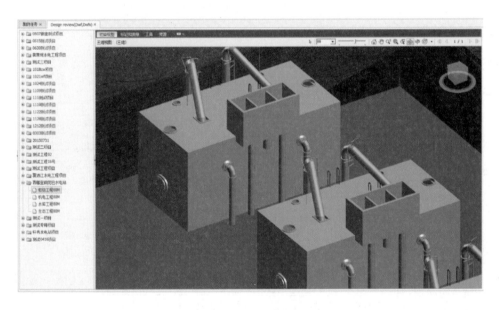

图 20 DWF 成果展示

6 结语

本文针对水电工程 EPC 项目项目管理中存在的问题，提出将 BIM 技术应用于水电工程 EPC 项目中，并分析了 BIM 与 EPC 结合的价值，通过解决 EPC 项目信息与 BIM 模型的关联等关键技术，开发了基于 B/S 架构的 HydroBIM® - EPC 信息管理系统，实现了业务管理、实时控制和决策支持三方面的项目综合管理，可大大提高 EPC 项目管理水平和工作效率，实现多参与方的协调工作。该系统在觉巴水电站 EPC 总承包中的成功应用验

图 21　Navisworks 成果展示

证了系统的可行性和有效性。现已应用于昆明院承担的多座水电站和风电场 EPC 总承包项目，大大提高了 EPC 管理水平，为工程建设的精细化管理发挥了重要作用。该系统适用于我国工程项目建设管理，可向水利水务、新能源、交通及市政等行业进行推广，具有广阔的应用前景，可产生较大的社会、经济效益。

参考文献

［1］　蔡绍宽. 水电工程 EPC 总承包项目管理的理论与实践［J］. 天津大学学报，2008，41（9）：
　　　　1091 - 1095.

［2］　钟登华，崔博，蔡绍宽. 面向 EPC 总承包商的水电工程建设项目信息集成管理［J］. 水力发电学
　　　　报，2010，29（1）：114 - 119.

［3］　张建平，曹铭，张洋. 基于 IFC 标准和工程信息模型的建筑施工 4D 管理系统［J］. 工程力学，
　　　　2005，22（S1）：220 - 227.

［4］　刘文平，郭红领，任剑波，等. BIM 在 EPC 公路工程中的应用模式研究［J］. 建筑经济，2014，
　　　　35（9）：31 - 34.

［5］　刘立明，李宏芬，张宏南，等. 基于 BIM 的项目 5D 协同管理平台应用实例——RIB - iTWO 系统
　　　　应用介绍［J］. 城市住宅，2014（8）：47 - 51.

［6］　National Institute of Building Sciences（NIBS）. National BIM Standard - United States Version 3
　　　　［S］. 2015.

［7］　施静华. BIM 应用：EPC 项目管理总集成化的新途径［J］. 国际经济合作，2014（2）：62 - 66.

［8］　吴云梅. 基于 EPC 模式的 BIM 应用探讨［J］. 四川建筑，2015，35（6）：94 - 95，98.

［9］　黄锰钢，王鹏翊. BIM 在施工总承包项目管理中的应用价值探索［J］. 土木建筑工程信息技术，
　　　　2013，5（5）：88 - 91.

［10］　张宗亮，严磊. 高土石坝工程全生命周期安全质量管理体系研究：以澜沧江糯扎渡心墙堆石坝为
　　　　例［C］//水电 2013 大会——中国大坝协会 2013 学术年会暨第三届堆石坝国际研讨会论文
　　　　集. 2013.

基于三维激光扫描技术的边坡预警变形监测

王　辉，闻　平，桂　林，杨　文

（中国电建集团昆明勘测设计研究院有限公司，昆明　650015）

摘　要：在滑坡已经发生且无法使用传统方法进行变形监测时，为防止二次滑坡，可采用激光扫描仪进行边坡预警。本文基于 I-Site 8810 三维激光扫描仪建立点与面结合的监测系统，对边坡进行预警变形监测，可获取整个边坡的三维表面模型，进而获取整体表面的位移情况及特征点的重点监测。利用 Leica TS06 和三维激光扫描仪的数据对比，证实三维激光扫描仪精度满足边坡变形监测精度要求。与传统边坡监测方法相比，三维激光扫描仪具有精度高、效率高、非接触等特点，针对边坡区域性预警有明显优势。

关键词：边坡；变形监测；I-Site 8810 三维激光扫描仪；Leica TS06

1　引言

云南地区地质构造复杂，是滑坡灾害频发的地区，近 20 年来，滑坡泥石流平均每年造成约 200 人死亡，2 亿元以上的财产损失[1]。由于滑坡灾害的突发性、轨迹不确定性、强破坏性等特征，再加上高陡危岩的广泛分布，一旦发生滑坡灾害，将会严重影响周边的居民生活及生命财产安全，目前，市场上常采用 GPS、全站仪和摄影测量技术对边坡进行监测[2,3]，传统的 GPS 和全站仪监测具有精度高、技术成熟等优点，同时也存在单点观测，无法全面掌握滑坡变形情况的缺点，而且在观测墩遭遇破坏之后，很难持续有效地进行观测[4,5]。摄影测量技术通过相机采集相片，通过图像解译的方式获取滑坡体整体情况，但受限于焦距、山体周围环境、拍摄角度等因素，容易造成相片失真等问题。三维激光扫描仪具有非接触、长距离、高效率、高精度等优点，以高密度的点云构建滑坡体面状信息，可以快速准确获取一定时间内滑坡体整体变化情况，为滑坡体变形监测提供了新的技术手段。

2　工作原理

地面三维激光扫描（terrestrial laser scanning，TLS）系统是在地面平台上集成激光雷达、定位定姿系统、数码相机和控制系统所构成的综合系统[6]。三维激光扫描仪作为地面三维激光扫描系统的主要组成部分，主要由脉冲发射器、旋转棱镜、接收器、距离时间

作者简介：王辉，男，1990 年 2 月出生，助理工程师（硕士研究生），现从事 3S 集成研发工作，543888136@qq.com。

模块、控制器及计算机等组成[7]。首先，由激光发射器发射激光脉冲，再由高速均匀旋转的棱镜将脉冲信号发射出去，同时控制器中的距离时间模块，记录脉冲的水平角度、垂直角度及发射接收时间差。结合脉冲信号的斜距和时间差，以及扫描仪空间坐标（图1），通过式（1）可计算出被测物体表面的任意扫描点空间坐标[8,9]。

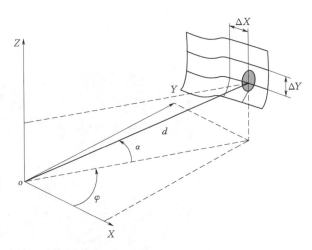

图1　地面三维激光扫描系统测量原理

X 轴和 Y 轴在横向扫描面内且互相垂直，Z 轴与横向面垂直，通过计算可到扫描点 P 坐标：

$$\begin{cases} X_P = S_P \cos\alpha\cos\varphi \\ Y_P = S_P \cos\alpha\sin\varphi \\ Z_P = S_P \sin\alpha \end{cases} \quad (1)$$

目前，市场上大部分地面激光扫描仪在获取目标表面的三维坐标时，会同时记录每个点的颜色信息（RGB）和反射强度值信息（intensity），通过结合相关的信息，在点云密度足够的情况下，可以将被扫描物体像照片一样展示，方便工作人员对点云数据的后期加工处理。

本次工程采用澳大利亚生成的 MAPTEK I－Site 系列地面三维激光扫描。该扫描仪集成超远测距激光器、高分辨率全景数码相机、后视望远镜，可生产照片般逼真的三维图像，同时具有超长扫描距离，最远测距可达2000m。主要传感系统是一部通过记录飞行时间的长距离扫描仪，记录三维点云数据和各个点返回波束的强度。系统有效数据采集速度为8800点/s，具体参数见表1。

表1　　　　　　　　　　I－Site 8810 三维激光扫描仪参数表

常规参数	性能	扫描参数	性能	性能参数	性能
扫描方式	高速脉冲式	激光类型	激光类型 1 级，波长 1545nm	水平视场	360°
内置相机	7000 万像素	扫描距离	2.5～2000m	垂直视场	80°
距离精度	8mm/200m	扫描速度	8800 点/s	每步水平角	0.01°

3　工程应用

研究区位于某电站的进水口上方，由于长期遭受雨水侵蚀，发生小面积塌方，所幸塌方面积较小，无人员伤亡。为避免再次发生塌方引发更大的灾害事故，需针对边坡进行实时监测，但由于边坡处于不稳定状态，且滑坡之前架设的标靶经过滑坡都已无法使用，滑坡体整体情况如图2所示。

图 2　滑坡体整体情况

根据现场情况，传统的监测手段无法满足实际需求，故采用三维激光扫描仪 I - Site 8810 进行非接触数据采集。结合软件 I - Site Studio 4.2、FME 及 ArcGIS 10.2 对边坡数据快速处理，进行边坡分析。本次边坡监测不同于传统意义上的监测，要求在及时性上达到预警的效果，但是相对于传统监测手段，三维激光扫描仪内业数据处理较为繁琐，如何实现数据的快速处理，结果的快速分析，将是本文的重点探讨内容。

3.1　扫描方案设计

对于边坡的监测，正确的布置测站以及采用合理的数据采集密度是保证监测准确性及采集效率的基本前提。设站的基本原则是确保在各扫描位置获取的数据能够覆盖更多的扫描区域，尽量减少数据死角；在得到完整数据的前提下，应尽量选择较少的扫面站数，以减少换站次数和拼接误差。根据现场情况，滑坡体面积较小，且需要快速处理数据，扫描站点布设于滑坡体对面，利用一个测站的数据可以完全覆盖滑坡体表面。

采集数据时，扫描仪可以设置采样间距，在选取最高密度的情况下，可以利用扫描仪每步的角度间隔，推算出不同距离时扫描点最小间隔，在扫描距离为 100m 的情况下，求解间隔的公式如下：

$$D = \sin(0.01) \times 100$$

在距离 100m 的扫描位置，选择最高密度采集，获取的点云最小间隔为 1.75cm。根据现场的情况，需要对特征点进行提取，将采集密度设为最高级别。

3.2　准确性验证

项目开始之前，在昆明市滇池边草海大堤南侧，利用 Leica TS06 全站仪及 I - Site 8810 三维激光扫描仪采集目标点位距离信息，并进行相互比较，以验证三维激光扫描仪测距精度（试验共验证了 10 个点位的精度对比，篇幅有限，此处以 1 号点为例，如图 3 所示）。

图 3 数据采集现场工作照

试验步骤如下：选取 1 号标靶点，先采用 Leica TS06 进行坐标数据获取，认定其为真实坐标。然后，用 I－Site 8810 对其进行 6 次扫描，扫描参数与实际监测参数相同。实验结果见表 2。

表 2   1 号点坐标数据对比

仪器	X	Y	Z	ΔX/mm	ΔY/mm	ΔZ/mm
全站仪	197.749	54.231	100.289			
扫描仪	197.742	54.228	100.291	7	3	2
	197.744	54.229	100.293	5	2	4
	197.745	54.232	100.286	4	1	3
	197.743	54.233	100.285	6	2	4
	197.746	54.231	100.286	3	0	4
	197.743	54.235	100.284	6	4	5

通过数据对比，该监测点的点位中误差 5.9mm，高程中误差为 3.3mm。《滑坡、崩塌监测测量规范》（DZ/T 0223—2004）对监测精度的要求见表 3。

表 3   滑坡体监测点位施测精度要求

形变监测等级	监测点点位中误差/mm	监测点高程中误差/mm
一	≤±1.5	≤±1.0
二	≤±3.0	≤±3.0
三	≤±6.0	≤±5.0
四	≤±10.0	—

对比可知，三维激光扫描仪的单点测量精度满足变形监测等级三的精度要求，可以采用激光三维扫描仪进行边坡变形监测。

4 数据处理

在无法设置标靶的情况下，主要采用 DEM 法及面状重心点提取对滑坡体进行监测分析。数据处理的流程如下。

4.1 预处理

预处理部分主要采用 I－Site Studio 4.2 软件对扫描数据进行数据拼接、数据裁剪、数据过滤及数据抽稀。在 I‑Site Studio 中，内设了多种点云过滤方法，根据现场情况，选择不同的过滤方法组合，可以大大提高点云的过滤效率及精确度。由于滑坡所在区域的植被覆盖率较低，在外业扫描过程中，产生的噪点及错点较少。本次项目主要采用通过组合地形过滤、粉尘过滤、孤点过滤及最小间隔过滤的四种过滤方法来进行点云数据的快速去噪及精简，确保每期数据的过滤流程一致，减少相对误差（图 4）。此种方法在实施过程中，对于植被覆盖区会产生一部分的误差，但对于裸露岩体部分，误差较小，对整体滑坡的观测影响在接受范围内。通过预处理之后的点云，点云质量得到提升，同时点云数据量得到精简，为后期点云数据的快速处理奠定了良好基础。

图 4 点云过滤算法

4.2 DEM 法

将预处理之后的有效点云数据导出为本文文件，利用 FME 快速生成 DEM，将不同时期的 DEM 导入 ArcGIS 中进行数据分析，通过栅格计算器，从定性的角度判断坡面是否有急剧变化，图 5 为相邻两天的滑坡体表面分析结果，可以看出滑坡处于较平稳的状态，部分区域有碎石滑落的情况发生，应提醒工作人员，在救灾过程中，注意保护自身安全。

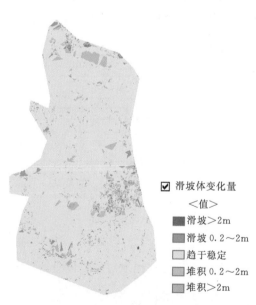

图 5 2017 年 9 月 1 日与 2017 年 9 月 2 日
滑坡表面数据对比

4.3 面状重心法

在滑坡体表面，有大型倒悬混凝土板存在（图 2），对下方施工人员的安全威胁极大，需要对其进行单独分析，以确保施工安全。利用 I‑Site Studio 中的多边形过滤算法，获取混凝土板中心位置的点云数据，将数据导出为文本文件，求取平均值，获取不同时间混凝土板的变化量（表 4）。

表4			混 凝 土 位 移 变 形 量				
观测日期	观测历时 /d	水平位移量 /mm	水平位移速率 /(mm/d)	位移方位角 /(°)	垂直位移量 /mm	垂直位移速率 /(mm/d)
2017 - 8 - 29	0	0.00	0.00	0	0.00	0.00
2017 - 8 - 30	1	28.16	28.16	196	35.99	35.99
2017 - 8 - 31	2	79.08	50.92	193	62.27	26.28
2017 - 9 - 1	3	81.37	2.29	180	36.98	-25.29
2017 - 9 - 2	4	155.00	73.63	210	110.99	74.01
2017 - 9 - 3	5	135.41	-19.59	209	111.84	0.85
2017 - 9 - 4	6	122.10	-13.31	211	125.29	13.45
2017 - 9 - 5	7	113.16	-8.94	195	126.20	0.91

　　通过近八天的观测，在雨量增加的时期，混凝土板的位移量有增大趋势，总体来看变化量逐渐向较小的方向发展，但位移变化仍在继续，施工人员须注意安全。

5　结语

　　本文通过对比 Leica TS06 全站仪与 I - Site 8810 三维激光扫描仪的测量数据，精度符合变形监测等级三的要求，证明将三维激光扫描仪用于滑坡体的预警及变形分析是可行的。在外业数据采集时，三维激光扫描仪以不接触被测物表面的方式，进行快速数据获取，数据获取效率极高。通过不同过滤算法的组合实现程序化数据预处理，实现点云去噪的快速实现，利用 DEM 分析法可以快速预判任意区域的变形量。通过获取"面"式点云数据，进行特征提取，精确获取整个滑坡体任意位置的变化量。但目前针对数据的预处理仍需手动操作，如何实现对相同区域采用自动化点云去噪，将是三维激光扫描仪用于边坡预警的研究方向。

参考文献

[1] 陶云，唐川，段旭. 云南滑坡泥石流灾害及其与降水特征的关系 [J]. 自然灾害学报，2009，18(1)：180 - 186.

[2] 王利，张勤，黄观文，等. GPS PPP 技术用于滑坡监测的试验与结果分析 [J]. 岩土力学，2014，35 (7)：2118 - 2124.

[3] 王凤艳，黄润秋，陈剑平，等. 基于免棱镜全站仪的岩体边坡控制测量及结构面产状检验测量 [J]. 吉林大学学报（工学版），2013，43 (6)：1607 - 1614.

[4] 佘诗刚，林鹏. 中国岩石工程若干进展与挑战 [J]. 岩石力学与工程学报，2014，33 (3)：433 - 457.

[5] 徐进军，王海城，罗喻真，等. 基于三维激光扫描的滑坡变形监测与数据处理 [J]. 岩土力学，2010，31 (7)：2188 - 2191.

[6] 马立广. 地面三维激光扫描测量技术研究 [D]. 武汉：武汉大学，2005.

[7] 郑德华，沈云中，刘春. 三维激光扫描仪及其测量误差影响因素分析 [J]. 测绘工程，2005 (2)：32 - 34.

[8] 谢谟文，胡嫚，王立伟. 基于三维激光扫描仪的滑坡表面变形监测方法——以金坪子滑坡为例 [J]. 中国地质灾害与防治学报，2013，24 (04)：85 - 92.

[9] 何秉顺. 三维激光扫描技术及其在岩土工程中的应用 [C] // 中国水利学会. 第一届中国水利水电岩土力学与工程学术讨论会论文集（下册）. 中国水利学会，2006.

水电工程实测性态展示分析系统研发

许后磊，王子成，杨硕文，陈亚军

（中国电建集团昆明勘测设计研究院有限公司，昆明　650051）

摘　要： 针对水工建筑物实测性态在虚拟现实场景中的三维展示与分析难题，研究 BIM、GIS、点云等多源异构模型的底层无缝集成技术，提出了基于 VTK 开源三维引擎构建了水电工程虚拟现实数字化模型构建技术；对水电工程实测性态展示分析系统架构进行了设计，研究了 BIM 模型与监测信息集成技术和建筑物实测性态展示相关分析方法；结合小湾工程实际，开发了实测性态展示分析系统，实现了小湾大坝的实测性态展示分析，应用效果表明，本系统能帮助电站管理人员全面直观的掌握水工建筑物的实测性态，并可进行多源信息融合分析，提高了工程安全决策水平。

关键词： 水电工程；实测性态；虚拟现实；系统研发

1　引言

近年来我国水电工程建设快速发展，随着坝高、库容等工程规模和工程技术难度的不断增加，工程安全监控也发挥着越来越重要的作用，但随着安全监测专业的不断发展进步，工程安全监测专业也面临越来越多的挑战。安全监测系统获得了大量的观测数据，但由于现阶段安全监测资料分析处理手段多采用图表等二维方式表达，可视化程度不高，非专业人员难以快速地理解、获取有效信息，以掌握水工建筑物的全局整体工作性态，不利于对建筑物的安全评判。安全监测资料自动化处理和 3D 可视化分析已成为工程安全监测发展趋势[1-6]。在监测新技术发展方面，以三维激光扫描为代表的新型监测技术在建筑物、边坡等成功应用越来越多，但如何将三维激光扫描成果与传统监测数据、BIM 模型等放在同一平台中综合分析，未见相关文献报道。

虚拟现实技术是仿真与多媒体技术、计算机图形学等多种技术的交叉融合。现阶段虚拟现实技术在水电行业的应用较少，基本为工程形象、面貌展示，在专业分析应用领域基本处于空白。随着 BIM、3S 技术等新技术手段在水电工程中的应用不断深化，为虚拟现实技术在水电工程中的深层次应用提供了技术支撑，借助虚拟现实直观可视的优点，融合监测专业分析方法，可实现传统监测分析方法向空间多维分析的发展。安全监测数据借助虚拟现实技术进行三维可视化展示，对提高水电工程的安全评价及安全决策水平具有重要作用。

作者简介：许后磊，男，1987 年 1 月出生，工程师，主要从事监测资料分析评价及系统开发，xuhoulei1987@163.com。

本文研究了基于 VTK 引擎的水电工程虚拟现实构建技术，研发了基于虚拟现实的水电工程实测性态展示分析系统，并结合小湾工程进行了应用实践。

2　基于 VTK 的水电工程虚拟现实构建技术

研究基于 VTK 的水电工程虚拟现实数字模型构建技术，将 BIM 模型、GIS 场景、点云数据和监测仪器模型在 VTK 中按照统一坐标系集成展示。

2.1　BIM 与 GIS 集成技术

BIM 与 GIS 技术的无缝集成借助三维引擎实现，经过对主流三维引擎的综合分析，选用视觉化工具函式库（visualization toolkit，VTK）。

数字地形的建立采用库区航测影像及 DEM 建立，同时根据实际大坝上下游水位建立相应的水平面，最后为水面、边坡、开挖区分别添加不同的材质，形成水电工程枢纽区和库区 GIS 地形场景。采用 Revit、Invertor、3ds max 等三维建模软件建立大坝、监测仪器等 BIM 模型，BIM 模型与 GIS 场景模型按照统一坐标系在 VTK 平台中集成，集成效果如图 1 所示。

图 1　BIM 与 GIS 集成

2.2　CAE 仿真计算信息集成技术

三维引擎 VTK 中的数据集有两个主要方式：结构和单元。对于不同的数据集类型有不同的存储和表达方式，主要类型有 vtkPoints（结构点集）、vtkRectilinearGrid（线性网格）、structured grid（结构化网格）、unstructured grid（非结构化网格）、Polygonal Data（多边形数据）。水电工程 CAE 数据一般分为节点和单元结构存储，经研究可采用 VTK 函数库中的点集、结构化网格和非结构化网格方法表达，CAE 数据在 VTK 中的集成效果如图 2 所示。

2.3　点云数据集成技术

三维激光扫描仪可快速获取物体的三维坐标点云信息，通过点云数据，可实现建筑物、边坡等扫描物体的三维模型重建。Delaunay 三角网在计算几何中被广泛应用，用于通过离散点数据建立网格数据。VTK 中提供了二维、三维的 Delaunay 三角网创建方法，通过 vtkDelaunay2D、vtkDelaunay3D 函数实现，构建点云数据的网格化模型。图 3 为某

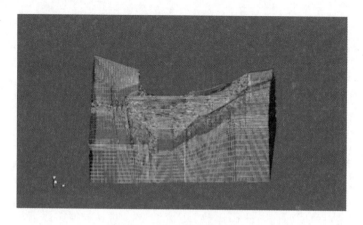

图 2　CAE 数据集成

图 3　某工程库区三维扫描成果与 BIM 模型集成

工程库区三维扫描成果与 BIM 模型等集成效果展示。

3　系统架构及展示分析方法

3.1　系统架构

　　系统包括数据采集层、数据汇集层、数据服务层、模型渲染层和应用服务层，实现了数据采集层实时感知、数据储存层快速汇集、模型渲染层三维展示、应用服务层多维分析、决策支持层辅助预判的监测数据全产业链的服务集成。数据采集层用于获取水工建筑物的变形、渗流、应力应变、温度以及环境量的观测数据信息[7]；数据汇集层包括监测专业数据库、地理空间数据库和 BIM 模型信息数据库；数据服务层包括监测数据分析模型、地理信息模型和 BIM 模型等相关的数据整理、加工、计算等服务；应用服务层包括系统管理模块、数据管理模块、三维导航及漫游模块、综合分析模块、多源数据集成展示模块和数学模型计算模块，系统架构如图 4 所示。

3.2　监测 BIM 模型与监测信息集成展示

　　为满足监测仪器的可视化需求，利用 Revit 软件对安全监测仪器进行了建模，建立了

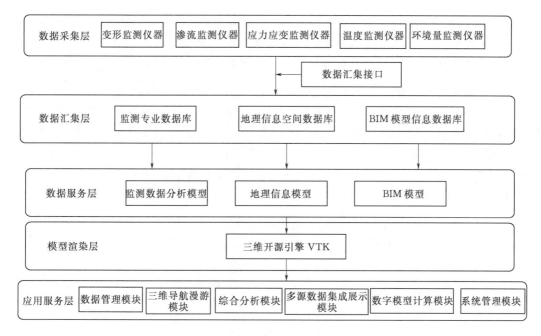

图 4　系统架构图

安全监测仪器标准构件库，便于模型管理维护。

在 VTK 可视化场景中，赋予每一个监测仪器模型一个唯一标识符 ID，而存储于数据库中的监测仪器也存在一个唯一标识符 ID，通过确定监测仪器模型 ID 与监测信息 ID 之间的对应关系，实现监测仪器模型与监测信息之间的可视化集成，并通过可视化交互式操作，在可视化场景中快速获取监测仪器对应的监测数据等信息资料。

在对三维场景中的监测仪器进行可视化拾取时，必须将获得屏幕二维坐标信息转换到三维场景中，进而获得指定的监测仪器模型，这个坐标信息转换的关键在于得到拾取点在 Z 方向（垂直于屏幕）上的坐标值。目前三维拾取常用的一种算法是针刺取点法[8]。这种方法首先将获得的二维坐标点 $M(m_x, m_y)$ 转换到三维场景坐标系下的点 $N(n_x, n_y, n_z)$，再从 N 点引入一条平行于观察者观察方向的三维直线，通过计算可以得到点 N 到此三维直线穿越的各物体表面的距离，选出距离最小的点，该点为物体模型的拾取点。

3.3　水工建筑物实测性态展示分析

水电工程安全监测布置点都是空间离散点，安全监测值所反映出的大坝监测状态也只是某些部位的局部状态，难以反映大坝整体的性态特征。监测状态可视化是利用空间离散的监测数据值，通过有效的空间插值算法，计算出相关的其他未知点或相关区域内的所有点，在 BIM 模型中全面实时动态展示大坝工作形态。本文空间插值算法采用克里金插值法（Kriging），此插值算法不仅考虑观测点和被估计点的相对位置，而且还考虑了各观测点之间的相对位置关系。

建筑物实测状态的 BIM 三维分布计算方法为：变形、应力应变、温度监测项目以监测仪器所在位置的三维坐标作为插值点，监测点实测整编数据为数据源，以 BIM 模型为边界约束，通过克里金插值法，形成水工建筑物不同工作性态空间分布场，在 BIM 模型进行可视化展示，并通过设置缩放系数，实现建筑物实测性态与初始性态的对比分析；渗流监测项目以测压管三维坐标为基准点，以监测点的实测整编数据为数据源，在 BIM 模型中形成测压管测值三维柱状分布模型，直观掌握渗压空间分布情况。

3.4 建筑物实测性态与仿真计算成果集成分析

将 CAE 仿真计算信息中的节点与监测仪器测点的位置对应关系存储在数据库中，系统调用监测点信息时，自动读取相应仿真节点的计算数据，在可视化场景实现两者的对比分析。

实测资料与 CAE 计算信息从不同维度反映了建筑物的工作形态，通过两者的对比分析，可以更加科学合理地对建筑物的工作形态进行评价，保证工程安全，建筑物性态分析评判流程如图 5 所示。

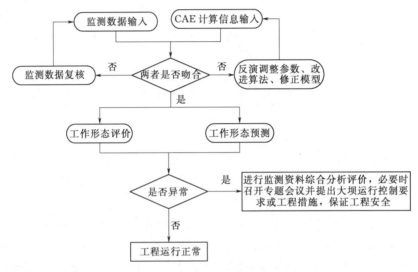

图 5　建筑物性态分析评价流程图

4　系统研发及工程实例

小湾混凝土双曲拱坝最大坝高 294.5m，正常蓄水位 1240.00m，总库容 150 亿 m³，小湾水电工程全面建立了安全监测自动化系统，共接入约 6400 个测点。

以小湾工程虚拟现实模型为数据可视化载体，以 VTK 为虚拟现实模型展示分析引擎，采用编程语言 Visual C♯.NET 和 SQL 数据库，研发了小湾高拱坝实测性态展示分析及快速评判系统，系统主界面如图 6 所示。

4.1 监测 BIM 模型与监测信息集成功能实现

高拱坝在 4 号、9 号、15 号、19 号、22 号、25 号、29 号、35 号、41 号共 9 个坝段的各层廊道中（高程 1014.00m、1054.00m、1100.00m、1150.00m 和 1190.00m）分段设置正垂线，并与倒垂线衔接，用于监测大坝水平变形及挠度。

4.2 大坝实测性态展示分析应用

以 2014 年 10 月 20 日的垂线监测得到的径向位移数据进行计算插值，得到大坝实测性态展示分析成果，系统界面如图 7 所示。

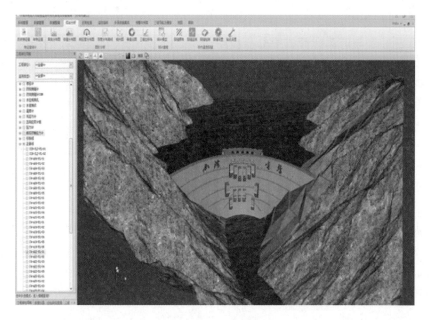

图 6　系统主界面

（a）垂线径向位移三维位移场

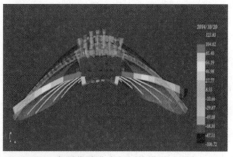

（b）实测位移分布与初始模型对比分析

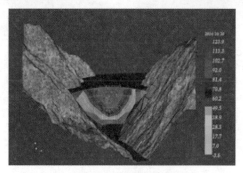

（c）垂线径向位移三维等值云图

图 7　实测性态分析成果

从建筑物实测性态展示分析可以直观的掌握大坝的整体变形分布，其总体分部规律为：在高程上，总体呈现高程愈高向下游变形愈大的特征。在左右岸方向上，不同高程拱圈都呈从两岸向中间坝段同时向下游变形呈逐步增大的特征，大坝变形分布符合工程认知。

4.3 大坝实测性态与仿真计算成果分析应用

以 2014 年 7 月 25 日的垂线监测得到的径向位移数据进行计算插值，得到大坝实测性态展示分析成果，同时读取数据库中对应时间的仿真计算成果，分别通过三维位移场三维展示及测点过程线图的方式展示。

大坝径向位移实测性态分布与 CAE 仿真计算结果时空分布规律基本一致，位移量值基本相当；测点处仿真计算数值与监测实测值的变化规律一致，数值接近，为研究拱坝安全运行状态提供了可靠依据，为辅助决策支持提供重要支撑。

5 结语

本文研究了建筑物 BIM、场景 GIS、点云多源异构模型的底层无缝集成技术，基于 VTK 平台构建了水电工程虚拟现实数字化模型；结合小湾特高拱坝工程实例，以虚拟现实模型为可视化场景载体，开发了水电工程实测性态展示分析系统，实现了建筑物实测形态的空间展示分析、与仿真计算信息的耦合分析等应用，提高了分析评价及决策管理水平。

参考文献

[1] 孟永东，徐卫亚，刘造保，等. 复杂岩质高边坡工程安全监测三维可视化分析 [J]. 岩石力学与工程学报，2010 (12)：2500 - 2509.

[2] 金森，赵永辉，吴健生，等. 隧道三维可视化监测系统的研制与开发 [J]. 计算机工程，2007 (22)：255 - 257.

[3] 贾明涛，王李管，潘长良. 基于监测数据的边坡位移可视化分析系统 [J]. 岩石力学与工程学报，2003 (8)：1324 - 1328.

[4] 唐泽圣，等. 三维数据场可视化 [M]. 北京：清华大学出版社，1999.

[5] 段文国. 基于 VTK 的点云数据绘制研究与实现 [C]//《测绘通报》测绘科学前沿技术论坛摘要集. 北京：测绘出版社，2008.

[6] 郭迎福，李兵，陈安华，等. 激光扫描点云数据的 NURBS 曲面重构技术研究 [J]. 湖南科技大学学报：自然科学版，2006 (3)：31 - 34.

[7] 张宗亮. 超高面板堆石坝监测信息管理与安全评价理论方法研究 [D]. 天津：天津大学，2008.

[8] 王子成，张社荣，谭尧升，等. 大型地下洞室群动态安全可视化系统研发及应用 [J]. 水电能源科学，2015，33 (5)：97 - 100，177.

水电工程监控指标综合拟定

许后磊，赵志勇，张礼兵，胡灵芝

（中国电建集团昆明勘测设计研究院有限公司，昆明　650051）

摘　要： 传统的水电工程监控指标拟定大多从监测数据本身入手，利用数学模型分析，结果难以符合工程实际。结合水电工程特点，在分析数学模型适用条件的基础上，研究了从设计成果、计算成果、规范允许值、材料特性等不同维度进行监控指标的综合拟定方法，开发了监控指标综合拟定软件。工程实例表明，监控指标综合拟定结果更加符合工程认知，克服了数学模型计算方法的局限性，可用于指导大坝等建筑物的运行管理及性态评价。

关键词： 水电工程；监控指标；数学模型；综合拟定

1　引言

水电工程监控指标是监测和反映水电工程安全的重要指标，是保障水电工程安全运行的有效手段。通过实测监测资料拟定监控指标，其本质是依据统计分析的理论，根据电站已经历的荷载组合，在预定的显著性水平下，结合大坝和坝基已经抵御经历荷载的能力，估计和预测可能抵御发生荷载的能力，从而确定相似荷载组合下监测效应量的极值，因此拟定合理准确的监控指标是一个相当复杂的研究课题[1,6]。

常规的基于监测资料的监控指标拟定方法主要采用置信区间估计法和典型小概率法两种数学模型[2]，但由于大坝失事案例较少，失事时也往往无法搜集到完整的监测信息，且有些大坝可能还没有遭遇最不利荷载，故数学模型拟定监控指标的准确性无法保证；随着时间的推移，坝体材料渐趋老化，大坝和坝基抵御荷载的能力也在逐渐弱化，故数学模型随时间推移的准确性也无法保证，因此单独采用数学模型拟定监控指标存在一定的局限性。本文在分析数学模型特点与适用条件的基础上，研究了监控指标多准则综合拟定方法，并开发了相应的系统软件。

2　监控指标测点选取及数学模型分析

2.1　监测指标测点选取

为保证监控指标拟定的合理性，首先应对监测数据进行精度评判，在精度评价可靠的基础上，对可判定为误差的数据序列进行误差处理，处理后的测点序列作为监控指标数学

作者简介：许后磊，男，1987 年 1 月出生，工程师，主要从事监测资料分析评价及系统开发，xuhoulei1987@163.com。

模型拟定的数据样本。

（1）根据工程结构布置特点，针对大坝、厂房、边坡、地下洞室等监控对象，选择具有代表性的、最易出现危及安全征兆的部位（即关键部位）。

（2）选择对建筑物安全评价最重要和直观的监测项目，如对于混凝土重力坝来说，以变形和渗流变化最为关键，可作为主要监控指标选择的项目。

（3）选择直接测量且对建筑物变化较为敏感的监测项目，如坝基压应力计、闸墩锚索测力计等。

（4）监控测点要优选，不宜过多，重点监测部位同类监测项目测点，如数据质量较好可适当多选，如测点数据质量都较差，考虑监测项目代表性，选 1～2 个点作为监控指标测点即可。

2.2 数学模型方法原理及适用性分析

数学模型基本原理是统计理论的小概率事件[4,5]。取显著性水平 α（一般为 1％～5％），则 α 为小概率事件，在统计学中认为是不可能发生的事件，如果发生，则认为是异常。

2.2.1 置信区间估计方法

置信区间估计方法主要原理为：首先根据电站监测资料，建立监测效应量与影响因子之间的统计模型；然后用模型计算各种荷载作用下的监测效应量 $\hat{E}$ 与实测值 E 的差值，该值有 $1-\alpha$ 的概率在置信带（$\Delta = \pm i \cdot S$）范围之内，其中 i 与显著性水平 α 取值相关。因此，在确定显著性水平 α 下，可以将具有较高精度的计算模型（一般要求测点复相关系数 $R > 0.8$）置信区间（置信带）和变化趋势作为判断测值异常或安全的依据，由此拟定相应测点的监控指标。根据水电工程实际情况及类似工程经验，显著性水平 α 取 5％，当 α 为 5％时，i 取值 1.96，即 $\Delta = \pm 1.96S$，判别标准如下：

（1）当 $(\hat{E} - E) < 1.96S$ 且无明显趋势性变化，可认为运行正常或安全；若有趋势性变化，应加强监测和分析，查找原因。

（2）当 $(\hat{E} - E) \geqslant 1.96S$ 时，测值异常。若无明显趋势性变化，加强监测和分析，查找原因；若有明显趋势性变化，则为严重异常，应加强监测和分析，并在查找原因的同时，采取适当措施。

因此，相应监测量的监控指标为：

$$Em = \hat{E} \pm 1.96S \tag{1}$$

置信区间方法拟定监控指标适用于估计各种坝型的各项监测量拟定监控指标，但该方法存在下列缺点：①当大坝没有遭遇最不利荷载组合或资料系列较短时，所建立的数学模型只能适用于大坝已遭遇荷载组合范围的情况，没有联系大坝的重要性（等级与级别）以及失事原因和机理；②统计模型选择时段不同，会导致计算残差和复相关系数不相同，且显著性水平有一定的主观性，使得置信带宽的确定具有一定的任意性，特别是观测资料精度较低、统计模型残差较大时，该法所定出的监控指标可能超过真正的极值。

当统计模型复相关系数 $R > 0.8$ 且残差较小时，置信区间估计法拟定的监控指标可作为监控指标综合拟定的主要依据[3-5]。

2.2.2　典型小概率方法

典型小概率方法主要原理为：从实测资料中，根据不同坝型和各座坝的具体情况，选择不利荷载组合时的监测效应量 X_{mi}（例如大坝的水平位移），则 X_{mi} 为随机变量，由观测资料系列可得到一个子样数为 n 的样本空间：

$$X = \{X_{m1}, X_{m2}, \cdots, X_{mn}\} \tag{2}$$

其统计量可用下列两式估计其统计特征值：

$$\overline{X} = \frac{1}{n} \sum_{i=1}^{n} X_{mi} \tag{3}$$

$$\sigma_x = \sqrt{\frac{1}{n-1} \left(\sum_{i=1}^{n} X_{mi}^2 - n\overline{X}^2 \right)} \tag{4}$$

然后，用统计检验方法（如 $A-D$ 法、$K-S$ 法），对其进行分布检验，确定其概率密度 $f(x)$ 的分布函数 $F(x)$（如正态分布、对数正态分布以及极值 I 型分布等）。

令 X_m 为监测效应量的极值，若当 $X > X_m$ 时，大坝将要出现异常或险情，其概率为：

$$P(X > X_m) = P_a = \int_{a_m}^{+\infty} f(x)\mathrm{d}x \tag{5}$$

求出 X_m 的分布后，估计 X_m 的主要问题是确定失事概率 P_a（以下简称 α），其值根据大坝的重要性而定，混凝土坝一般取 $\alpha = 1\%$ 或 5%。确定 α 后，由 X_m 的分布函数直接求出 $X_m = F^{-1}(\overline{x}, \sigma_x, \alpha)$。

典型小概率方法拟定监控指标定性联系了大坝的稳定、强度或抗裂条件，并用实测资料来估计监控指标，比置信区间估计法在原理方法上更加贴合工程极限状态，但该方法仍有一定的局限性：

（1）当大坝等建筑物有长期观测资料并真正遭遇较不利荷载组合时，该法估计的监控指标才接近极值，否则只能是现行荷载条件下的数值。

（2）确定失事概率还没有统一的规范，其选择有一定的经验性，所以估计的监控指标不一定是极值。

（3）在样本的选择方面，样本数量过少或代表性差可能导致监控指标拟定失真，根据类似工程经验，监测资料最好包含超过 5～6 年的完整监测序列。

当置信区间估计方法和典型小概率方法两种方法都满足条件时，优先推荐典型小概率方法拟定的监控指标作为监控指标综合拟定结果。

3　监控指多准则综合拟定与软件开发

3.1　监控指标综合拟定原则

3.1.1　变形项目

变形项目监控指标拟定主要从置信区间估计法、典型小概率法、历史极值、设计计算值四个方面进行综合拟定，充分考虑工程实际，分析各个方法拟定监控指标的科学性和合理性，进而确定监控指标拟定依据的主要方法，多种方法有效时，原则上为拟定方法结果的最大值；如各个方法拟定监控指标的依据都不是很充分时，采用层次分析方法确定四种方法权重，根据各方法拟定指标及相应权重，综合拟定监控指标。

3.1.2 渗流项目

渗流监测项目当采用的置信区间估计法、典型小概率法、历史极值、设计计算值拟定的结果未超过规范允许值时，原则上为上述方法拟定结果中的最大值；当超过规范允许值时，根据《水工建筑物荷载设计规范》（SL 744—2016）中规定的测压管扬压力强度系数推算扬压力允许值为监控指标。

3.1.3 应力项目

坝基压应力监测项目当置信区间估计法、典型小概率法、历史极值拟定结果未超过设计允许值时，采用数学模型计算、历史极值中的最大（小）值；当超过设计允许值时，监控指标综合拟定以坝基岩体允许承载力、材料强度等设计允许值为主要依据。

锚杆及钢筋计应力监控指标应从数学模型法、历史极值、材料强度允许值、设计允许值四个方面进行综合拟定，当数学模型计算、历史极值拟定结果未超过材料强度允许值或者设计允许值时，采用数学模型计算、历史极值中的最大值，当超过材料强度允许值或设计允许值时，以材料强度允许值或设计允许值为主要依据。

引水发电系统及边坡锚索测力计监控指标拟定：根据工程认知，当实测荷载与设计荷载比为0.8～1.2（仅供参考，根据工程特点可适当调整）时，采用数学模型计算值和历史极值中的最大值或最小值作为监控指标，如荷载比不为0.8～1.2时，以0.8倍设计荷载作为监控指标小值、以1.2倍设计荷载作为监控指标大值。

大坝闸墩锚索测力计监控指标拟定：根据工程认知，当实测荷载与设计荷载比为0.9～1.15（仅供参考，根据工程特点可适当调整）时，采用数学模型计算值和历史极值中的最大值或最小值作为监控指标，如荷载比不为0.9～1.15时，以0.9倍设计荷载作为监控指标小值，以1.15倍设计荷载作为监控指标大值。

3.2 监控指标分析流程

为保证监控指标能起到正常预警作用，各监测指标测点在进行监控指标预警评判前，建议首先进行数据质量检查，确保监测数据能真实有效地反映大坝等建筑物的工作性态，排除仪器外界干扰、测量误差、整编错误等原因而引起的监控指标误报、漏报、频报等事件的发生。当测点测值超过监控指标时，建议按照图1所示监控指标分析评判流程采取相应措施。

3.3 监控指标综合拟定软件实现

根据上述监控指标综合拟定方法，利用SQL Server数据库和Visual C#.NET编程，开发了水电工程监控指标系统软件，系统功能结构图如图2所示，系统数学功能模块按照前述的置信区间与典型小概率方法原理开发，功能界面如图3和图4所示，多准则综合拟定模块基于数据库中储存的电站设计计算值、规范允许值及测点历史特征值等多准则信息，按照变形、渗流、应力应变计温度等不同监测项目的综合拟定原则进行指标拟定，功能界面如图5所示。

4 工程实例

某水电站枢纽工程由碾压混凝土重力坝、河床坝身泄洪建筑物、右岸地下引水发电系

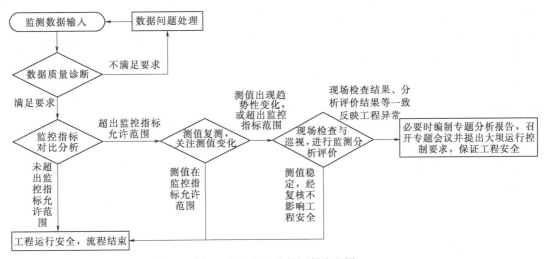

图 1 监控指标分析评判流程图

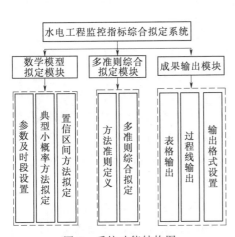

图 2 系统功能结构图

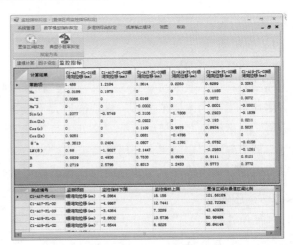

图 3 置信区间方法拟定指标功能界面

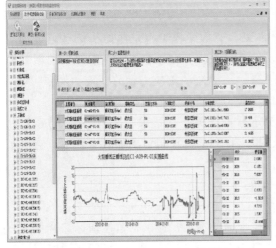

图 4 典型小概率方法拟定指标功能界面

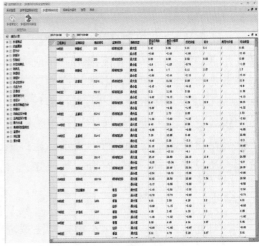

图 5 多准则综合拟定指标功能界面

统组成。拦河大坝为碾压混凝土重力坝，坝顶高程 1310.00m，最大坝高 105.0m，坝顶总长 361.0m。此水电站已投产运行近 6 年，积累了多年大坝安全监测资料，可结合现有监测数据拟定符合大坝实际运行情况的安全监测监控指标。基于监控指标综合拟定方法，对典型测点进行了监控指标拟定，结果见表 1。

表 1　　　　　　　　　　　　典型测点监控指标综合拟定表

工程部位	监测类型	测点编号	监测项目	指标类型	置信区间估计	典型小概率方法	历史极值	设计计算值	规范允许	综合拟定
5 号坝段	倒垂线	IP2	顺河向位移/mm	最大值	5.42	6.65	5.81	5.40	—	6.65
				最小值	−5.68	−2.43	−1.66	—	—	−2.43
7 号坝段	测压管	UP26	扬压力/kPa	最大值	18.6	65.2	−25.2	—	—	—
				最小值	−227.8	−337.2	−182.1	—	−240	−240
5 号坝段	压应力计	C01 - DB5	基础压应力/MPa	最大值	−0.24	0.97	0.09	0.00	—	0.00
				最小值	−3.13	−7.34	−4.28	−4.18	—	−4.18

4.1 变形项目

倒垂线测点 IP2 位于 5 号坝段，测点顺河向位移最值监控指标置信区间估计方法中统计模型复相关系数 $R < 0.8$，置信区间与测值区间比例大于 50%，由综合拟定原则置信区间估计法不作为主要依据；历史特征值大于设计计算值，经过对大坝的综合分析及计算复核可知，枢纽区各建筑物运行安全处于可控状态，故设计计算值不作为主要拟定依据；典型小概率方法拟定结果大于历史特征值，表明大坝有继续抵御更大荷载下的变形余量，经综合拟定，倒垂线测点 IP2 顺河向位移监控指标采用典型小概率方法拟定结果。

4.2 渗压项目

测压管测点 UP26 位于 9 号坝段排水廊道测，其最小值监控指标置信区间估计方法和典型小概率方法拟定结果已超过规范允许值，根据综合拟定方法，测压管测点 UP25 最小值监控指标采用规范允许值拟定结果。

4.3 应力项目

应力测点 C01 - DB5 位于 5 号坝段 1233 测站，其数学模型拟定监控指标已超过坝基允许承载力，根据综合拟定原则，压应力测点 C01 - DB5 应力最小值监控指标采用坝基极限承载力作为监控指标；根据压应力计工作原理，不能监测拉应力，故压应力测点 C01 - DB5 应力以不允许出现拉应力为控制标准，即压应力测值最大值监控指标取 0。

由以上分析表明，如单独通过数学模型拟定监控指标，其结果与工程一般认知不符，不能满足指导工程安全运行的要求，通过综合拟定得到的监控指标更加科学合理，克服了数学模型拟定的局限性，符合工程认知。

5　结语

针对置信区间法和典型小概率方法拟定监控指标的不足，提出了监控指标综合拟定方法，开发了监控指标综合拟定软件，工程实例表明，本方法弥补了单一采用数学模型拟定监控指标的不足，经工程实例验证，综合拟定的监控指标更加科学合理，能指导水电工程运行管理及状态评价。

参考文献

[1] 吴中如，卢有清. 利用原型观测资料反馈大坝的安全监控指标 [J]. 河海大学学报，1989，17 (6)：29-36.

[2] 杨健，牛春功. 混凝土坝应力应变监控指标研究 [J]. 水力发电，2012，38 (10)：87-89.

[3] 顾冲时，吴中如. 大坝与坝基安全监控理论和方法及其应用 [M]. 南京：河海大学出版社，2006.

[4] 丛培江，顾冲时，谷艳昌. 大坝安全监控指标拟定的最大熵法 [J]. 武汉大学学报：信息科学版，2008，33 (11)：1126-1129.

[5] 郑东健，郭海庆，顾冲时，等. 古田溪一级大坝水平位移监控指标的拟定 [J]. 水电能源科学，2000，18 (1)：16-18.

[6] 李占超，侯会静. 大坝安全监控指标理论及方法分析 [J]. 水力发电，2010，36 (5)：64-67.

HydroBIM—区域数字水库安全管理系统

赵志勇，杨硕文

（中国电建昆明勘测设计研究院有限公司，昆明　650051）

摘　要：区域数字水库安全管理系统主要是在整合现有各类水利信息资源的基础上，以安全、迅捷的计算机网络系统提供的信息传输通道为依托，以标准规范、信息全面、高度共享的数据中心为信息存储、整合提取的基础，实现各类信息资源在区域水利机构间的高度共享和统一管理。本文通过对某州水库水情、工情与视频系统平台建设为例，详细阐述了区域数字水库安全管理系统平台的设计与开发的过程。首先研究了该州水库管理的现状，然后根据该现状对平台的框架、区域信息资源的分类和规范、网络通信环境、数据中心、GIS（Geographical Information System）环境、大坝 BIM（Building Information Modeling）模型、安全服务环境、综合评判及预警推送机制和信息门户进行了详细的功能设计，最后运用 .Net，Java 编程语言对平台设计并进行了实现。

关键词：区域数字水利；水雨情系统；工情系统；视频监控；安全管理；预警；三维 GIS 平台；大坝 BIM

1　研究背景

数字区域是将区域系统的诸要素数字化、网络化、智能化、虚拟化与可视化，用模型评价、分析、预测、预报区域的运行及社会经济的发展，将自然的区域变成可控制的或信息化的区域。

区域数字水库，就是综合运用遥感（RS）、地理信息系统（GIS）、全球定位系统（GPS）、三维 BIM 系统、网络等现代技术，对某区域的水库基础信息、水情数据、大坝监测数据、视频数据等多源异构信息进行数字化采集与存储、动态管理、深层融合与挖掘、综合管理与传输分发，构建区域级水库可视化的基础信息平台和 GIS＋BIM 立体模型，建立各级职能和业务部门的专业应用模型库、规则库及应用系统，实现区域水库各类信息的可视化查询、分析、决策、显示和输出，将整个区域水库信息虚拟再现，为各职能部门提供区域级的综合规划、建设、运行管理等辅助决策手段，为社会公众提供区域水库信息服务。

作者简介：赵志勇，男，教授级高级工程师，大坝安全监测研究与分析，kyszzy@21cn.com。

2 研究区域概况

某州市现有12座中型水库，按照分散设站、统一平台管理的原则，构成中型水库安全监测及水雨情系统、视频统一管理及预警平台，实现全州中型水库安全监测、水情信息和视频的自动采集与传输、储存与管理、分析评价、预测预报与信息发布等功能，以此为依托可推广到省内各区域水库，构建省水库数字区域安全管理系统平台。

3 系统体系架构

根据区域数字水库的基本思想，将其大致划分为数字区域可视化基础平台（基础层）、数字区域专业应用系统（应用层）以及数字区域管理与决策系统。

区域数字水库的体系架构如图1所示。

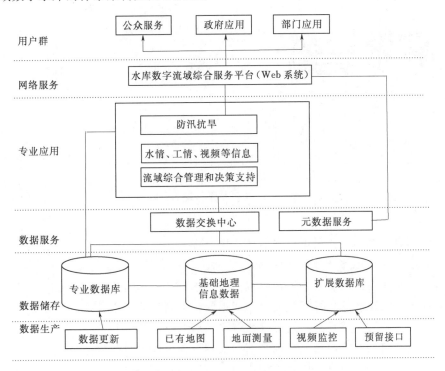

图1 区域数字水库体系架构

系统网络拓扑按四级站网架构设置，如图2所示，即监测站、监测管理站、监测分中心站和监测中心站。各级站点布置原则及主要功能如下：

（1）监测站。监测站设置在每个水库，主要负责水库各监测量及视频的采集、传输。水雨情、工情数据直接传输至监测管理站，考虑流媒体网络传输的实时性及带宽和费用问题，视频数据原则传送至水库现场管理所，具备专有有线条件的传输至监测管理站和监测分中心站。

（2）监测管理站。每个县设置1个监测管理站，配置服务器，集中负责辖区内所有水库大坝安全监测及水情数据的统一接收、存储，将相关数据同步上报州市监测分中心站，

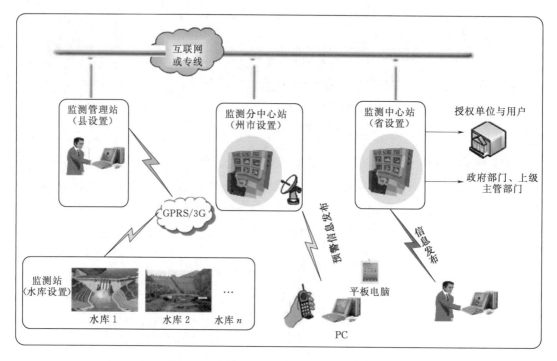

图 2 区域数字水库安全管理系统网络拓扑

并可访问州市监测分中心站平台，通过信息管理平台浏览、下载县辖区内所有水库的安全监测及水情信息和成果，指导水库的安全运行与调度，同时将水情数据同步报送至县水文局。并将水库人工观测数据与巡视检查资料、与安全监测相关的文档资料纳入信息管理系统进行集中统一管理。

（3）监测分中心站。各州市设立监测 1 个分中心站，配置服务器，负责接收、存储辖区内县级监测管理站上报的安全监测及水情数据，对数据进行管理、分析、发布预警信息，并负责对辖区内县级监测管理站有关监测、水情工作的监督，指导县级监测管理站对水库的安全运行与调度，并将相关信息及成果同步上报省监测中心站。

（4）监测中心站。监测中心站设置在省级，对各州市监测分中心站定时上报的数据进行储存、管理和信息发布，为上级主管部门及授权单位提供定制数据与成果，其中发布信息主要包括各水库的运行性态、水雨情信息，满足相关政府职能部门、社会公众的信息需求。

系统软件架构如图 3 所示，其软件架构包括三层：应用服务、三维展示层和基础数据层，分别实现信息的存储、管理、分析、展示、远程浏览查询和预警等功能。

4 系统业务与数据流

4.1 管理及数据流程

区域数字水库安全管理平台指令流程为自上而下，即省到州市、州市到县或对部分大型水库及个别中型水库有管辖权的直管部门、县或对部分大型水库及个别中型水库有管辖权的直管部门到水库的管理指令下达模式。

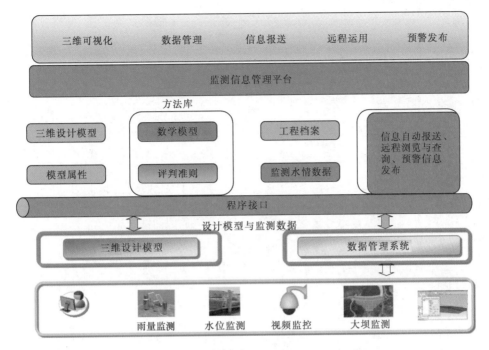

图 3　系统软件架构示意图

数据流程主要指监测及水情数据的分析、报送和发布流程。水库主要负责数据的采集和视频系统的管理。县级或对部分大型水库及个别中型水库有管辖权的直管部门平台负责数据接收、存储及上报（其中水情数据同步报县水文局）。州市平台接收、存储县级或对部分大型水库及个别中型水库有管辖权的直管部门平台上报的数据，对数据进行管理、分析、发布预警信息，并同步报送至省级平台。省级平台主要功能为数据及成果的浏览、查看、下载、信息发布等。

区域数字水库平台指令与数据流程如图 4 所示。

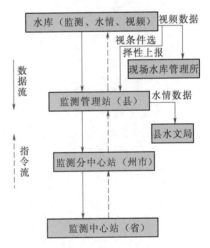

图 4　区域数字水库平台指令与数据流程

4.2　业务流程

本系统可实现对监测、水情数据的录入、整编、管理、展示的一体化流程管理，业务处理流程如图 5 所示。

5　系统功能

区域数字水库安全管理系统平台采用 B/S 架构，三维 GIS＋BIM 平台下实现区域级水库大坝工程全方位数字化展示，提供工情、水情、视频监控、山洪预警、水利基础信息等一体化门户平台，服务区域水库综合管理需求。平台包括以下主要功能模块：系统操作模块、数据库维护与管理模块、数据管理模块、三维展示模块、模型分析模块、图形分析模块、信息

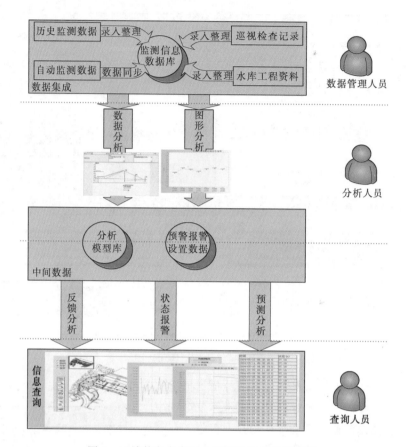

图 5　区域数字水库安全管理系统业务流程图

自动报送模块、远程浏览查询模型、预警信息发布模块、帮助模块（图 6 和图 7）。

5.1　系统操作模块

　　系统操作模块包括用户管理、登录管理、日志管理。用户管理模块主要功能有新增本系统的用户、用户密码修改、删除用户、用户权限修改。登录管理模块功能是在系统操作过程中，可以使用其他用户名重新登录。日志管理模块记录用户登录时间、退出时间、用户权限、相关操作及操作前后状态等内容，保证数据的安全。

5.2　数据库维护与管理模块

　　数据库维护与管理模块仅限于系统管理员用户，主要提供对数据库日常维护和管理的功能，保证数据库运行正常，为平台的良好运行提供数据基础保障。数据管理包括数据录入、数据导出、特征值统计、报表制作、数据查询等功能。

5.3　三维展示模块

　　三维展示模块包括三维模型维护、测点三维查询。用户可通过与三维模型的交互操作，实现测点考证信息和数据、过程线的实时查询。

5.4　图形分析模块

　　图形绘制模块为过程线图、相关图、分布图等。过程线图模块主要功能是查看单测点

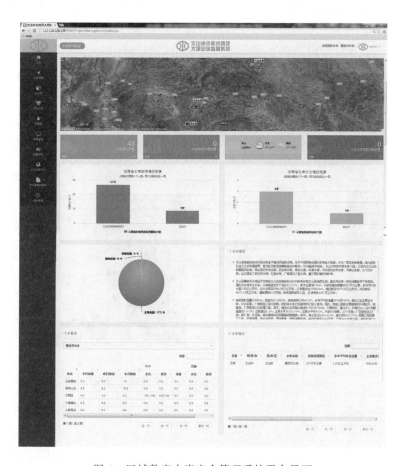

图 6 区域数字水库安全管理系统平台界面

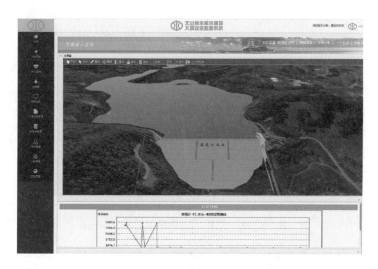

图 7 区域数字水库安全管理系统 GIS+BIM 可视化模块

或多测点过程线、模型拟合过程线（若干个）、模型分量过程线、浸润线、水库特征曲线等，过程线可以标注相关环境因素信息。相关图模块主要功能对任意两个监测量进行相关分析，即在监测量与监测量之间，监测量与环境量之间进行相关分析。分布图模块主要功能是根据相关报表信息进行分布图的绘制。

5.5 视频管理模块

视频管理模块主要功能是对水库摄像头捕捉的画面进行实时查看和操控。同时可以对传输的视频数据流进行相关设置，满足不同的查看需求（图 8）。

图 8 区域数字水库安全管理系统视频管理模块

5.6 预警信息发布模块

预警信息发布模块主要功能是根据预设固定阈值或基于评判准则动态阈值，结合水库调度及管理职责实现分级预警功能，功能配置在州市级分中心级，以便州市水管部门实时监控大坝的工作性态，发布调度与预警指令。

6 结语

区域数字水库安全管理系统是集数字化、网络化和信息化等技术为一体的三维 GIS＋BIM 可视化管理和应用系统，不仅能浏览实时三维虚拟实景、水库区域的各种安全状况，而且能对各类信息进行实时融合分析，通过信息的交流、融合和挖掘，实现区域内不同部门、不同层次之间的信息共享、交流和综合分析，对区域所有与安全运行相关的信息进行有机融合处理和分析，实现资源的优化配置与合理利用，是区域水库运行管理、科学决策的有效工具，符合水利信息化建设原则。

参考文献

[1] 张进平，黎利兵，卢正超. 大坝安全监测研究的回顾与展望 [J]. 中国水利水电科学研究院学报，2008（4）：317-322.

[2] 李雷. 我国水库大坝安全监测和管理 [J]. 大坝观测与土工测试，2000（6）：6-9.

[3] 何亮，李端有. 多终端多平台大坝安全监测软件系统的设计与实现 [J]. 大坝与安全，2017（2）：51-55.

［4］ 巩向伟，侯丰奎，张卫东，等. 水库大坝安全监测系统及自动化 ［J］. 水利规划与设计，2007 （2）：65-68.

［5］ 王献辉，顾冲时，刘成栋，等. 应用 VS. NET 开发 B/S 结构大坝安全监测 Web 系统软件 ［J］. 水电自动化与大坝监测，2003 （1）：41-44.

BIM 技术在水电站运行管理的初步探讨

任云春

（华能澜沧江水电股份有限公司，昆明　650214）

摘　要：BIM 技术是建设项目运行管理领域的未来发展方向，也是水电站运行维护中安全可靠的新技术支持，可以为水电站建设形成一个规划、设计、施工建设和运行管理等全生命周期共享的资源库，为运行管理和应急处置提供科学可靠的决策支持系统，维护水电站设施的安全稳定运作，实现工程效益，达成水电站项目建设目标。

关键词：BIM；数据信息模型；可靠；水电站；运行维护；决策支持系统；初步探讨

1　引言

　　BIM 作为一种技术理念及平台，如同 CAD 技术一样从建筑行业开始，席卷整个建设行业，成为建设行业的前沿技术，当然也是水电站运行建设管理领域的未来发展方向，是水电站运行维护中可靠保证的新技术支持，可以为水电站建设全生命周期形成一个共享的资源库，为建设、运行管理和应急处置提供可靠的决策支持系统。本文拟从保证水电站安全运行管理的几个主要工作方面谈谈 BIM 在重力坝水电站运行管理中的粗浅的认识和想法，以抛砖引玉，期待同行对 BIM 技术在水电站运行管理的应用进行探讨，更好地利用 BIM 技术进行水电站项目建设，实现水电站建设目标，促进区域社会稳定和发展。

2　认识 BIM

　　BIM 的英文全称是 Building Information Modeling，即建筑信息模型。较之 CAD 平面作图效果，BIM 是一个全新的技术平台，更加具有通过模型建立和数据收集及表达，可提供多维度、可视的决策支持系统，是一个或多个设施（建设项目、公共管理项目等）物理和功能特性的数字表达；是一个共享的知识资源，是能够用数据表达空间的多维信息资源，为建筑设施或公共管理项目，甚至是区域（国土资源、水资源和环境保护等）规划项目，从项目规划、建设、实施到后评估阶段拆除的全生命周期中的所有决策提供可靠依据的过程；在项目的不同阶段，不同利益相关方可以通过在 BIM 中插入、提取、更新和

作者简介：任云春，女，高级工程师，现主要从事水电站建设管理、征地移民管理及水电站运行管理，78874821@qq.com。

修改信息，以支持和反映各自职责的协同作业和决策支持系统，是建设甚至社会公共管理领域的新的技术平台，对今后的社会发展提供强有力的技术支持。

3　水电站运行阶段的 BIM 应用

水电站是将水能转换为电能的综合工程设施，又称水利水电枢纽工程建筑物。它包括大坝（挡水建筑物）、泄洪建筑物、发电厂房等发电设施，有些水电站根据功能规划，除发电所需的建筑物外，还常有为防洪、灌溉、航运、过木、过鱼等综合利用目的服务的其他建筑物，本文亦统称为水利水电枢纽工程建筑物。水利水电枢纽工程建筑物在运行阶段的主要工作就是安全监测工作通过各种技术手段获得有效可靠的数据，监视掌握水工建筑物的状态变化，及时发现不正常迹象，分析原因采取措施，改善运行维护管理方式，防止发生破坏事故，确保水工建筑物安全可靠的运行；利用监测技术获得可靠的运行工况监测数据，分析判断水工建筑物的运用和变化规律，验证设计数据，鉴定施工质量，为提高设计、施工和科学研究工作提供资料和参考。本文仅针对混凝土重力坝及其厂房、防洪度汛应急、水库库岸、社会风险管理等几个方面的运行管理谈谈水电站运行维护阶段的 BIM 应用，主要有以下几个方面。

3.1　大坝（挡水建筑物）管理

重力坝主要是依靠坝体自重所产生的抗滑力来满足稳定要求，同时依靠坝体自重产生的压应力所引起的拉应力来满足强度要求的挡水建筑物，是世界坝工史上最古老，也是采用最多的坝型之一。重力坝主要的破坏形式是滑动破坏、倾倒和水力劈裂破坏，重力坝在运行过程中由于影响因素较为复杂，需要对关键部位进行监测。

目前重力坝大坝运行期的管理主要就是安全监测及定检工作，大坝安全监测数据统计及分析是估计大坝的安全程度，以便及时采取措施保证大坝安全运行。由于重力坝存在以下缺点：坝体尺寸大，材料用量多；坝体内部应力不高，材料强度不能充分发挥；坝体与地基接触面积大，相应的扬压力大，对稳定不利；坝体体积大，由于施工期混凝土的水化热和硬度收缩，将产生不利的温度应力和收缩应力，因此在浇筑混凝土时，需要采取较严格的温度控制措施。且大坝的工作条件十分复杂，大坝和地基的实际工作状态难以用计算或模型试验准确预测，建设施工期、运行期间的安全监测尤其是数据资料的可靠性和易维护性就显得尤为重要。大坝安全监测是水电站运行管理工作中最重要的一项工作，混凝土重力大坝安全监测主要包括巡视检查、变形观测、渗流观测、应力、应变观测及温度观测、环境量观测等。目前一等工程 99% 的大坝安全监测（坝顶水平位移、坝顶垂直位移、坝体接缝、坝基扬压力、渗流量、绕坝渗流、应力应变及温度等）系统布置建设与大坝建设实现了"三同时"，并基本实现了自动化。BIM 主要应用在大坝安全监测系统、监测点布设、监测设备的空间定位，精确获取大坝安全监测各系统的数据，包括变形监测所包含的坝体位移（水平和垂直位移）、倾斜、接缝变化、裂缝变化、坝基位移（含水平和垂直位移）、近坝岸坡位移等监测数据以及监测设备空间位置信息和工况，通过自动化系统的观测仪器和设备，及时获得反映大坝和基岩性态变化以及环境对大坝作用的各种数据，完成观测和资料处理等工作。BIM 技术把原来平面图纸编号或者文字表示变成三维图形位置，直观形象且方便查找；使构件之间形成互动性和反馈性的可视，可视化的过程用来效果图的展示及报表的生成，更重要的是 BIM 使大坝安全监测系统管理过程都在可视化的状态下运行，形成可靠的决策处理方案，更加有利于数据的整理和在线监测系统的建立，确保大坝安全运行。

3.2 泄水建筑物运行维护管理

泄水建筑物是用以宣泄部分洪水或放空水库以便检修的水工建筑物，是保证水利水电枢纽建筑物的安全运行、分配洪水时间和空间流量、减免洪涝灾害的重要的水工建筑物，如开敞式河岸溢洪道、溢流坝、泄洪洞及放水底孔等。泄水建筑物，关键是要解决好消能防冲和防空蚀、抗磨损、防气蚀等。泄水建筑物需要在关键部位实现自动化监测，重点监测泄水时工况，防止泄水时的振动。因此在大坝建设之初，水电站设计、施工及运行管理单位应重视泄洪建筑的自动化监测建设工作，根据泄水建筑物基础条件和泄流条件，结合施工导流、高水头闸门技术，本着抗震、减振、掺气减蚀的运行关键，进一步研究高强度耐蚀耐磨材料的开发和应用，提高泄水过后的工程工况的水下摸排检查要求及频次，将相关数据及时输入 BIM 系统。如：在泄水建筑物的下游布置几个有代表性的纵、横向监测断面，在淤积监测区域内测量并详细记录岩块的平均尺寸和最大尺寸，以及测量淤积物的厚度、体积和分布情况，通过 BIM 技术实现这些监测工作数据收集整理的立体可视化，基于 BIM 进行泄水建筑物运营阶段的环境影响和灾害破坏，针对结构损伤、材料劣化及灾害破坏，形成图表，准确定位泄洪受损部位，对建筑结构安全性、耐久性进行精确分析与预测，及时提出修复方案，保证建筑物安全。BIM 技术应用对泄水建筑物设计、施工、运行水平的提高起了很大的推动作用。

3.3 发电厂房管理

水电站厂房（重力坝主要有坝后式厂房、地下厂房等形式）包括厂房建筑、水轮机、发动机、变压器、开关站等，也是水电站发送电及监测监控运行人员进行生产和活动的场所，厂房的结构最为复杂，是水电站核心部位，人员设备最为复杂，生产活动频繁。工作需要严谨细致，目前大部分厂房工作都采用严格填写工作票的制度，以保证准确的设备操作过程，确保安全生产。在此 BIM 技术的应用显得尤为重要，基于 BIM 技术的运维可以管理复杂的发电引水系统、发电机、水轮机、输配电系统和隐蔽工程（地下管网，坝体埋管以及相关管井），并且可以在图上直接获得相对位置关系，便于管网维修、更换设备和定位。电厂内部及检修各专业人员可以共享这些电子信息，有变化可随时调整，保证信息的完整性和准确性。

3.4 应急（防洪度汛）管理

基于 BIM 技术的管理不会有任何盲区，大型水电站大坝作为防汛的重要设施，大坝安全危及下游人民生命财产安全，突发事件的响应和处理能力及效果非常重要，国家规定要编制应急预案，其中尤以汛期的防洪度汛工作最为重视，成为水电站应急管理的重中之重，按照《中华人民共和国防洪法》的有关规定："国家确定的重要江河、湖泊的防洪规划，由国务院水行政主管部门依据该江河、湖泊的流域综合规划，会同有关部门和有关省、自治区、直辖市人民政府编制，报国务院批准实施。"传统的突发事件处理仅仅关注规划、预报、响应和救援，而通过 BIM 技术的运维管理对突发事件管理包括预防、警报和三维可视化数据模型条件下的处理,更加精准和有效,有利于在政府组织下实施多方联动的防洪度汛工作,有效地防治洪水,防御、减轻洪水灾害,进一步保护电站枢纽工程建筑物的安全运行和下游城乡居民的生命财产安全。建立有效的 BIM 技术支持平台及管理系统,可以通过上游降雨及来水情况,在水电站水库运行感应水位变化;当水位超过警戒水位,在水电站 BIM 信息模型界面中,就会自动开启闸门泄洪,以保证水电站安全。如果遇到水淹厂房或者是超过设计频率的洪水,运维管理系统对大坝的缺陷(如裂缝、坝体位移量过大部位等)的三维位置立即进行定位显示;控制中心可以及时查询相应的周围环境和设备情况,为快速采取工程措施、疏散人群和处理灾情提供重要信息。通过 BIM 系统可以迅速对大坝缺陷的位置和状况进行空间定位,提供及时可靠的多维可视化决策系统,及时掌握风险状况,提升工程运行风险预测的可靠性,及时提出处理方案,避免下游灾难性事故的发生。

3.5 水库库岸管理

水库蓄水后,水位迅速上升,水边线向外推移,水体范围扩大。在风的作用下库水面倾斜,生成波浪。上升的库水位抬高岸边地下水水位,使原先处于干燥状态的岩土湿化,增加其容重,降低土体或基岩中软弱结构面的抗剪强度,使岸坡岩土失去平衡,引起岸壁塌落(或滑坡)、岸边淤积和岸坡变形。目前库区主要分为滑坡处理区和待观区(地表的耕地等经济对象不处理),在电站运行期间主要采用库岸巡查和建立滑坡塌岸自动监测系统的方式进行库岸稳定管理。通过 BIM 技术使得监测工作更加精准可视,及时准确地预测滑坡变化,形成演示图件和表格,模拟滑坡及塌岸破坏程度,预测库岸演变的空间分布、规模、岸壁后退距离、巨大滑坡发生时间、边坡塌落入水的速度和诱导的水面涌浪高度以及各项波浪要素。在预报中确定岸坡防护措施,核算坝高和坝面波压力,根据结构面控制岩坡稳定的原理,用 BIM 技术更加精准地提出各种图解分析法预测崩塌和滑坡的空间分布和规模,及时提出处理方案。

3.6 社会风险管理

水电站建设一般会产生征地移民。长期以来由于国家移民安置政策实施惠及范围有限(仅惠及移民),移民与安置点原住民生活设施生活水准建设存在不同程度的差异,造成一定程度的社会风险隐患。利用 BIM 技术进行模型建立,定期获得移民和安置区原住民的生产生活水平监测、舆情监测,对区域社会稳定风险评估,可以有效规避、预防、控制移民安置规划工程建设和搬迁,乃至水电站工程建设的顺利实施,有效预测和避免施工建设期、运行管理过程中可能产生的社会稳定风险,更好地确保国家水利水电移民安置政策的落实和水电站建设顺利实施,达成移民安置目标和水电站建设目标。通过 BIM 结合政府移民安置规划实施工作之效果及政府公众网技术的应用,使得移民安置区和枢纽工程建设区乃至电站建设涉及的所有区域民情、日常舆情管理监控变得更加方便。精准定位社会稳定存在的社群隐患,方便制订针对性强的应急处置措施方案,促进建立和谐稳定的移民和当地居民共融的新社区,使移民尽快融入当地社群环境,共享国家开发性移民政策的优惠和电站建设产生的巨大社会效益,形成良性循环,促进社会和谐发展,提高移民和居民的幸福感。

4 结语

随着近年数字技术的发展，数字化信息集成下的建筑创作变得越来越为大众所熟知，涌现出了大量优秀的作品。然而作为数字化设计的集合化应用——建筑信息模型集成化管理系统（BIM）规模化推进却依旧缓慢，需要多专业、多行业、更多的专业人员参加参与。目前，已经有了国家级别的 BIM 职业资格考试，大家要积极参与，积极将 BIM 技术引入并积极应用到自己的专业领域里。本文以水电站项目运行阶段为基点时段，从具体实例切入 BIM 的技术标准修订、模型建立和数据转换工作的初步探讨，希望能够和更多的同行进行交流讨论，进一步提高 BIM 应用水平，促进行业的 BIM 技术提高。

基于 BIM 的水电工程全生命周期管理模式应用研究

李宗道，曹以南

（中国电建集团昆明勘测设计研究院有限公司，昆明　650009）

摘　要：在水电工程传统建设模式下，设计和施工相分离，协同性较弱，由此引起的低效率和资源浪费问题在追求效益的背景下日益突出。基于 BIM 技术将设计–施工–管理过程集成在一起，加强项目全生命周期管理，将有力地解决工程建设行业的低效率问题。应用 BIM 技术，高效地提供协同管理、资源共享，能有效提高工程建设项目全生命周期各参建方的协同性，集成优势技术，整合优势资源，实现工程建设精细化管理，保证产品的质量和品质；能改变传统的项目管理理念，引领信息技术走向更高层次，从而提高建设项目管理的集成化程度，提升企业的价值创造能力和发展质量效益。

关键词：水电工程；BIM；全生命周期管理

1　引言

　　水电工程是我国国民经济中的基础性设施，具有规模大且布置复杂、投资大、开发建设周期长、参与方众多以及对社会、生态环境影响大等特点。在目前工程建设模式下，设计、施工有一定的结合，但大多数仍属于不同的专业，由不同的单位承担。这种传统模式带来众多问题，在长期设计、施工分开招标影响下，设计与施工单位进入时间、需求不同，设计、施工阶段不能很好地衔接[1]。信息分散，传统以文档、图纸等为媒介传递信息方式效率低，信息数据重用率低，各单位犹如一个个"信息孤岛"难以组成整体，信息丢失、不连续现象严重，难以集成与协同。

　　由此引起的工程建设生产效率低下，造成资源、成本的极大浪费。众多研究提出[2-4]，解决整个工程建设行业低效率的主要方案是把设计–施工–管理过程集成在一起，加强项目全生命周期管理。随着建筑业信息化的不断推进，在建筑业集成化研究和实践的基础上，出现了一种重要趋势——对建筑生命周期管理（building lifecycle management，BLM）的研究和应用。

2　全生命周期管理系统基本概念

　　BLM，即贯穿于建设全过程（从概念设计到拆除或拆除后再利用），通过数字化的方

作者简介：李宗道，男，1991 年 2 月出生，硕士研究生，从事项目管理工作，lizongdao@163.com。

法来创建、管理和共享所建造的资产的信息。该思想的核心是通过建立集成虚拟的建筑信息模型（building information modeling，BIM）以及协同工作来实现设计-施工-管理过程信息的集成。以 BIM 模型为核心的建筑生命周期管理 BLM 已经成为国内外研究的热点。结合了建筑信息模型 BIM 和在线协同作业（online collaboration）的 BLM 技术被认为是未来改进建筑设计、建造、管理过程的重要推动力量[5]。

BLM 思想来源于制造业的产品生命周期管理（product lifecycle management，PLM）。它应用一组一致的业务解决方案，支持协作性地建立、管理和使用产品定义信息；它支持扩展企业（客户、设计和供应伙伴等）及跨越产品从概念到报废地整个生命周期；它将人员、流程、业务系统和信息集成在一起[6]。

全生命周期管理系统是一个集成的、信息驱动的方法，涵盖从设计、采购、施工、运行的工程的所有方面[7]。考虑我国水利水电的发展现状，全生命周期设计的重点应当放在从设计、采购、施工到运行阶段。项目报废在今后相当一段时期不会发生。

水利水电工程全生命周期设计要求项目设计采用"以终为始"的方法，即在工程设计阶段以工程的投产运行最终目标为出发点，回溯到施工、采购、设计过程中的进度、质量、投资、安全控制要求，以及各阶段检查验收的需要，展开信息集成工作。水电水利工程的开发建设，设计提供的信息或数据是驱动项目开发全过程的关键因素。在项目开发过程中的目标确定、进度计划编制、融资及人力设备资源配置均是围绕设计提供的数据展开。

采用全生命周期设计，由设计提供，并贯穿项目开发过程的信息或数据具有以下基本特征：

（1）唯一性。各类设计文件（图纸）与其反映的共同实物数据完全一致，只有一个。

（2）关联性。实物对象与其数据信息之间的紧密连接。

（3）内聚性。产品的表达与机械物理性能及其功能的一致性。

（4）可追溯性。各阶段产品随时间顺序变化能够被无缝追溯到其原点的能力。

（5）映射性。采用全生命周期设计的产品可视为虚拟的现实，理论上可无限逼近现实对象，与实现对象在几何、性能及功能方面存在准确的一一对应关系。

（6）自动信息提示。对设计产品上的任何修改，施工及运行过程中的相关信息能够自动提示。

3 全生命周期管理系统价值分析及基本功能

3.1 全生命周期管理系统价值分析

从市场竞争关系看，全生命周期设计能够促进企业获得项目资源，能够促进与业主、政府审批部门及相关社会关系的沟通与信任，全生命周期设计的巨大价值随时可能引发水电项目业主的强烈需求，因此必然成为今后水电工程勘测设计提升竞争能力与品牌形象的重要手段。在市场竞争中新技术的淘汰力量最具毁灭性，可以预计，为努力避免被淘汰和被边缘化，会促使勘测设计企业大力推动开展全生命周期设计，开发全生命周期管理系统。

全生命周期信息管理将彻底颠覆传统水电工程建设开发模式，是勘测设计理念与手段的跨越式提升，更加巩固勘测设计企业在水电项目开发过程中的龙头地位。

国家对水电开发提出了越来越高的要求，移民安置、环境保护及工程安全得到越来越高的重视和关注。采用有效手段提升工程建设期间，工程运行期间的进度、质量及安全管理绩效，降低投资风险必将成为项目业主的主要需求；另外，国内剩余水电资源的开发条件逐步变差，项目业主对降低工程投资，缩短工程建设周期的愿望必然越来越强。

（1）采用高科技手段，即计算机技术、互联网，以及物联网技术实施工程建设管理、运行管理，实现工程建设及运行过程中的"本质安全"必然成为今后水电开发建设的新趋势。

（2）降低工程投资，缩短工程建设周期必然使精细化设计成为主流趋势，精细化设计的水平和能力必然成为衡量竞争能力的重要标准。

（3）设计招标投标常态化。通过招标选择设计单位既符合国家政策，又能带来诸多好处和方便，设计投标必然成为今后获得设计项目的主要途径。

（4）限额设计必然化。限额设计要求下一设计阶段的工程量或工程投资不能超过上一设计阶段的工程量和投资。这是客户降低工程造价，减少投资风险的强烈要求和手段。

（5）由于国内资源减少，竞争市场必然全球化。

图 1 为水电勘测设计市场竞争关系图。赢得客户是水电勘测设计企业可持续发展的主要因素，取得客户信任及提高客户选择其他设计单位的转移成本和风险是赢得客户的最为关键的两个前提条件。从市场甲乙双方的交易特征看，与提供实物产品企业不同，水电勘测设计企业服务的客户数量很少，但每个客户的合同额很大，动辄几千万上亿元对应的工程投资额更大，往往是设计合同的几十倍；与客户的交易周期长，一般 5～10 年才能完成一个合同的交易，而提供实物产品的企业与客户的交易多为银货两讫，交易几乎是瞬间完成的；由于合同在先，意味着产品必然是定价在先，企业的利润取决于在生产过程中的成本和周期控制能力，而提供实物产品的企业是成本在先，利润完全取决于市场价格。因

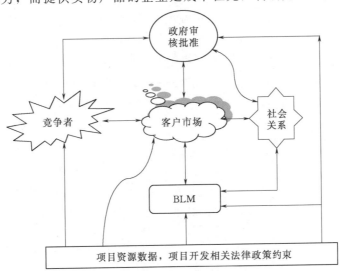

图 1　水电勘测设计市场竞争关系图

此，围绕市场甲乙双方的交易特征，水电勘测设计企业核心竞争能力必须体现在"干一个项目，赢得一位客"，通过更好的服务和产品质量赢得宝贵的客户，构筑较高的转移成本，锁定宝贵的客户资源。

水电项目投资巨大，在项目开发建设过程中投资方面临社会环境、自然环境、政策环境以及工程安全等诸方面风险和压力。此外，要实现项目投资预期收益，项目开发的进度、质量、投资必须始终处于可控与受控状态。为此，获得工程建设过程的事态信息或数据，及时提供相关的决策依据至关重要。全生命周期管理系统的核心功能就是实时分发相关信息为指挥、控制等管理活动提供必要的前提条件，是今后项目业主管理手段的重大突破，这就是全生命周期管理系统的价值所在，推广应用全生命周期管理系统能够自然而然地赢得客户的信任。

赢得客户另一个重要前提条件是提高客户的转移成本和转移风险。客户的转移成本和转移风险主要由勘测设计单位掌握的项目资源的质量与数量、项目审批部门的支持力度、勘测设计周期及精细化设计能力、市场对勘测设计单位的品牌形象认知程度决定，如工程业绩及工程经验，科技成果及专利技术等方面。很明显推广应用全生命周期管理系统对提高客户转移成本和转移风险的要求同样是完全一致的、有利的。因此全生命周期管理系统必然成为今后水电工程勘测设计单位提升核心竞争能力的主攻方向。

3.2 全生命周期管理系统框架

根据控制论的基本思想，不论是从水电项目开发过程，还是勘测设计科研工作的过程看，都必须遵循从前提条件到行动再到目标（结果）的逻辑过程。要实现目标获得预期的结果就必须具备相应的前提条件和采取必要的行动，前提条件、行动及目标缺一不可。科学的管理必须根据要达到的目标确定前提条件和行动。没有目标的行动只能是毫无意义的"布朗"运动，没有前提条件或行动的目标永远是空谈。为了高效、高质量、低成本实现目标获得预期成果，就必须引入管理（管理活动）。针对条件、行动、目标最核心的管理活动可分为指挥和控制两类。在指挥层次首先确定目标，规定输入条件及行动，在实施过程中必须采取有效手段感知事态进展信息（采集现场信息）以便实施有效的控制，最终实现预期目标。为此，一个完整有效的实现目标的活动基本框架如图 2 所示。

这是一个为实现目标获得预期成果对相关活动进行管理的具有普适性的框架。在军事领域的信息战系统基于此框架构建，通常称为 C3I 系统，即 commend（指挥）、communication（通信）、control（控制）及 intelligence（情报），由于 C3I 系统在海湾及伊拉克战争中表现出的极高效能而被誉为现代战争的战力倍增器，C3I 系统彻底改变了传统作战方式，世界各军事大国，特别是西方发达国家均给予高度重视，毫不犹豫地加大了开发力度。事实上，C3I 系统可视为全生命周期管理在军事领域的最佳实践，吸收借鉴其基本思想和方法有利于构建全生命周期管理系统基础性框架。

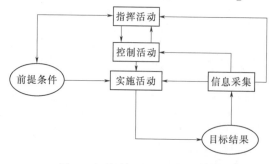

图 2 实现目标的活动基本框架

　　分析水利水电工程开发建设过程，前提条件→行动→目标（结果）主要是由信息驱动的。前提条件主要由以设计文件为载体的工程信息组成，工程建设过程中的人力、物力及资金的配置，以及进度质量投资控制都必须依据相关设计提供的数据和要求展开；工程建设过程中的管理（指挥和控制）必须基于工程的进度信息、质量信息、安全信息或环境信息，以及施工活动信息。图 3 为基于 BIM 技术水利水电工程全生命周期管理框架图。

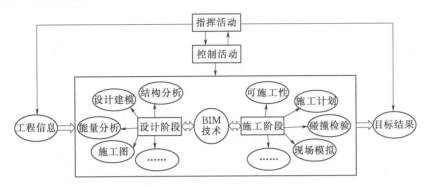

图 3　基于 BIM 技术水利水电工程全生命周期管理框架图

3.3　基于 BIM 技术全生命周期管理系统功能

　　基于 BIM 技术的全生命周期管理系统必须全面集成以设计文件为载体的要求目标类信息以及工程施工过程信息、工程投产后的运行信息，为工程建设的安全、质量、进度及投资管理与决策提供强大支撑功能（图 4）。

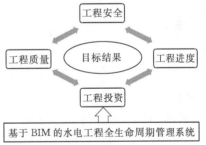

图 4　基于 BIM 的水电工程全生命
周期管理系统功能图

3.3.1　工程安全管理

　　全生命周期管理能够成为工程安全管理有效手段。对于传统管理手段，工程建筑物及机械电气设备几乎等同"黑箱"，在外界环境作用下的状态几乎不能观测，因此不可能排除潜在的事故、故障风险。采用全生命周期管理，通过布设物联网传感器实时采集工程建筑物、工程区环境及机械电气设备运行状态数据，如：坝体的应力、沉降、位移，厂房的振动，库岸边坡稳定，机械电气设备的应力应变、振动等数据，对异常数据进行及时报警等，把"黑箱"变成可透视观测的"白箱"，异常现象产生的部位和原因很容易发现，为防止发生安全事故创造了必要条件，使快速排除事故和故障成为可能。结合水情测报系统、库岸观测系统的集成应用，全生命周期管理必将成为确保安全施工、安全运行的必要保障。

3.3.2　工程质量管理

　　工程开发建设的最终质量取决于设计质量及施工质量。由于三维 BIM 模型中的设计对象在的几何形状及属性，包括通过模拟仿真分析后的运行状态均十分逼近物理原型。在工程三维 BIM 模型中完成模拟仿真分析，错、漏、碰、撞检查，设计产品可以做到零差错，可在很大程度上消除施工返工。施工质量靠施工工艺保证，利用施工现场物联网监控施工过程，实时采集、监测施工设备运行、工艺实施、安装进度、施工进度等信息，能够准确及时地反映工程施工的过程质量，为实现施工质量目标、施工质量管理提供全面真实的依据。因此，全生命周期管理是实现工程质量控制的本质手段。

3.3.3 工程进度管理

三维 BIM 模型为工程参建各方提供了全面、准确的工程整体信息，并且很容易识别和获取。为施工组织规划，施工协同及控制提供了必要条件。

3.3.4 工程投资管理

全生命周期管理系统中的 BIM 是一个包含丰富数据，具有面向对象、智能化和参数化的特点。

（1）通过建立 BIM 模型，工程基础数据（如工程量）、价格数据可以实现准确、透明及共享，能够实现短周期、全过程对资金风险以及盈利目标的控制。

（2）能够对投标书、进度审核预算书、结算书进行统一管理，并对成本测算、招投标、签证管理、支付等全过程造价进行管理。

（3）基于 BIM 的自动化算量方法能够保证各项目的数据动态调整，方便追溯各个项目的现金流和资金状况。

（4）可以更好地应对设计变更。BIM 软件与成本计算软件的集成将成本与空间数据进行了一致关联，自动检测哪些内容发生变更，直观地显示变更结果，并将结果反馈给设计人员，使他们能清楚地了解设计方案的变化对成本的影响。

4 结语

基于 BIM 的水电全生命周期管理，可使整个工程建设项目在规划设计、工程建设和运行管理阶段都能有效地实现制定资源计划、控制资金风险、节省能源、节约成本及提高效率。应用 BIM 技术，高效地提供协同管理、资源共享，能有效提高工程建设项目全生命周期各参建方的协同性，集成优势技术，整合优势资源，实现工程建设精细化管理，保证产品的质量，能改变传统的项目管理理念，引领信息技术走向更高层次，从而提高建设项目管理的集成化程度，提升企业的价值创造能力和发展质量效益。

参考文献

[1] 武永峰，袁明慧. BIM 技术在设计施工一体化建设中应用研究 [J]. 价值工程，2014，33（32）：137 - 139.

[2] 张宗亮. HydroBIM -水电工程设计施工一体化 [M]. 北京：中国水利水电出版社，2016.

[3] 李永奎，乐云，何清华. BLM 集成模型研究 [J]. 山东建筑大学学报，2006，(6)：544 - 548，552.

[4] 杜成波. 水利水电工程信息模型研究及应用 [D]. 天津：天津大学，2014.

[5] 何罗. BIM - BLM 技术发展及其应用研究 [J]. 科技视界，2016，(16)：155，173.

[6] 李永奎. 建设工程生命周期信息管理（BLM）的理论与实现方法研究 [D]. 上海：同济大学，2007.

[7] 陈志鹏. BIM 技术在建筑工程管理中的应用 [J]. 住宅与房地产，2017，(26)：122 - 124.

IPD 模式下基于 BIM 技术的水电工程项目管理研究

周 争[1,2]，曹登荣[1]，严 磊[1]

(1. 中国电建集团昆明勘测设计研究院有限公司，昆明 650000；

2. 河海大学，南京 210000)

摘 要：水电工程具有规模大、周期长、参与方众多、复杂程度高等特点，传统的项目交付模式由于各参与方相互割裂、信息交流不畅等原因引发的问题越来越多。IPD 模式可以在业主、设计方、承包商和其他参与方之间建立一种合作关系，使各方利益趋于一致，具有很好的应用价值。经过对 BIM 和 IPD 的各自特征研究比较可以发现二者具有很好的相互依存、共同促进作用。文章结合水电工程的特点，从合同关系和框架设计两方面构建了基于 BIM 技术的 IPD 模式在水电工程中应用框架，对 IPD 模式在水电工程的应用进行了初步探索，具有较好的借鉴意义。

关键词：IPD；BIM 技术；交付模式；水电工程

1 引言

在水电工程建设中，项目的规模越来越大，复杂程度越来越高，加上参与方较多，使得投资或成本控制、进度控制、质量控制、信息管理、组织与协调等难度增大，存在的问题也越来越突出，因此，迫切需要符合我国国情的水电工程项目的管理模式，使之更科学，更加符合市场发展需求。

对于传统项目交付模式如 DB、DBB、CM 等，在项目前期，各专业设计师之间信息交互较少，在施工阶段，各参与方之间协作较少，且主要关注各自企业的利益，而这些都限制了项目管理水平的提升。集成项目交付（integrated project delivery，IPD）作为一种崭新的建设项目交付模式，倡导项目主要参与方在项目早期成立 IPD 团队，进行协同决策、项目目标共同确定、协同设计、风险分担、利益共享、信息充分交互等。目前，IPD 工程项目交付模式已经在美国、澳大利亚和英国等发达国家得到应用，并趋于成熟。然而，IPD 在我国水电工程还没有实际应用的案例，为了最大程度发挥 IPD 模式在水电项目中的应用价值，需要利用充分 BIM 作为技术支撑，利用 BIM 技术来推动 IPD 模式的发展，利用 IPD 模式来促进 BIM 技术的应用，实现基于 BIM 的 IPD 协同管理模式，进而实现项目全生命周期管理水平的进一步提升。本文将通过结合我国水电工程特点，研究基于 BIM 技术的 IPD 模式在水电工程项目管理模式的框架构建，来实现优化项目结果、提高

作者简介：周争，女，1991 年 8 月生，硕士研究生，研究方向：水工结构，18705161867@163.com。

效率、节约成本。

2 IPD 概念

IPD 是集成项目交付的简写。它是一套领先的、成熟的管理思维、模型和产品开发方法，它的起源是 20 世纪 80 年代出现在美国的速度（产品和周期卓越）理论[1]。

美国建筑师协会（AIA）在 2007 年发布的《Integrated Project Delivery：A Guide》中，明确提出了 IPD 的概念，即一种将人、各系统、商业架构和实践活动集成为一种流程的项目交付模式，在这种方式下，项目参与各方能够在项目全生命周期内，包括设计、制造、施工等阶段，充分利用自身的技能与知识，通过合作使得项目期间的工作效率提升，为业主创造价值，减少浪费，获得最优的项目结果。IPD 原则可以应用于各种合同协议，而 IPD 团队可以将成员包括在所有者、主要设计者和承包商的基本三元组之外。在所有情况下，集成项目的独特之处在于其所有者、主设计人员和承包商之间的高效协作，开始于早期设计，并持续到项目交接[2]。

3 传统交付模式与 IPD 模式的区别

随着时间的发展，DBB、CM、DB、EPC、PPP、IPD 等各种交付模式随着出现，各交付模式的合同模式、特征、优势及存在问题见表 1[3]。

表 1 各交付模式对比分析

交付模式	特 征	优 势	存在问题
DBB （平行发包模式）	工程项目按照设计—招标—施工的线性顺序方式进行，各个阶段没有重叠	管理理念成熟；各阶段依次单独投标的市场优势；标准合同文件	管理费较高；各参与方隔离、缺少沟通；效率低，工期长
CM （施工管理承包模式）	在设计过程中，CM 被提前聘用，以交付早期的成本承诺，并管理进度、成本、施工和建筑技术的问题	设计与施工充分搭接，有利于缩短建设周期；有利于工程施工质量的提高；CM 单位设计可以向业主提出合理化建议	CM 模式一般采用"成本加酬金"合同，对合同范本要求比较高；对 CM 经理要求高
DB （设计-建造模式）	业主和设计-建造方采用单一的合同的管理方法	设计与施工由一方负责，可以减低成本、缩短工期以及提高质量	总承包商的项目利益与业主项目目标有出入，责任具有单一性
EPC （工程总承包模式）	总承包人在建设工程项目建设中较大的工作自由；总承包人是 EPC 总承包项目的第一责任人	设计在项目建设过程中占主导地位；承包商发挥空间大；有利于各阶段工作衔接；质量责任主体明确	承包商承担风险大；业主不能完全对项目建设全过程控制
PPP （公私合作模式）	公共部门与私人部门为提供公共产品或服务而建立的各种合作，是一种"双赢"或"多赢"现代融资模式	促进了投资主体的多元化；风险分配合理；发挥政府公共机构和民营机构各自的优势	组织协调难度大；风险分担不均
IPD （集成交付模式）	主要参与者提前参与到项目中，各参与方目标统一、共同决策、相互尊重和信任、风险共同承担	各参与方协同工作；提高工程质量；缩短工期；节约成本	需要平台支持，对合同要求高

通过对比分析可知：交付模式发展趋势是有利于信息协调、加强项目管理、节约成本等方向发展，EPC 项目在信息管理方面已经接近 IPD 交付模式了，但还存在种种弊端，如风险分配不均、业主不能完全对项目建设全过程控制等问题。PPP 项目中对应的特许经营类项目需要私人参与部分或全部投资，并通过一定的合作机制与公共部门分担项目风险、共享项目收益，这种理念和 IPD 模式的风险分担和利益共享是不谋而合的，但是特许经营类项目能否成功在很大程度上取决于政府相关部门的管理水平，存在着管理协调难度大等问题，IPD 模式是通过继承前几种交付模式的优势，解决前几种模式中存在的问题而形成的一种先进的交付模式。

4 BIM 技术与 IPD 模式的交互作用

4.1 BIM 技术的特征

BIM 技术的特点是贯穿项目的全生命周期的，包括项目策划阶段 BIM 应用、设计 BIM 应用、施工 BIM 应用、运维 BIM 应用等，主要是为了满足不同阶段设计交付的要求，使得 BIM 模型在不同时期都可发挥相应的价值。项目策划阶段 BIM，主要是选定 BIM 软件，基于 BIM 的标准单元库，确定方案后快速建模，进而实现以下几点：三维可视化，有助于业主确定建设目标；对模型进行性能分析，如日照、节能分析，可以给业主提供参考；快速工程量统计，可以为业主提供可靠的信息支撑。设计 BIM 阶段，通过三维设计平台，实现不同专业的交互和融合，提高设计效率和设计质量。施工 BIM 阶段，通过施工模拟和碰撞检测，减少返工和变更，有助于成本控制和进度控制。运维 BIM 阶段，业主通过项目全生命周期的数据，对其日常管理、维护等提供信息支撑，为业主提供方便的同时增加其收益。具体流程如图 1 所示。

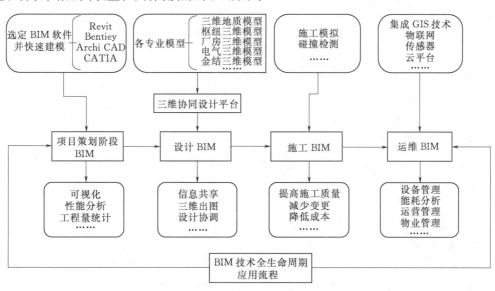

图 1　BIM 技术的全生命周期图

4.2 IPD 模式的特征

IPD 模式的典型特征为：项目参与方在全生命周期的协作与配合，多方合同关系，风险和利益共享，由项目团队合作进行项目决策，重要参与方提早介入项目，可以集思广益，充分利用各参与方的知识和信息，来提高效率，减少设计、施工等阶段的浪费，IPD 模式全生命周期主要涵盖概念规划阶段、初步设计阶段、详细设计阶段、施工阶段、项目交付阶段。具体流程如图 2 所示。

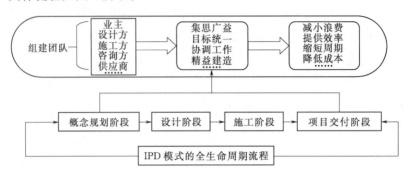

图 2　IPD 模式的全生命周期图

项目各参与方尽早地介入项目，彼此互尊互助，利用各个参与者的知识和技能来提升项目初期的决策能力，在设计阶段集成各参与方以提高设计效率、降低成本，项目管理团队中每个成员为了实现项目的目标和价值而行使自己的权利，实现互利共赢。

4.3　IPD 模式与 BIM 技术的交互作用

BIM 技术和 IPD 模式都是贯穿项目的全生命周期的，BIM 技术可以为 IPD 模式提供服务，同时，IPD 模式为 BIM 技术发展提供空间，二者互相融合，互相促进。

（1）BIM 技术为 IPD 模式提供服务。

1）设计方面。在设计阶段，通过 BIM 技术建立信息模型，可以用 2D、3D、2D 和 3D 联动的方式向各参与方展示设计成果，使 IPD 成员可以直观高效地交流，并结合相关专业知识，优化设计，减少设计变更；另外在 BIM 技术支撑的条件下，实现建筑产品与施工过程同步设计，多专业协调工作，消除因设计缺陷导致的施工障碍。

2）施工方面。使用 BIM 技术对 IPD 项目进行施工模拟、碰撞检测，可以发现施工过程中可能会出现的问题，对发现的问题进行修改、处理，将问题对工期和质量、效益的影响降到最低，进而加强成本控制，有利于项目的目标实现[4]。

3）组织文化。BIM 技术促使 IPD 团队协调工作更加便捷，基于 BIM 的 IPD 协调管理模式，使得项目任务分工明确，如 BIM 模型的建立、应用、维护，项目目标的定义与实际情况结合更紧密，项目各参与方交流与合作更方便。

4）信息服务。水电工程建设过程中，建设项目信息来自业主方、设计单位、施工单位、监理单位、生产厂商和供应商等不同参与方以及建筑、结构、施工、安装等不同专业。存在着信息源众多，管理难度大，BIM 技术能够为用户提供建筑项目相关多领域的开放数据存储交换标准，在此基础上 BIM 技术就可以为 IPD 提供数据存储交换服务，方便数据集成、信息交流，BIM 技术信息流转的高效性可提升 IPD 模式的运行效率，为 IPD 模式的成功提供了强有力的保障。

5）其他服务。BIM 模型能够帮助 IPD 实现项目收益共享和风险共担，在建设过程中，减少法律纠纷等等。

（2）IPD 模式为 BIM 技术的发展提供空间。传统交易模式中存在各参与方利益不一致、目标不尽相同、协调性差、风险相互转移等问题，阻碍 BIM 技术在项目中的应用，但在 IPD 模式中，各参与方利益共享、组成一致化目标团队、大家相互尊重和信任、协同创新、共同决策、风险共担，有利于发挥 BIM 技术的优势，为更好地利用 BIM 技术的各项功能创造环境。在项目的全生命周期里，不同阶段，BIM 模型是有差别的，但是随着项目的进展，如果变更和修改过多，则 BIM 模型可能重建，重复建模，则会造成不必要的投入，对于 IPD 模式，在项目前期组建团队，各参与方尽早地投入到项目中，提升了设计前期的工作成果，减少后期的变更，提高了建模效率。IPD 模式与 BIM 技术的交换作用如图 3 所示。

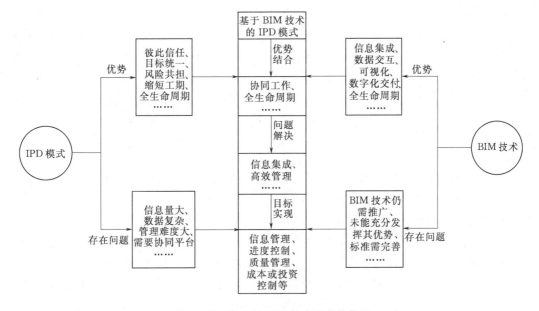

图 3 IPD 模式与 BIM 技术的交换作用

5 基于 BIM 技术的 IPD 模式在水电工程应用框架研究

5.1 合同关系

合同文件是 IPD 模式能正常运行的保障，IPD 的合同主要是由 AIA 和 CONSENSUS DOCS 所制作发布的，主要有三种形式的合同协议：初期过渡性的 IPD 合同、IPD 多方协议以及单一目的实体 IPD 合同。

初期过渡性的 IPD 合同属于过渡型合同，由业主与承包商、业主与设计方等签订两方合同关系，在这种合同模式下，业主需要处理较复杂的合同事务，各参与方需要通过协议展开合作，合同的整体性不强，且对各参与方制约力度不够，不利于开展合作，这种模式和传统的模式相差不是太大。

IPD 多方协议是由业主方、设计方、施工方等主要参与方签订一个多方协议，一些非主要的项目参与方，如非主要的分包商、咨询方等，则不包含在项目团队里。这种 IPD

多方协议的协同模式则仍以业主为核心地位，在设计院和总承包商之间建立长期战略合作关系，而在其他参与方之间可采用我国传统的《建设工程施工合同》，也可基于设计方和总承包方间构建小规模的 IPD 协议，通过这种多方协议，各参与方形成了比传统的项目交付模式更加紧密的关系，这种模式更适合与水电工程项目。

单一目的实体 IPD 合同是由项目参与方构建的一个团队（SPE），各参与方之间的关系不再是孤立的，而是拥有着一个共同目标的责任实体，团队之间的利益和责任将会捆绑在一起。这种模式对我国水电工程项目 IPD 的研究处于初探阶段，一些小的分包商和供应商在项目初期阶段也尚未介入到项目中。受传统模式的影响，存在团队意识不强等问题，根据我国 BIM 技术发展现状（标准不完善、模型深度不够、BIM 运用法律责任不明确等），SPE 合同目前不适合在我国水电行业进行应用[5]。

IPD 多方协议的合同内容主要包括以下几个方面：

（1）主要参与者的早期参与。在合同中定主要参与者的最早负责任的时刻，研究表明，在完成设计工作的 20％之前，高绩效的项目会让团队聚集在一起。关键的参与者是那些在项目成果中有重大利益或对项目成果有实质性影响的人，尽早参与与项目有很多有益的影响，具体表现为：在开始设计前，增加了整个知识库，提高了设计师对系统、设备、备选方案和成本的理解；能够获取更加丰富的信息和知识，增加观点的多样性，提高创造力；避免了将许多固有的返工设计信息传递给施工人员；将协调和可构建性应用到流程中，而不是在实现目标价值设计和消除价值工程之后应用。

（2）联合项目控制和决策制定。联合项目决策是创建虚拟组织的必要步骤，通过授权团队共同管理项目提高决策的准确性。联合项目决策也增加了项目的总体所有权，从而提高了承诺的水平，并公平承担利润、风险。

（3）基于项目成果的共享、风险回报。这是基于合同约定和限制变更之间的契约关系。通过将这两种属性放在可执行的协议中，使之变成了一种义务，而不是一种愿望。这正是区别 IPD 模式和其他交付模式的方式之一，例如合作伙伴关系，在实现行为改变的过程中可以放弃，因为它们不是合同规定的。

（4）共同发展验证目标。这是项目的一个可执行的"任务声明"，被用于确定项目的成果和补偿，使团队的行动与商定的目标保持一致，在达成目标的同时也会实现承诺。此外，他们提供通过验证检查项目的可行性。激进目标也会带来导致改变行为的压力，但由于所有项目成员都感到压力，因此共同开发新的、更有效的方法成为了共同的动力。项目目标应该是可见的，并且反复检查。在大多数 IPD 项目中，项目的目标和报告都是公开发布的，以加强团队承诺。

（5）降低风险、回报成员的责任。迫使参与者对项目负责，而不是试图责怪其他参与者、试图逃避问题的影响。但更重要的是，它消除了阻碍双方之间直接和持续沟通的障碍。由于提供者提供的信息不正确而遭受索赔，因此项目参与者（特别是设计专业人员）往往会担心向承包商提供不准确和不完整的信息，但是，建设者如果不了解设计师的位置就无法有效地规划；同样，建设者也会提供有关设计的建议，这可能会使他们陷入设计问题。但有效的团队依靠快速、直接和持续的沟通，通过降低风险、回报团队成员之间的责任，消除沟通中存在的种种焦虑，促进健康的团队合作。

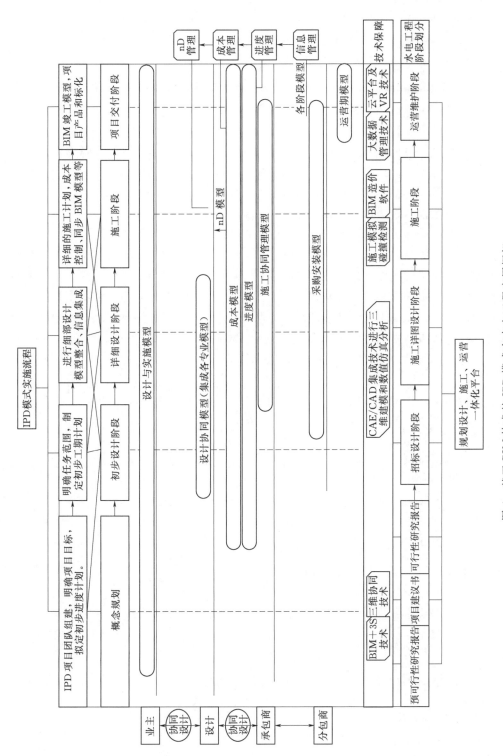

图 4　基于 BIM 技术的 IPD 模式在水电工程应用框架

注：图中的红线是指项目各参与方介入的时间段

以上提到的仅是 IPD 合同协议中必要的合同内容，在具体实施过程中，合同文件可参照 Consensus DOCS 301 BIM 应用合同、Consensus DOCS 300 合同文本[6]以及结合我国水电工程特点来制定。

5.2 框架设计

基于 BIM 技术的 IPD 模式管理框架，合同协议是基础，BIM 技术为 IPD 模式运行提供有效交流工具，BIM 技术与 IPD 模式的交互作用是框架设计的出发点，IPD 实施流程和内容是建设项目 IPD 模式的核心。

该框架是结合我国水电工程项目划分阶段（预可行性研究阶段、项目建议书、可行性研究、招标设计阶段、施工详图阶段、施工阶段、运行维护阶段）去研究的，整个过程的信息集成，是以 BIM＋技术为保障，BIM＋技术主要是指 BIM 软件、3S 技术、数值分析软件等，实现前期数据的获取、数据传递、信息集成、数据的处理的功能，基于 BIM 的规划设计、施工、运行一体化平台，IPD 项目成员可以交叉的参与到项目的各阶段中，例如施工方可以尽早地介入水电项目的设计阶段，可以共同协商设计是否满足施工工艺和施工流程的要求，加强设计方和施工方的交流，进而减少后期的变更，提高项目质量，并且 IPD 项目各参与方在不同阶段介入，并利用不同阶段的 BIM 模型数据，如设计与实施模型、设计协同模型、施工协同管理模型、运营期模型、进度模型、成本模型等模型，来发挥 BIM 模型在不同时期的价值。框架如图 4 所示。

6 结语

本文通过传统的交付模式和 IPD 模式对比分析，来突出 IPD 模式的优势，即各参与方早期介入、目标统一、共同决策、相互尊重和信任、风险共同承担、提高工程质量、缩短工期等。鉴于 IPD 模式尚未在水电工程中应用，本文结合我国水电工程特点，来研究基于 BIM 技术的 IPD 模式在水电工程应用框架，为 IPD 模式在水电工程应用研究提供参考。

参考文献

[1] AIA. Integrated Project Delivery：A guide [R]. California：ATA，2007.

[2] Furst, Peter G. Constructing integrated project delivery [J]. Industrial Management，2010，52 (4).

[3] 滕佳颖，吴贤国，翟海周，等. 基于 BIM 和多方合同的 IPD 协同管理框架 [J]. 土木工程与管理学报，2013（2）：80 - 84.

[4] 王禹杰，侯亚玮. BIM 在建设项目 IPD 管理模式中的应用研究 [J]. 建筑经济，2015（9）：52 - 55.

[5] 殷小非. 基于 BIM 和 IPD 协同管理模式的建设工程造价管理研究 [D]. 大连：大连理工大学，2015.

[6] CONSENSUSDOCS 300 standard from of tripapty agreement for collaborative project delivery [S]. 2009.

中国水利水电 BIM 标准体系框架初探

严　磊[1]，郑慧娟[1,2]，曾　悦[1,2]

(1. 中国电建集团昆明勘测设计研究院有限公司，昆明　650000；

2. 河海大学，南京　210000)

摘　要：BIM 起源于建筑行业，建筑行业和铁路行业是我国先行使用 BIM 技术的行业，BIM 标准编制也走在工程建设其他行业的前面，现在我国还没有水利水电工程行业的 BIM 标准。本文通过研究国内 BIM 标准体系框架、水利行业和水电行业技术标准体系，以及国内工程行业技术标准体系，结合水利水电行业的需求及工程特点，提出了采用分层结构的水利水电 BIM 标准体系：第一层为用于指导水利水电工程全生命周期各阶段 BIM 技术应用的通用及基础标准；第二层为根据水利水电工程全生命周期不同时序阶段展开的专业应用标准。

关键词：BIM 标准；水利水电工程；体系；分层结构

1　引言

BIM 是建筑信息模型（building information modeling）的英文简称，最初由建筑行业提出，后逐渐拓展到整个工程建设行业。BIM 以三维数字技术为基础，集成了工程项目各种相关信息，最终形成工程数据模型，是对工程项目设施实体与功能特性的数字化表达。

BIM 起源于美国，并得到了北美、欧洲、澳洲、亚洲等发达国家的广泛认同和采用，以及政府和相关行业的大力支持。我国建筑行业 BIM 技术研究及应用起步较早，加之国家政策引导坚强有力，BIM 技术应用已在建筑行业广泛开展，建筑 BIM 标准编制亦取得显著成效，且随着建筑行业 BIM 技术应用向深度和广度的不断延伸，建筑行业 BIM 标准体系也在不断地完善。

同建筑行业相比，水利水电行业 BIM 技术应用起步较晚，技术方法还在探索中，应用经验也还不足够，未能形成 BIM 行业标准或团体标准，不利于 BIM 技术在水利水电行业的全面推广应用。建筑行业 BIM 标准基本上是面向工业与民用建筑的，不能照搬用于水利水电行业。因此，参考借鉴国内外有关行业 BIM 标准，结合水利水电行业需求和工程特点，构建水利水电 BIM 标准体系框架，做好水利水电 BIM 标准顶层设计，以便在水利水电工程行业大范围开展 BIM 技术应用时，统一指导、规范应用是十分必要和重要的。

作者简介：严磊，男，1982 年出生，河北藁城人，博士，高级工程师，主要从事水利水电工程安全风险评估与全生命周期 BIM 应用研究，20133412@qq.com。

2 国内 BIM 标准编制情况

在国家 BIM 政策文件的引导下，为了更好地推动 BIM 技术应用发展，规范 BIM 技术应用行为，国家有关部委、地方政府及社会团体研究制订了 BIM 标准编制计划，截至目前，已有三项国家 BIM 标准、十多项地方 BIM 标准及多项团体 BIM 标准发布。

根据国务院《深化标准化工作改革方案》（国发〔2015〕13 号），标准分为五个层面：从政府主导层面有：国家标准、行业标准、地方标准；从市场自制层面有：团体标准、企业标准，下面将从国家标准、行业标准、地方标准和团体标准层面介绍国内 BIM 标准编制情况。

2.1 中国建筑信息模型标准框架

清华大学 BIM 课题组研究提出的中国建筑信息模型标准框架（CBIMS），如图 1 所示，主要是从信息化的角度，从理论层面论述 BIM 标准体系的框架和方法论。该标准框架的理论和方法与 NBIMS 标准类似，针对目标用户群将标准分为两类：一是面向 BIM 软件开发提出的 CBIMS 技术标准，二是面向建筑工程施工从业者提出的 CBIMS 实施标准。CBIMS 标准框架可以作为我国国家和行业 BIM 标准编制的理论基础。

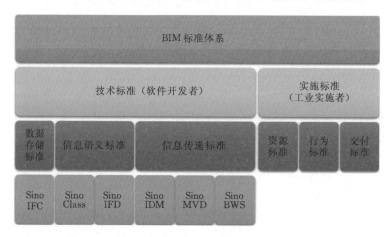

图 1 中国 BIM 标准体系框架

2.2 国家 BIM 标准

国家 BIM 标准为住房和城乡建设部主持编写的建筑领域国家 BIM 标准，研究思路参照借鉴国际 BIM 标准的同时兼顾国内建筑规范规定和建设管理流程要求。住房和城乡建设部印发《关于印发 2012 年工程建设标准规范制定修订计划的通知》（建标〔2012〕5 号）及《关于印发 2013 年工程建设标准规范制定修订计划的通知》（建标〔2013〕6 号），共将 6 项标准列为国家标准制定项目。

《建筑信息模型应用统一标准》（GB/T 51212—2016）于 2016 年 12 月发布，自 2017 年 7 月 1 日起实施；《建筑信息模型施工应用标准》（GB/T 51235—2017）于 2017 年 5 月发布，自 2018 年 1 月 1 日起实施；《建筑工程设计信息模型分类和编码标准》（GB/T 51269—2017）于 2017 年 10 月 25 日发布，自 2018 年 5 月 1 日起实施。其余 4 部正在编制中，《建筑工程设计信息模型交付标准》（送审稿）于 2017 年 2 月通过审查；《制造工业工程设计信息模型应用标准》（送审稿）于 2017 年 4 月通过审查；《建筑工程信息模型存储标准》仍在编制。

2.3 行业 BIM 标准

目前在编的 BIM 行业标准主要有：工程建设行业 BIM 标准、能源领域行业 BIM 标准。2014 年 12 月住房和城乡建设部印发了《关于印发 2015 年工程建设标准规范制定、修订计划的通知》（建标〔2015〕189 号），将《建筑工程设计信息模型制图标准》列为行业标准制定项目，该标准的征求意见稿已于 2017 年 5 月发布；2015 年 7 月国家能源局印发《关于下达 2015 年能源领域行业标准制（修）订计划的通知》（国能科技〔2015〕283号），将《水电工程设计信息模型数据描述规程》《水电工程设计信息模型分类与编码规程》《水电工程设计信息模型数据交付规程》列为行业标准制定项目。

2.4 地方 BIM 标准

地方 BIM 标准主要是在国家相关 BIM 标准基础上，针对地方工程建设项目的特点，建立统一的、开放的、可操作的 BIM 应用技术标准，更好地发挥在项目中 BIM 技术应用的社会价值和经济价值，切实提高地方 BIM 应用能力建设，整体提升建筑业生产效率，实现建筑业与环境协调可持续发展。在国家和地方 BIM 政策的推动下，北京、上海、广东等近二十个省、自治区、直辖市及特别行政区出台了 BIM 地方标准。

北京市《民用建筑信息模型（BIM）设计数据标准》（DB11/T 1069—2014），《上海市建筑信息模型应用标准》（DG/T J08 - 2201—2016），《天津市民用建筑信息模型（BIM）设计技术导则》，深圳市《BIM 实施管理标准（2015 版）》（SZGWS 2015 - BIM - 01），《江苏省民用建筑信息模型设计应用标准》（DGJ32/T J210—2016），河北省《建筑信息模型应用统一标准》〔DB13（J）/T 213—2016〕，《四川省建筑工程设计信息模型交付标准》（DBJ51/T 047—2015），广西壮族自治区《建筑工程建筑信息模型施工应用标准》（DBJ/T 45 - 038—2017），《浙江省建筑信息模型（BIM）技术应用导则》等。

2.5 团体 BIM 标准

国内已发布 BIM 标准的团体或协会共 6 个：中国工程建设标准化协会、中国铁路BIM 联盟、中国安装协会、中国勘察设计协会、中国建筑装饰协会和中国土木工程学会。下面将介绍发布标准较多的两个团体标准：P - BIM 标准和中国铁路 BIM 标准。

2.5.1 P - BIM 标准

中国 BIM 需要建立适合自己的 BIM 实施模式，即 P - BIM 模式。根据不同的建筑行业建立不同的 BIM 实施模式，对各行业项目进行不同的项目分解，针对不同行业项目、子项目的任务制订专门的信息创建与交换标准，为各个专业承包商与从业者开发帮助他们完成工作业务的专业软件与协调软件，创建符合每个工作任务需要的子模型，并将虚拟模型与现场实建实体模型进行对比分析，指导现场。

中国 BIM 标委会分别于 2013 年、2016 年和 2017 年共启动了 36 部 P - BIM 标准的编制工作，其中有 13 部标准已于 2017 年 6 月发布。

P - BIM 已经形成了较为完善的标准体系，其标准体系框架如图 2 所示，该系列标准是基于专业应用软件与 BIM 技术结合产生的，完全符合中国特色工程管理，具有广泛实用基础，其推广应用无需政府（过多的）变革现行管理办法。P-BIM 以应用为王的实施战略推动中国 BIM 技术发展，P-BIM 技术的开发、实施、推广必将提升行业技术进步，推动政府管理进步，引领企业技术改造。

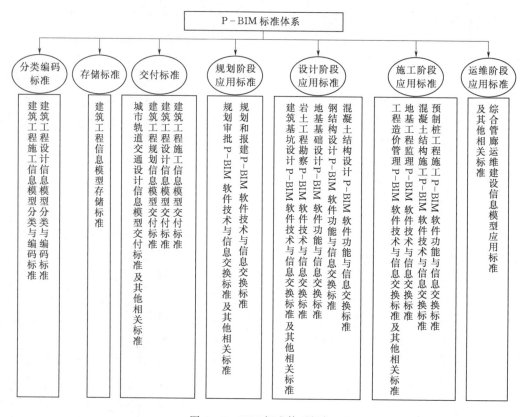

图 2   P-BIM 标准体系框架

2.5.2   中国铁路 BIM 标准

随着高速铁路建设推进和"一带一路"倡议的实施，中国铁路战略空间的迅速扩张对中国铁路的设计、施工、建设、运维能力提出了更严峻的挑战。中国铁路总公司以服务国家战略、推动行业技术进步为宗旨，积极推进 BIM 技术在铁路工程设计、建设、运营全生命周期的应用。

经过三年多的努力，铁路 BIM 联盟在标准研究与应用推广等方面成果丰硕：编制发布了《铁路工程实体结构分解指南》（1.0 版）、《铁路工程信息模型分类和编码标准》（1.0 版）、《铁路工程信息模型数据存储标准》（1.0 版）、《铁路四电工程信息模型数据存储标准》（1.0 版）4 项 BIM 标准；编制完成《铁路工程信息模型交付精度标准》（征求意见稿）；正在编制《铁路工程 BIM 制图标准》《铁路工程 GIS 交付标准》等标准。为贯彻国家"一带一路"倡议和标准"走出去"战略，铁路 BIM 联盟注重与国际接轨，已被国际 BIM 联盟 buildingSMART 吸收接纳为成员，在铁路 BIM 标准制定方面所做的工作获得国际认可。

2.6 国内 BIM 标准体系分析

根据对国内 BIM 标准的调查研究，发现国内 BIM 标准体系大致可分为两大类：

第一类是以 CBIMS、NBIMS 标准体系为代表的，侧重信息技术的 BIM 标准体系。标准体系包括技术标准和实施标准两大部分。技术标准分为数据存储标准、分类编码体系和数据字典、信息传递标准、信息模型知识产权，其主要目标是为了实现水利水电建设项目全生命周期内不同参与方与异构信息系统间的互操作性，用于指导和规范水利水电 BIM 软件开发，主要面向 IT 工具。实施标准主要是从资源、行为、交付物三方面指导和规范水利水电行业规划、设计、施工、建设管理、运营企业实施 BIM 标准。

第二类是以 P‐BIM 标准体系为代表的，侧重 BIM 技术专业应用的 BIM 标准体系。标准体系按照各专业建筑对象的全生命周期各阶段进行划分，全生命周期的阶段划分为：规划阶段、设计阶段、施工阶段、运维阶段；各专业对象分为：混凝土结构、钢结构、地基基础等。

通过对 P‐BIM 标准的学习，并对 P‐BIM 标准进行整理，得到标准体系如图 2 所示。

3 中国水利水电 BIM 标准体系编制思路

本章将重点介绍深化改革中的国家标准体系、水利技术标准体系和水电技术标准体系，通过对国家和行业标准体系架构的分析和对专业技术标准的梳理，结合 BIM 技术功能和价值，为水利水电 BIM 标准体系框架的编制提供重要参考。

3.1 国家标准体系

按照《住房城乡建设部关于印发深化工程建设标准化工作改革意见的通知》（建标〔2016〕166 号）等有关要求，国家工程建设强制性标准体系如图 3 所示。不同行业工程建设强制性标准分为项目建设类技术规范和通用技术类技术规范。项目建设类技术规范以工程项目为对象，以总量规模、规划布局，以及项目功能、性能和关键技术措施为主要内容。通用技术类技术规范以技术专业为对象，以规划、勘察、设计、施工、运维、退役等通用技术要求为主要内容。

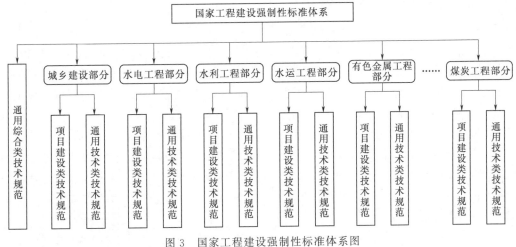

图 3　国家工程建设强制性标准体系图

3.2 水利技术标准体系

水利技术标准以水利科学技术和实践经验的综合成果为基础，以在水利行业范围内获得最佳秩序、促进最佳社会效益为目的，规定了水利工程或产品、过程或服务应满足的技术要求，规定了水利技术装备的设计、制造、安装、维修或使用的操作方法。水利技术标准体系是水利行业内的标准按其内在联系形成的科学有机整体，具有结构性、协调性、整体性和目的性的特征，以水利技术标准体系表的形式表示。截至目前，水利部已分别于1988 年、1994 年、2001 年、2008 年和 2014 年发布了 5 版体系表，为水利标准化工作提供了规划依据和项目指南，为水利发展提供了全面的标准依据和技术支撑。

2014 年版《水利技术标准体系表》框架结构由专业门类、功能序列构成。

3.3 水电技术标准体系

水电技术标准体系是按照水电工程全生命周期的理念，建立的水电行业技术标准体系框架，形成标准体系表，为水电工程建设和运行管理提供技术保障和支持，为水电行业的建设和政府管理提供技术支撑和监管依据。为今后水电行业技术标准的制定、修订和管理提供体系原则、依据和支持，促进水电行业技术标准的科学发展。

体系表覆盖水电工程全生命周期涉及的整个系统和各种技术标准。体系表分类科学、层次清晰、结构合理，并具有一定的可分解性和可扩展空间。体系表内各项标准，按内容划分清楚，相互协调、统一，便于管理。体系表内的子体系或类别，按工程阶段、专业或建筑物、设备种类等标准化活动性质的同一性划分。

3.4 中国水利水电 BIM 标准体系编制依据

通过对国家标准体系、水利技术标准体系和水电技术标准体系进行深入研究，得出以下两个结论：

（1）应该着重考虑水利水电行业的专业门类的特殊性，充分考虑水利行业、水电行业专业设置的差异性。

（2）应该充分覆盖水利水电工程全生命周期涉及的所有标准，并避免重复。

4 中国水利水电 BIM 标准体系

4.1 中国水利水电 BIM 标准体系框架结构

从一定范围内的若干个标准中，提取共性特征并制定成共性标准，然后将此共性标准安排在标准体系内的被提取的若干个标准之上，这种提取出来的共性标准构成标准体系中的一个层次。将基础标准安排在较高层次上，即扩大其通用范围以利于一定范围内的统一，因此形成第一层次的通用及基础标准。

中国水利水电 BIM 标准体系的层次设置主要参考了国家相关标准、相关行业标准体系。如《标准体系表编制原则和要求》《企业标准体系表编制指南》、工程建设标准体系（城乡规划、城镇建设、房屋建筑部分）、工程建设标准体系（电力工程部分）和水电行业技术标准体系表等，以上标准体系均采用分层结构，所分的层次不尽相同，但标准体系第一层均为基础标准（图 4）。

（1）第一层为"T 通用及基础标准"，是指导整个水利水电工程全生命周期各阶段

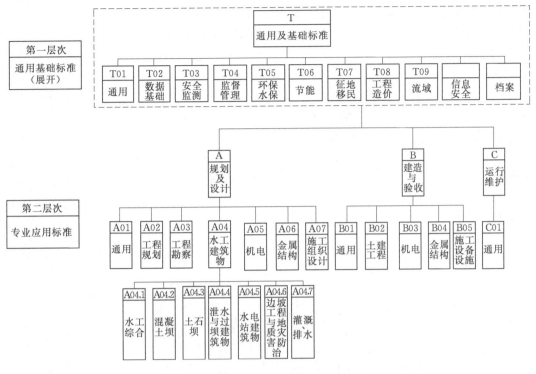

图 4 中国水利水电 BIM 标准体系框架图

BIM 技术应用的通用性、基础性技术标准，具有广泛的指导性。包括 9 个分支："T01 通用""T02 数据基础""T03 安全监测""T04 监督管理""T05 环保水保""T06 节能""T07 征地移民""T08 工程造价"和"T09 流域"。

（2）第二层为专业应用标准，是按水利水电工程全生命周期不同时序阶段展开的 BIM 应用标准，根据水利水电行业的实际情况，结合 BIM 应用需求，分为"A 规划及设计""B 建造与验收""C 运行维护"3 个阶段。每个阶段的通用标准是本阶段应普遍遵守的技术标准。除阶段通用技术标准外还包括若干专业分支，具体设置如下：

1）"A 规划及设计"包括 7 个专业分支："A01 通用""A02 工程规划""A03 工程勘察""A04 水工建筑物""A05 机电""A06 金属结构"和"A07 施工组织设计"。

2）"B 建造与验收"包括 5 个专业分支："B01 通用""B02 土建工程""B03 机电""B04 金属结构"和"B05 施工设备设施"。

3）"C 运行维护"包括 2 个专业分支："C01 通用"和"C02 项目类"。

4.2 代表性标准主要适用范围及技术内容

4.2.1 通用及基础标准——《水利水电工程信息模型分类和编码标准》

《水利水电工程信息模型分类和编码标准》适用于水利水电工程全生命期内规划、设计、建设及运营等多个阶段。该标准涵盖的专业领域包括工程地质、水工建筑物、金属结构、水机、电气施工辅助设施等水利水电工程主要专业。标准的主要内容包括分类编码体系和数据字典两部分，其中分类和编码标准规定水利水电工程分类和编码的基本方法，并给出编码结构类目及其应用规则，以适用于水利水电工程全生命周期过程中所涉及的各种建筑物产品信息的管理与交流。

4.2.2 通用及基础标准——《水利水电工程信息模型实施管理标准》

《水利水电工程信息模型实施管理标准》适用于水利水电工程全生命周期阶段工程职责、流程、协同等方面的管理工作。标准内容主要包括标准对水利水电工程项目 BIM 管理流程、BIM 项目管理主要工作内容、各参与方能力要求和工作职责、项目管理规定以及对各参与方协同工作等做出规定。

4.2.3 专业应用标准——《水利水电工程设计信息模型交付标准》

《水利水电工程设计信息模型交付标准》适用于新建、改建、扩建的水利水电工程项目在设计阶段信息模型交付的相关工作。标准的主要内容包括有关过程的相关规定、各参与方需要交付的信息内容、各参与方可以获得的信息内容。信息模型的交付标准定义主要成果节点的信息模型几何信息和非几何信息的精度要求。

5 结语

(1)《标准体系》适用于水利水电 BIM 标准的编制与管理工作，不仅广泛传递了 BIM 标准信息，而且作为水利水电 BIM 标准制定、修订中长期规划与年度计划以及在生产、经营、管理中实施 BIM 标准的主要依据，是促进行业单位积极规范 BIM 技术应用的重要措施，将对水利水电行业 BIM 标准建设起到有力的推动作用。

(2)目前，水利水电行业的 BIM 技术应用只停留在各企业和项目的自发层面，并未形成统一的目标和路径，迫切需要行政主管机构出台引领水利水电行业 BIM 应用发展的政策引导文件，加强顶层设计，进一步推进和规范 BIM 技术在水利水电行业的推广应用。

BIM 技术在武汉帝斯曼国际中心深基坑工程的应用

陈仁全[1]，杜　宗[2]，周国安[1]，夏红莹[3]，杜华彬[2]

[1. 中南勘察设计院（湖北）有限责任公司，武汉　430071；

2. 中建三局第一建设工程有限责任公司，武汉　430040；

3. 中南建筑设计院股份有限公司，武汉　430071]

摘　要： 建筑信息模型（building information modeling，BIM）技术在我国建筑施工中应用已有十余年，最近几年在基坑工程中率先应用于上海等地标志性工程，而后中部地区的武汉市在绿地中心、帝斯曼国际中心等项目开始应用。深基坑施工面对环境因素复杂、施工条件多变、施工进度等压力，采用 BIM 技术可以更直观和精确预知施工可行性和风险性。在帝斯曼国际中心深基坑工程项目中，通过 Revit 软件构建各类"族"文件，建立基坑支护体系三维模型，优化现场施工临时设施布置；并基于 BIM 模型，对复杂施工过程进行演示模拟，对预制构件进行虚拟制作等。此外，对基坑支护构件与地下室剪力墙等部位之间碰撞检查，及早进行变更设计和提出施工处理措施。在以上基础上，采用无人机等其他信息化技术进行实际施工进度数据采集，对比分析施工进度。

关键词： BIM 技术；深基坑；三维建模；碰撞检查；无人机技术

1　引言

BIM 技术是基于三维建筑模型的信息集成和管理技术，包括了建筑设施的物理属性和功能特性，并覆盖建筑全生命周期[1]。Ding 等曾采用 4D‒BIM 模型结合可能发生危险的因素和影响内容，计算出相应的风险度去判断基坑安全风险程度大小[2]。吴清平等采用 BIM 技术将上海 SOHO 天山广场建立起深基坑支护结构三维模型，生成漫游动画，对具体施工部位与管理作出预测与指导，结合 Navisworks 软件模拟地下工程的虚拟施工过程[3]。在武汉地区深基坑工程施工中，最早由慕冬冬等采用 Revit 软件等对武汉绿地中心缓冲区域深基坑进行结构碰撞检查、施工过程模拟及节点深化设计[4]。

目前，BIM 技术在国内深基坑工程的应用已逐步发展起来，武汉帝斯曼国际中心深基坑工程作为中部地区房屋建筑领域超深基坑，其开展的 BIM 技术实践对本地区深基坑施工有一定借鉴意义。

作者简介：陈仁全，男，1987 年 8 月出生，工程师，硕士，从事边坡工程勘察设计和城市管网小型盾构施工技术推广工作，314809035@qq.com。

2 深基坑工程项目概况

武汉帝斯曼国际中心深基坑工程项目位于武汉市武昌区武珞路与中南路交叉路口，项目由 3 栋超高层建筑、1 栋裙房及地下室组成，分别是 1 号楼 42 层超高层公寓住宅楼（高 156.40m），2 号楼 47 层超高层还建住宅楼（高 172.00m），3 号楼 34 层超高层办公楼（高 200.00m）和 4 号楼 7 层商业步行街（高 38.810m）及 5 层地下室（净高 20.60m）。为满足结构施工要求，裙楼开挖深度为 22.25m，塔楼底开挖深度为 22.95~23.65m，坑中坑落深为 4.55~4.65m，从地面起开挖最深达 28.20m。基坑开挖总面积约为 18800m²，围护结构周长约 635m，基坑开挖占到整个建筑红线内面积 88%。项目基坑总体支护型式为 1 圈排桩（外侧 1 排高压旋喷桩止水帷幕）＋1 层栈桥梁板＋2 道内支撑梁联合支护型式（图 1），施工顺序为顺作法。

3 深基坑工程 BIM 三维模型建立

3.1 BIM 模型构建工作思路说明

深基坑工程包含有复杂的围护桩、内支撑体系和地面临时设施等构件，也包括了桩基施工、土方开挖等施工过程。加之项目工程规模较大，常规的单人单机建模难以实现 BIM 三维模型相对精细化搭建。因而，建模前先进行建模总体策划和明确各阶段的建模目标。目标功能还决定了建模软件和建模方法，在模型构建前要确定目标功能，如施工模拟、模型算量、碰撞检查等功能。根据建模目标大小确定模型精细程度，如构件划分和构件细部。为了便于模拟施工过程，深基坑土方开挖根据工况绘制、内支撑和腰梁按照层来布置。

3.2 基坑围护与内支撑体系三维模型

通过 Revit 系列软件建立深基坑土建三维模型，关键在于如何利用"族（Family）"文件。"族"作为该软件一个基本单元，承载着模型构件的基本信息和外置信息。将信息赋予不同的构件，进行组装，可快速构建成完整的模型，减少不必要的重复劳动。对于支撑梁、桩等构件，可以利用系统族或载入族，采用"常规模型"族样板制作，所要调整的参数主要为长度、宽度、高度等参数，并设置好基准面，方便导入时精确定位。明确以上概念后，建立轴网及标高线，导入 CAD 文档，分别建立围护桩、冠梁、栈桥梁板、内支撑梁、钢格构立柱以及施工安全文明设施等模型。当然，也有一些难点，如梁类型有 100 多种，建模过程中需将梁按不同的截面尺寸及名称进行命名，工作量大，费事费力。

有了三维土建模型，再辅以地面设施和土体，并按施工工况分层、分段布置，在此基础上还可以起 4D（＋进度）模型，开展项目现场施工方案模拟、进度模拟和资源管理，提高工程的施工效率，提高工序安排的合理性（图 2）。

3.3 施工安全文明临时设施建模

在土建三维模型基础上，还要进一步完善施工安全文明临时设施的虚拟布置和优化。施工现场给水主管采用 DN40 钢管，从指定地点接出，沿施工便道及临时围挡敷设。工地

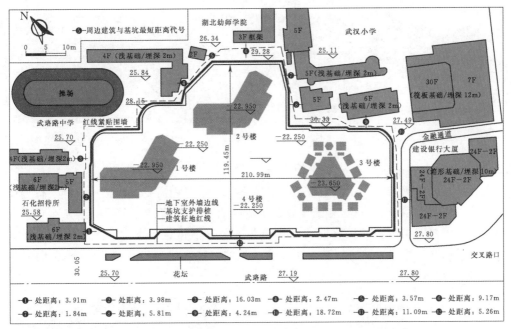

（a）基坑平面图

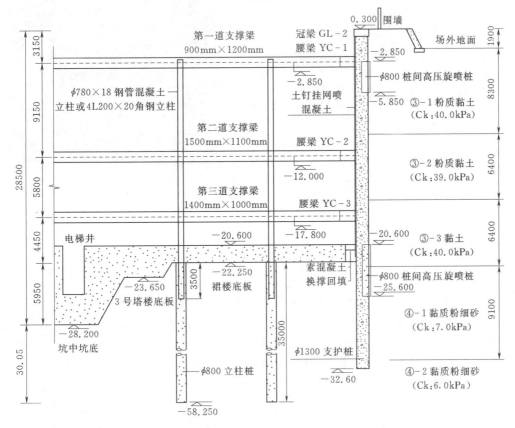

（b）基坑内支撑剖面图

图 1 基坑平面图与典型剖面图（单位：尺寸，mm；高程，m）

（a）基坑支撑 BIM 模型　　　　（b）基坑施工模拟进度　　　　（c）基坑施工实际进度

图 2　基坑工程三维土建模型与 4D 模型对比

动力电源从总配电房引出，使用电缆为五芯电缆，并按规程需要进行敷设，并实行分级配电，即"三级配电两级保护"。办公设施及生活照明电源从箱式变压器引至工地照明配电箱中，专用于照明供电。施工临时构筑物分为办公室、宿舍、食堂、卫生洗漱间等（图3），与现场用水、用电、物资管理有不安全和不便之处，便可以通过 BIM 模型虚拟重新布置，再进行讨论变更。

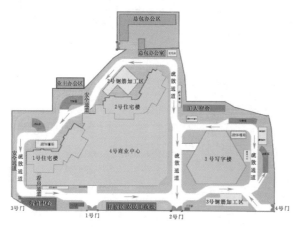
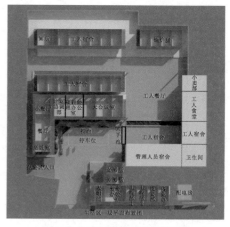

（a）基坑施工临时设施总体布置　　　　　　　（b）办公区与住宿区场地布置

图 3　施工安全文明临时设施三维模型

4　BIM 模型三维施工模拟与碰撞检查

4.1　施工方案三维模拟演示

　　基于 BIM 模型的施工方案三维模拟演示，可对整个施工过程提前进行优化和预判，减少施工过程中不确定性。通过 BIM 技术按施工顺序和流程去模拟施工过程，利用漫游功能在已建模型中进行真人漫游，向作业人员提供视觉和空间感受，尽早发现方案布置缺陷和其他问题，从而减少由于事先规划不周全所造成的损失。

　　在土方开挖方案布置中，由于场地十分狭窄，如何设计车辆下穿密集的支撑梁爬上栈桥面，避免司机视角遮挡造成行车危险，便运用了漫游功能，反复进行模拟和对比作业经验，最终采用了长缓坡"一步到位"的行车路线，避免格构立柱造成的视野遮挡发生撞车事故［图 4（a）］。

施工工序模拟演示，如钢格构立柱的制作过程，通常加工流程是：放样→号料→切割→对接→矫正→拼装→焊接→编号→验收。其中，如何对接和焊接先后顺序十分重要，可以通过 BIM 技术分解各个加工制作步骤进行施工班组技术交底［图 4（b）］。

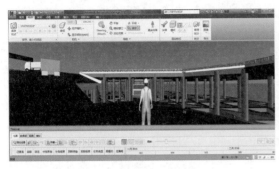
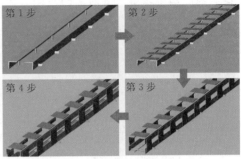

（a）基坑土方开挖时漫游　　　　　　　　　（b）钢结构立柱制作虚拟施工

图 4　施工方案三维模拟演示

4.2　支护体系与地下室碰撞检查

碰撞检查主要目的是基于 BIM 模型，应用 BIM 软件检查图纸中的构件碰撞，完成构件（如管线、梁柱等）平面布置和高程相协调的三维协同设计工作，提前避免空间冲突，尽可能减少碰撞，避免图纸缺陷传递到施工阶段。工程中有三种冲突，即硬冲突、软冲突（间隙冲突）和工作流程冲突。

在基坑施工过程中主要考虑基坑支护构件与地下室主体结构碰撞检查，即硬冲突为主，以便提前提出变更设计方案和施工处理措施。检测通过 Revit 数据模型，最后由 Navisworks软件提供碰撞报告，标识出所检查的构件之间碰撞定位和规模，提供冲突和碰撞解决方案。优化后排布平面图和剖面图，应当反映精确竖向标高标注。本项目主要有腰梁与地下室外墙碰撞和内支撑梁板与塔楼剪力墙碰撞检查（图 5）。

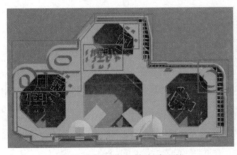
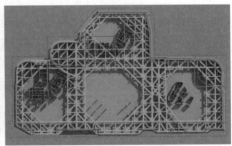

（a）栈桥梁板与剪力墙碰撞　　　　　　　　（b）内支撑梁与剪力墙碰撞

图 5　基坑内支撑与地下室剪力墙碰撞检查

5　无人机与 BIM 技术结合运用

5.1　无人机在施工管理运用的优势

小型无人机可提供施工项目动态性、现实性很强的信息，能满足频繁使用、高效便捷、价格低廉的要求，还可以利用遥感技术获得地理空间信息，满足对某些地区精确定位、持续观测对比的需求[5]。目前，国内有一些大型总承包施工企业正在运用小型无人机搭载高清摄像平台和三维激光扫描等设备，进行施工现场巡视和高空俯拍，将所记录的信息传输到处理系统进行有效识别，从而掌握施工进度偏差。

5.2 无人机航拍与 BIM 模型对比结果分析

本项目采用 4 轴多旋翼 4K 超高清航拍飞行器，操控简单，通过操作平台一键起降，单次飞行时间约 23min，最大可控距离约 5km；高清影像实时回传系统，所见即所得；外形小巧，便于携带进出施工场地。但要说明的是，基坑施工后期阶段，地下室底板钢筋绑扎，大量的金属构件密集堆放，对无人机场内起飞产生较大干扰，无法安全顺利起飞和控制。为此，后期阶段无人机起落地点均设置在场地外围，以避开场内金属磁场的干扰。

在施工进度控制中，无人机能发挥机动性强、影像覆盖面广、数据时效性好等优势，基坑开挖阶段，将最新影像发回到施工管理系统后，可与对应的 BIM 三维进度显示相关联，准确识别土方开挖与内支撑施工进度，精准掌握现场实际施工情况（图 6）。

（a）土方开挖第 5 层时 BIM 模拟图　　　　（b）土方开挖第 5 层时实际情况

图 6　基坑开挖第 5 层时 BIM 模拟与无人机拍摄的实施效果对比

6　结语

本工程在针对进度控制，总承包单位利用视频监控系统、三维激光扫描等设备进行过实时进度采集，通过网络设备传输到基于 BIM 的 4D 技术的施工进度跟踪与控制系统进行分析。而在于资源管理和造价方面的 BIM 的 5D 技术应用技术相对而言，有较大的实施难度，因为涉及整个施工项目全部资源进出与使用、设计变更与现场签证等，并包含相应的时间属性。市场上如广联达公司已推出了 BIM5D 软件，也是今后基坑施工即将尝试运用的一个方便快捷的切入点。另外，在 BIM 三维模型与不同结构分析软件的接口使用上也积极探索，如在 Revit Structure 中进行了基坑土建部分建模，再导入到 Robot Structure Analysis 等结构软件中进行变形和受力分析。

通过在帝斯曼国际中心深基坑工程项目 BIM 技术应用，对 BIM 技术在本地区的基坑施工有一定借鉴意义，并取得了以下初步结论：

（1）构建具有物理属性和工程特性的三维 BIM 模型，首先要组织好项目总体策划，建立各个施工部位搭建所需的"族"文件，其次进行项目内容分解。

（2）基于 BIM 技术施工方案三维模拟，是一种可视化的媒介，可以实现部分预制构件的数字化加工，也能对整个施工过程进行优化和控制。

（3）应用 BIM 软件对设计图纸进行构件碰撞检查，完成各构件的平面布置和竖向高程相协调，以避免空间冲突，尽可能减少碰撞，避免设计错误传递到施工阶段。

（4）在施工进度管理中，发挥无人机机动性强、影像覆盖面广的优势，在基坑开挖阶段，与对应的 BIM 三维模型进度显示相关联，可实时掌控施工进度。

参考文献

[1] 李建成. BIM 应用·导论 [M]. 上海：同济大学出版社，2015.

[2] Ding L，Zhou Y，Burcu A. Building Information Modeling（BIM）application framework：The process of expanding from 3D to computable nD [J]. Automation in Construction 2014，46：82－93.

[3] 吴清平，时伟，戚铧钟，等. 超大深基坑 BIM 施工全过程模拟与分析研究 [J]. 工程建设，2013（5）：20－24.

[4] 慕冬冬，付晶晶，胡正欢，等. BIM 技术在深基坑工程设计中的应用简 [J]. 施工技术，2015（s1）：773－776.

[5] 韩文军，雷远华，周学文. 无人机航测技术及其在电网工程建设中的应用探讨 [J]. 电力勘测设计，2010（3）：62－67.

浅谈 BIM 技术在建筑工程算量中的应用

杨铁增

（中国电建集团北京勘测设计研究院有限公司，北京　100024）

摘　要： 近年来，随着 BIM 技术在我国快速发展，开发商、设计院以及施工设计单位等各业内人员逐渐应用 BIM 技术和推广 BIM 技术。目前，BIM 技术应用于工程量统计方面还比较少，探索和研究 BIM 技术应用于工程量统计方面应用是不可避免的大趋势，工程量统计的准确性直接影响这工程建设过程中的成本管理，所以无论是业主方、设计方和施工方都在积极探索利用 BIM 技术解决工程量统计方面的问题，BIM 工程量统计成为 BIM 应用的重要价值之一。

关键词： 工程量计算；BIM 模型；工程造价；BIM 应用价值

1　引言

对于建筑工程来说，工程量计算是编制工程预算的前提，也是工程造价管理的基础。工程量计算具有工作量大、繁琐、容易出错、耗费时间的特点，传统的工程量计算方式是根据二维图纸计算工程量，这样的方式容易出错，特别是在复杂节点处如果不能正确地理解设计意图，常常出现工程量计算偏差等问题。只有准确的工程量统计，才能保证投标、合同、变更、结算等造价管理工作顺利进行。所以提高其效率和准确性对于提高项目经济效益和降低成本至关重要。随着数字信息技术的快速发展及不断完善，BIM（建筑信息模型）技术的出现和应用对于建筑工程算量起到了深刻的变革[1]。目前的 BIM 既是以三维数字技术为基础集成建设工程项目各相关信息的工程数据模型，又是一种应用于设计、建造、管理的数字化技术[2]，以建筑信息化为基础的算量模式成为势不可挡的发展趋势。

2　建筑工程工程量计算现况分析

众所周知，在工程决算工作中，工程量的计算占 70％以上的工作量，消耗了工程预算人员大量的时间和精力[3]。提高工程量计算效率成为热门的议题，现阶段在我国工程量计算基本上采用的是二维图形算量软件（常见的如广联达、斯维尔、鲁班等）或图表结合算量，图表结合软件是通过在工程计算中采用人工输入计算公式的基础上来计算工程量，它对于建设项目中的复杂节点通过造价工程师的对复杂构建的理解生成相应的公式来计算工程量，这种方式在工程量计算过程中受人为因素影响比较大，统计出的工程量准确性也

作者简介：杨铁增，男，1990 年 8 月出生，BIM 工程师，yangtiezeng@163.com。

比较低。图形算法主要是以轴线为工程量计算相应的定位线对建设工程中的构件实体输入实体属性，工程量计算通过定位的轴线而生成的平面简图进行，这样的方式使图形工程量和使用的定额项目较好地结合，但是相应的误差也比较大，在传统的工程量计算中，由设计方提供二维图纸，造价人员根据二维图纸手工统计工程量，然后套用相应的定额，从而得到工程预算，但对于一些特殊安装工程比如智能化、精装修、幕墙工程等造价工程师只能通过手工对图计算工程量，这样以手工计算的方式，不仅效率低下而且准确性大大降低。现阶段建筑工程工程造价与设计相脱节，设计师虽然已经在设计过程中将工程量清晰的表达在图纸中，但造价师又根据设计图纸人工计算出工程量，使工程量计算不仅复杂而且工作量大，而且容易出错，工程量的自动提取对实现建筑设计与概预算一体化具有重要的意义[4]。

3 BIM 模型算量的优势

基于 BIM 技术的工程量计算软件它集合了工程建设过程中的各方面的数据和信息，并对数据与信息进行综合性分析和相应的处理指导工程造价管理工作，基于 BIM 模型的工程量计算与传统的工程量统计方式相比其优势体现在以下几个方面：

（1）BIM 算量更加准确。工程量计算是编制投标报价、工程预算及成本控制的基础，传统的方式造价工程师通过手工计算或数据输入等方式进行工程量计算，这样的方式容易受个人因素影响而造成工程量计算不准确，基于 BIM 技术三维算量可以使工程量计算脱离人为因素影响从而得到更加准确的数据。这些准确的数据使业主方减少不可以预计费的投入从而使业主方更好地成本控制。

（2）计算工程量效率高。众所周知，在工程预算工程中，工程量计算占 70% 以上的工作量[3]，造价工程师绝大部分的时间都花费在工程量的计算中，因为花费时间太长使得造价工程师无法及时将设计方提供的设计方案的成本反馈给业主方及设计方，从而达不到在设计前期对建设工程成本更好管控的效果。基于 BIM 技术三维算量方法快速生成工程量清单，从根本上解决耗时长的问题。例如 Hillwood 项目，造价工程师应用 BIM 算量方法节约了 92% 的时间，且误差也控制在 1% 的范围内[5]。

（3）关联工程变更。在建设工程中工程变更是不可避免的，传统的工程量计算对工程变更的应对方式是手动检查设计变更的部位，并对工程变更影响的部位进行复核工程量，这样的过程繁琐、缓慢且准确性低。基于 BIM 技术的算量软件，造价工程师可以就工程变更对三维模型进行修改，工程变更影响部位随工程变更自动调整，工程变更涉及的工程量改变数据就会自动显示在基于 BIM 技术的算量软件中，并自动更新工程量清单，这样的方式快捷并且减少手工计算误差，使业主方清楚了解工程变更造成的成本影响。

4 BIM 模型算量的基本步骤

4.1 模型构建

（1）设计模型构建。基于 BIM 技术三维算量的基础是三维模型，模型的好坏直接影响工程量计算的准确性。随着 BIM 技术的不断发展，国内相关设计院也积极引进 BIM 技术，设计院通过协同工作的方式在三维软件上进行相关专业的设计工作，并直接生成设计

BIM 模型，通过碰撞检查发现专业之间的设计不合理或相碰撞问题及时修改模型，对于一些复杂节点进行详细的构建，方便后期造价工程人对复杂节点有个清楚的认识，减少由于对设计意图及工艺流程理解偏差造成的工程量统计偏差。

（2）算量模型构建。算量模型的基础是设计单位提供的设计阶段的各专业的设计模型，但是设计模型中往往缺少算量所需的必要信息，这就需要造价工程师在设计模型的基础上添加正确数据并且设置图元参数信息包含几何信息和物理信息，例如土建专业构建两道墙体，通常将它们命名成 2F 墙体，但是其中一道是结构剪力墙，一道是建筑填充墙，当进行墙体的工程量统计时，它们直接按照一个类别进行了统计，这样生成的工程量清单是不符合我国的清单和定额的统计方法的，所以造价工程师需要对设计方提供的设计模型修改成符合算量规范的模型，模型构建如图 1 所示。

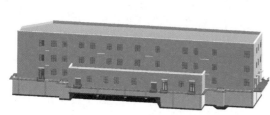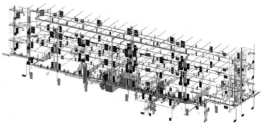

图 1　模型构建

4.2　BIM 模型构件分类

在工程建设领域，传统的设计方提供的三维模型往往是一个整体，在工程量统计过程中，往往是分区域分阶段进行工程量统计，所以合理的三维模型的分类对于工程量统计及工程造价管理有非常重要的作用。建筑工程中设计方提供的三维设计模型是以满足设计方生产需求为根本，并没有从工程量计算与造价方面进行考虑与分类，使得造价工程师需要在设计方提供的三维模型进行相应的拆分及分类，将三维模型拆分成满足工程量计算及工程造价管理的构件，然后结合建筑工程特点，由造价工程师将设计方提供的建筑信息模型（BIM 模型）按照区域、楼层、专业进行相应地拆分，添加相应工程造价信息，使工程量计算构件与分部分项工程一一对应，完成模型构件与相应工程量计算分类的对应关系，模型分解如图 2 所示。

4.3　建立算量标准

现今，BIM 模型能够直接提取工程量，模型构建过程的几何形体数据和实际建设工程项目一致，而且设计方在三维建筑构件中设置了真实的材质信息，这为工程量统计提供了基础，但是三维建筑模型提取的工程量只是建筑构件的净量，而在我国的建筑工程概算体系是以清单或者定额规则量，建筑工程净量是不能直接使用的，所以制定算量标准，将规则量与实际净量进行关联，使得三维模型提取的量就是规则量，可以用于实际工程的工程造价，通过相应的算量标准计算各专业生成的工程量。

4.4　生成工程量清单

对于工程量的生成，不同的工程采用不同的方式，要通过不同区域不同类型来生成不

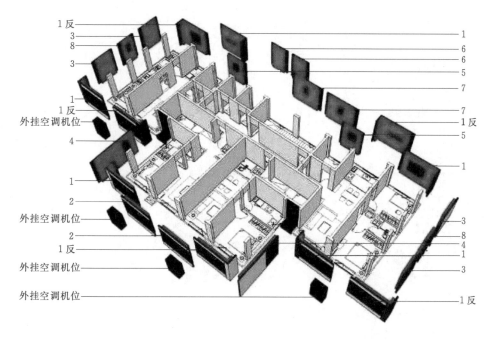

1 反
3
8
3
1
1 反
外挂空调机位
4
1
2
外挂空调机位
2
1 反
外挂空调机位
外挂空调机位

1
6
6
5
7
7
1 反
5
1
3
8
4
1
3
1 反

图 2　模型分解

同的工程量清单，例如混凝土的量、混凝土型号对应的不同的工程量，然后实现不同区域不同类型的分类，使得工程量清单可以具体到每一项。

对于工程量净量计算，要结合算量标准将其转化为工程项目使用的工程量清单，工程量清单是工程造价过程中常用的方式，通过由三维计算的工程量清单。将工程量清单进行分类整理，整理完成生成清单分类，可以随时按照不同的进度调用不同阶段的工程量清单内容，是工程量清单可以满足不同阶段的生产要求。工程量清单可以选择放置在 BIM 平台上，使得工程建设各方可以随时调用工程量清单，这也是工程结算的重要依据通过三维算量得出的工程量清单（图 3），这样可以使得不同方在建设阶段实现有据可依，从而根据工程量清单实现资源的合理利用和分配。

5　结语

在 BIM 价值中，基于 BIM 技术工程量计算是 BIM 技术在造价管理中最直接的应用，也是最有效的应用之一，目前基于 BIM 计算的工程量统计处于迅速普及阶段，建设工程领域的各方在 BIM 算量方面的应用率不断提高，对于一些工程量大、相对复杂的建筑物几乎都是应用基于 BIM 技术的工程量统计软件，利用 BIM 算量一方面可以在很短时间内快速算出招投标过程中工程量清单及涉及工程造价信息，另一方面可以可以细化单位图元从而提高计算的深度，可以深度地得出每一部分的工程量的具体值，这样形象而且具体，避免因工程量误差问题引起建设工程的各方与业主单位的经济纠纷问题。随着工程信息化的不断发展，BIM 技术在工程算量方面的不断完善，在建设工程中工程量计算变得更加准确、更加快速、更加透明化。

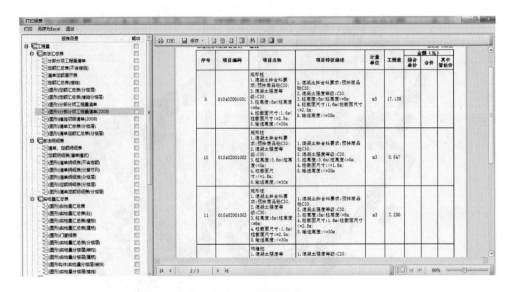

图 3　工程量清单

参考文献

[1] 黄兆荣. BIM 技术在建筑工程算量中的发展趋势及应用 [J]. 建筑科学，2017 (35)：195-196.

[2] 孙斌. BIM 技术的现状和发展趋势 [J]. 水利规划与设计，2017 (3)：13-14.

[3] 王宏伟. "工程量计算"软件在工程造价中的应用 [J]. 建设科技，2002 (6)：38-39.

[4] 陆再林，张树有，谭建荣. 基于图形理解的预算工程量提取 [J]. 计算机辅助设计与图形学学报，2002，14 (5)：442-443.

[5] 王广斌，张洋，谭丹. 基于 BIM 的工程项目成本核算理论及实现方法研究 [J]. 科技进步与对策，2009，26 (21)：47-49.

基于 BIM 技术的 Revit 二次开发及应用

袁维华，熊自明，卢　浩，文　祝

（陆军工程大学爆炸冲击防灾减灾国家重点实验室，南京　210007）

摘　要：国内建设与工程设计行业快速发展，带动 BIM 技术迅猛发展，它集合了建筑项目全生命周期内各种相关性和工程数据模型。而 Revit 软件在 BIM 技术发展中起着至关重要的作用，但其某些功能还不能满足我国建筑业设计的相关要求。本文通过软件二次开发和 API 接口，改进 Revit 软件的运行功能，弥补软件相关的不足，以促进 Revit 软件的发展，推动 BIM 技术在我国高效地传播。

关键词：建筑信息模型（BIM）；Revit API；工程设计；二次开发

1　引言

目前土木行业使用最多就是由 Autodesk 公司开发的 AutoCAD 图形软件。从本质上看，它是一款 2D 平面绘图软件，功能强大，并且在机械、航空、电子等领域同样占有一席之地。熟练运用 CAD 技术，不但可以让设计者摆脱画板，真正实现计算机辅助绘图，同时也更新了传统的设计思想与理念，还可以将串行式作业变为并行式作业，从而建立一种新型管理机制[1]。然而从本质上来看，AutoCAD 图形软件只是一种绘图平台，它仍然存在很多不足，如各阶段生成的土木工程设计数据是非参数化的，彼此割裂无法关联，这就造成设计数据无法为后续建设和运行阶段的管理工作所利用，在工程建设和运行管理中容易丢失和缺损等[2]。因此，它并不能满足设计者在生产设计过程中的一切需求，技术人员有必要基于企业对产品设计的实际需求来对 Auto CAD 软件进行功能拓展，从而达到解决特殊造型设计、数据分析、计算等专业领域应用问题的目的[3]。国内外针对 AutoCAD 进行了许多二次开发的研究。李志超等[4]以工程中常见的法兰为例，将 CAD 与企业资源计划管理系统连接起来，以提高企业的管理效率；王韶霞等[5]通过二次开发技术编制采矿设计软件，以实现自动生成剖面及算量功能。Anastasios Tzotzis 等[6]通过使用 CAD 系统的 API（应用程序编程接口）来实现可重复且耗时任务的自动处理。Peng、Lei 等[7]提出了一种通用编程语言和应用程序编程接口（API）嵌入和无缝集成商业 CAD 和 CAE 软件的一般框架，应用于涉及尺寸、几何和拓扑变量的桁架结构优化。

基于 API 技术，CAD 的二次开发能够拓展相关功能并弥补技术中存在的不足。但随着 3D 建模技术的不断推进，基于 2D 技术的 AutoCAD 图形软件已无法满足 3D 建模、出

作者简介：袁维华，男，1993 年 7 月出生，硕士，主要从事 BIM 技术与爆炸风险评估，cxzxywh012@163.com。

图的需要，且在规划设计、施工、运营维护、拆除的全寿命周期中表现乏力，值得一提的是，在物联网、大数据时代，AutoCAD 在信息数据采集、存储、传播、分析、决策等上几乎无立足之地。在大数据时代，研究学者逐步将目光投入到更加高新的技术上来，例如 BIM 技术。

建筑信息化模型（BIM）英文全称是 building information modelling，也被业内称为 building information management，即建筑信息管理。BIM 不单单指的是某一个软件，它指的是一种概念，一个体系，它可以有效地提升全建筑行业中全生命周期内每个环节的质量及效率。以 3D 数字技术为根底，通过对各个阶段内生产、管理过程的信息化模型管理与过程管理，以实现项目实体与功能的数字化表达。一个精准、完备的信息化模型，能够将各个阶段模型、过程的信息完整、正确的表现。

BIM 能够将建筑项目整个生命期内的所有信息准确无误地整合到一个独立的模型中去，依靠的是设计及相关使用人员对 BIM 有关的各个软件（包括 Revit、NavisWorks 等）熟练掌握及应用。其中 Revit 软件在设计阶段中起着至关重要的作用，是进行各其他专业系统和指导项目施工的基础，是模型设计阶段高效率工作的强有力保障。

但是 Revit 软件并不是足够完美的，依然存在着不足之处，某些方面还不能满足一些项目相关的设计要求，因此相关学者针对 Revit 软件中存在的不足，开展了对 Revit 二次开发的研究。钱海等[8]利用外部功能扩展的方式，实现电气设备族类型获取、族创建和族编辑；肖贝[9]利用 Revit API 的开发工具实现基坑开挖模型的建立；James D 等[10]运用 API 将施工过程信息附加到模块中，供建筑施工后使用。从文献中可以看出，国外研究 Revit 二次开发的学者相对较少，而国内相关的论文发表寥寥无几，因此本文旨在促进我国 Revit 软件的发展，推动 BIM 技术在我国高效地传播，通过软件二次开发和 API 接口，努力改进并拓展 Revit 软件的功能，弥补软件的不足。

2 Revit 软件的功能特点及不足

目前 Autodesk 公司的 Revit 功能较全，设计更人性化，使用性更加便捷，在建筑业得到广泛使用，该软件基于 BIM 理念的功能特点如下：①构件化。有别于 CAD 软件，Revit 创建的模型具有现实意义，即包含建筑物所具有的真实信息，设计人员在创建模型的过程中，也要建立好三维设计思维和 BIM 的概念，例如创建墙体模型时，它不仅有尺寸的界定，还具有详细的构造层以展示墙体施工工艺中层次的划分，同时，也包含材料信息、时间以及阶段信息等。②参数化。这是 Revit 的一个重要特征。Revit 通过定义类型参数、实例参数、共享参数等对构件的属性信息进行精确控制。同时，还可以通过参数化关联的特性，对相关联的构件进行智能调整，以保证模型相关视图的一致性，相关信息的一致性，从而改变逐一修改视图的繁琐程序，提高工作效率和质量。③阶段设置。Revit 通过引入阶段设置的概念提供了时间模拟的条件，实现 4D 模拟施工的应用。

作为一款基于 BIM 理论的软件，Revit 不仅秉承了 BIM 的特点，它还结合自身软件的特点集成数字化信息，通俗易懂，操作方便，实现协同设计，但是其也存在一些不足，使设计人员在一些操作问题上感到困惑[11-14]。

（1）Revit 缺少应对国内建筑工程行业所需的标准。Revit 是由美国引进的，其标准与国内现有的标准存在很大差异，使其本土化进程速度放缓，无法得到更优质的普及。

（2）Revit 的建模操作性还有待提高。国内大部分设计院在 2D 建模上均采用 CAD 软件制图，设计操作人员基本上都已习惯并熟练运用 CAD 的操作。而 Revit 快捷键功能相对 CAD 较弱，虽然用户可以自己设置快捷键，但相对比较繁琐，且需要一定的时间去适应。

（3）Revit 在建模初期相对 Skech Up 优势不突出。在设计的初期，参数不够精确，思路不够清晰，在 Revit 中无法输入足够精准的信息，模型相对较模糊，与 Skech Up 绘制草图能力相比并无优势可言，且 Skech Up 修改草图的能力更加方便迅速。

（4）Revit 具有模型渲染功能，但是效果比不上 3ds max。用户希望通过 Revit 软件实现设计阶段全部所需的效果，包括初步设计、施工图设计及效果渲染。但 Revit 还存在这方面的局限性，渲染效果不佳，系统优化不够，材质纹理素材库相对较少，以至于用户不得不采用类似于 3ds max 强劲的渲染软件，来弥补 Revit 在渲染中的不足。

通过以上列举的不足，并结合国内 BIM 技术的发展状况，Revit 软件以其强大的建模能力及信息化模式在国内建筑业能有一席之地，但距离完全适应中国建筑业的规范标准及流程仍有一定的距离，以及类似于 CAD 等制图软件一样得到广泛接受还有一定的难度，因此需要 Revit 公司及相关专业人员对软件进行更深层次、更人性化、更本土化的实践与探索。

3　基于 Revit 软件的二次开发

通过对中国知网数据库与 SpringerLink 数据库的分析，采用"Revit"与"API"合并关键词搜索的方式，概括性的分析 Revit 二次开发的发展趋势，搜索结果如图 1 和图 2 所示。

从图中相关论文发表时间和发表数量上来看，国内外针对 Revit 二次开发的研究基本都从 2010 年左右开始，这与 Autodesk 公司于 2005 年推出 Revit 8.0，并正式提供 API 接口有关。自从 API 接口的引入，使得 Revit 二次开发得到了快速的发展。从文献上来看，近两年二次开发的热度明显上升，表明学术关注度提升明显，并且国内研究有超过国外的

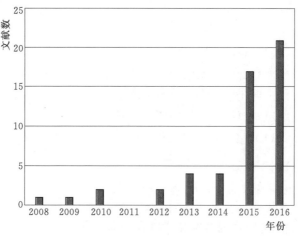

图 1　中国知网搜索结果

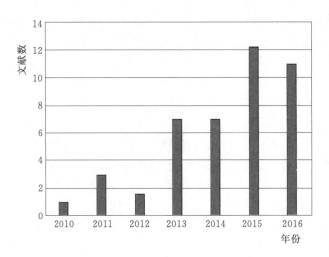

图 2　SpringerLink 数据库搜索结果

趋势，这也与近几年国内政府政策法规有关，住房和城乡建设部于 2011 年 5 月下发的《2011—2015 年建筑业信息化发展纲要》[15]中，明确指出，将大力发展 BIM 技术在设计、施工中的应用。由此看出，BIM 甚至 Revit 二次开发的研究已成为一种热点趋势，但从文献数量和质量上来看，相关研究还很少，质量还有待提高。

3.1　Revit 可扩展性及可实现的功能

Revit 系列软件包含 Revit Architecture、Revit Structure、Revit MEP 三个软件，分别对应建筑、结构、设备与管道。三个软件的扩展接口均友好，都可以通过编写程序的方式来进行扩展，以完善软件功能。当然，在深入了解二次开发前，开发人员需具备一定的素质，包括一定的编程能力以及充分熟悉这款软件的操作。Revit 软件开发的接口即 API（应用程序接口），英文全称为 application programming interface，开发人员可以通过自身的努力实现更完善更个性化的功能需求，为 Revit 软件注入新的活力。同时，Revit API 是开发者对 Revit 各功能进行访问的大门，能够实现对建筑模型的可视化操作和参数分析的集成。Revit API 可以实现的功能如下[16-18]：

（1）用插件自动完成重复的工作。

（2）自动检测错误以强制产品设计规范。

（3）获取工程数据来分析或者生成报告。

（4）导入外部数据来创建新元素或设置参数。

（5）集成其他应用程序包括分析软件到 Autodesk Revit 产品。

（6）自动创建 Autodesk Revit 产品文档。

3.2　Revit 二次开发基本流程

在正式进行 Revit 二次开发前，需要一定的准备工作，其中 RevitSDK 可帮助开发者更好地实现相关功能及操作。另外 RevitLookup 与 AddinManager 均是 Autodesk 公司开发的插件。使用 RevitLookup 可以不用写代码就能直观地看到 API 的对象，而 Addin-Manager 的优点是不用重启 Revit 就可以修改插件代码并再次加载和运行。这两个插件均包含在 RevitSDK 中。

标高和轴网相当于地球的经度和纬度，在 Revit 里面起到了"定海神针"的作用，整个建筑都是基于它们建立起来的。下面通过一个简单的创建轴网的实例来简单介绍 Revit 二次开发的流程。

（1）启动 Visual Studio 2012 开发环境。

（2）创建一个类库（图 3）。在文件菜单上单击新建项目，在已安装的模板选项卡的左侧窗口中，单击 Visual C♯。在中间的窗口中，单击类库。在名称框中输入 Create-Grid，。然后单击确定。

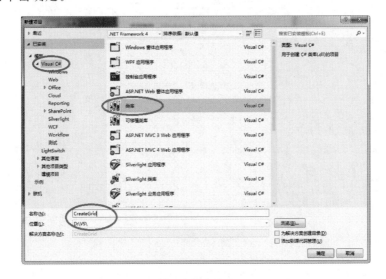

图 3　创建类库

（3）添加引用（图 4）。在窗口右侧的解决方案资源管理器窗口中，右键单击引用，然后单击添加引用的文件。

在该对话框中，选择"浏览"选项卡，进入 Revit 安装目录（例如：C：\Program Files\Revit Architecture 2015\Program），选择"RevitAPI. dll"以及"RevitAPIUI. dll"两个动态链接库。点击"OK"添加到项目引用中。需要注意的是，在属性中将这两个引用的"CopyLocal"属性值设为"False"。这样可以避免在编译的时候讲这两个文件复制到本地目录。

（4）设置目标 .NET 框架（图 5）。需要注意的是 Autodesk Revit 2011 支持 .NET Framework 3.5 的使用。Autodesk Revit 2012 以及更高支持 .NET 框架 4.0，Visual C♯ 2010 年表示使用默认情况下的使用。

（5）代码编写。在程序开头添加一些对命名空间的引用，包括 Revit API、Windows 窗体控件和输入输出流等命名空间的引用。具体实现语句如下：

图 4　添加引用

图 5 设置目标 . NET 框架

```
using System；
using Autodesk. Revit. UI；
using Autodesk. Revit. DB；

[Autodesk. Revit. Attributes. Transaction(Autodesk. Revit. Attributes. TransactionMode. Manual)]
public classCreateGrid：IExternalCommand
{
    public Result Execute(ExternalCommandData commandData，ref string message，ElementSet elements)
    {
        Documentrevitdoc＝commandData. Application. ActiveUIDocument. Document；
        ElementId levelID＝new ElementId(311)；
        using(Transaction transaction＝new Transaction(revitdoc，"CreateGrid"))
        {
            transaction. Start("Create Grid")；
            Grid grid ＝revitdoc. Create. NewGrid(
            Line. CreateBound(new XYZ(－30,0,0)，new XYZ(30,0,0)))；
            transaction. Commit()；
        }
        return Autodesk. Revit. UI. Result. Succeeded；
    }
}
```

（6）生成 Create Grid. dll 文件（图 6）。调试代码并按下 F6，即可生成输出文件，在下方找到文件的输出路径，复制。

（7）编译成功后，使用 Revit 软件的附加模块功能对生成的文件进行加载。操作步骤：点击 Revit 软件菜单栏中的"附加模块"，选择"外部工具"按钮。点击 Add－In Manager（Manual）选项进入加载界面（图 7）。点击"Load"载入，复制路径，找到"Create Grid. dll"文件，选中载入。单击"Create Grid"并点击"RUN"运行程序，即可生成轴线，效果如图 8 所示。

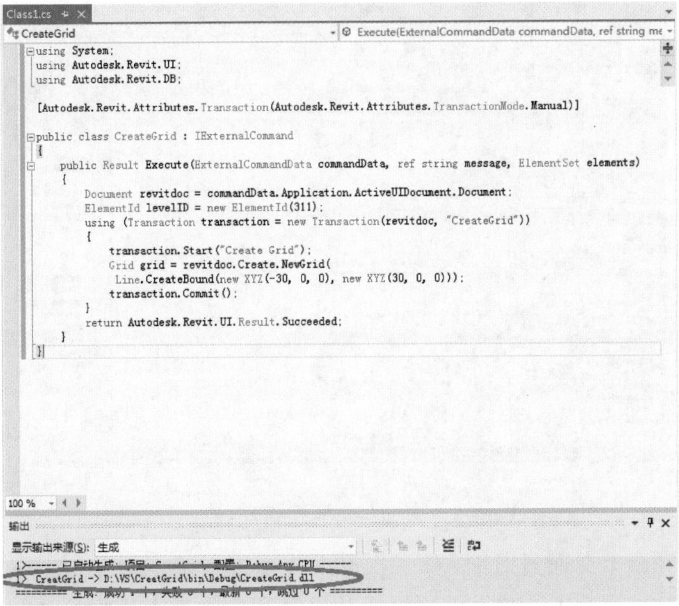

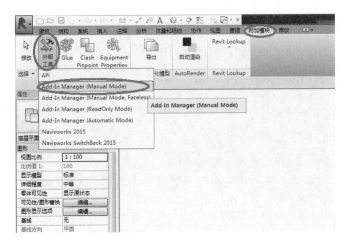

```
Class1.cs  ⊕  ✕
CreateGrid                                                    Execute(ExternalCommandData commandData, ref string me
using System;
using Autodesk.Revit.UI;
using Autodesk.Revit.DB;

[Autodesk.Revit.Attributes.Transaction(Autodesk.Revit.Attributes.TransactionMode.Manual)]

public class CreateGrid : IExternalCommand
{
    public Result Execute(ExternalCommandData commandData, ref string message, ElementSet elements)
    {
        Document revitdoc = commandData.Application.ActiveUIDocument.Document;
        ElementId levelID = new ElementId(311);
        using (Transaction transaction = new Transaction(revitdoc, "CreateGrid"))
        {
            transaction.Start("Create Grid");
            Grid grid = revitdoc.Create.NewGrid(
              Line.CreateBound(new XYZ(-30, 0, 0), new XYZ(30, 0, 0)));
            transaction.Commit();
        }
        return Autodesk.Revit.UI.Result.Succeeded;
    }
}
```

图 6　生成 .dll 文件

图 7　运行 Add‑In Manager

4　结语

　　Autodesk 公司不仅对旗下的产品非常重视，同时对产品的二次开发十分注重，从 2005 年推出提供 API 接口的 Revit 8.0 版本至今已有 10 年的时间。API 在这 10 年内不断升级更新，从原先只能简单地进行文档对象的访问，到后来族级别的 API、对象过滤、用户交互等，已经有了明显的提升，更加符合开发者及软件用户的大部分需求。但作为服务于 BIM 技术的建模软件与信息化软件的载体，Revit API 的开发仍然需要更多专业人士的不断探索与完善，使 Revit 软件借助其二次开发能够更加高效地适应工程项目及建筑的全寿命周期的需求，也通过 API 使 Revit 软件的功能越来越强大，以至于能够在国内建筑业

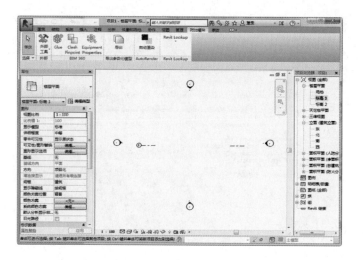

图 8　生成轴线

高速、健康的发展。本文通过对 Revit 二次开发技术进行基本的介绍，了解 API 的相关功能及作用，以及 Revit API 的基本元素组成及程序开发的基本流程，让初学者基本了解通过 API 对 Revit 软件进行二次开发的流程及注意事项，加强初学者的开发兴趣，更方便初学者入门及应用。

在我国，对 Revit 二次开发感兴趣的人还不是很多，多数用户只是停留在使用这款软件的层面上，并不想深入的完善这款软件的功能，因此，国内的开发高手及相关的软件公司应准确把握国内 Revit 二次开发现状，积极开展相关交流，不断学习国内外先进的软件开发技术，将 Revit 本土化、优质化，最终促进 BIM 在国内的发展。

参考文献

［1］　刘晓花. AutoCAD 二次开发技术及其应用研究［J］. 通讯世界，2017，(11)：286-287.

［2］　李志超，余杉钰，章波，等. 基于.NET API 的 CAD 二次开发技术在工程中的应用［J］. 制造业自动化，2013，35 (15)：122-124.

［3］　王韶霞，崔玉礼. Auto CAD 二次开发技术在煤矿的应用［J］. 煤炭技术，2013，32 (6)：165-166.

［4］　宣云干，李巧生，徐永红，等. 基于 CIM 的信息化土木工程设计应用研究［J］. 江苏建筑，2007 (6)：63-64.

［5］　李咏红. CAD 二次开发方法研究与实现［D］. 成都：电子科技大学，2004.

［6］　Tzotzis A，Garcia-Hernandez C，Huertas-Talon J L，et al. Engineering applications using CAD based application programming interface［C］// MATEC Web of Conferences. EDP Sciences，2017，94：01011.

［7］　Lei Peng，Li Liu，Teng Long，Wu Yang. An efficient truss structure optimization framework based on CAD/CAE integration and sequential radial basis function metamodel［J］. Structural and Multidisciplinary Optimization，2014，502.

［8］　肖贝. Revit 二次开发在基坑土方工程中的应用研究［D］. 南昌：南昌大学，2016.

［9］　钱海，马小军，来侃. 基于 Revit 二次开发的电气设备族平台的搭建［J］. 土木建筑工程信息技术，2015，7 (04)：60-64.

［10］ Goedert J D，Meadati P. Integrating construction process documentation into building information modeling ［J］. Journal of construction engineering and management，2008，134（7）：509 - 516.

［11］ 陈庆军，王永琦，汪洋，等. 基于 Revit 及 Revit API 的应县木塔建模研究［J］. 西安建筑科技大学学报（自然科学版），2017，49（3）：369 - 374，381.

［12］ 贾盈平，李春祥. 面向属性的参数化建模在 Revit API 中的应用［J］. 计算机辅助工程，2016，25（4）：72 - 76.

［13］ 罗飞. Revit Architecture 三维建筑模型 WebGL 显示及优化［D］. 杭州：浙江工业大学，2016.

［14］ 杨党辉，苏原，孙明. BIM 技术在结构设计中的应用问题探讨［J］. 建筑技术，2015，46（5）：394 - 398.

［15］ 住建部. 关于印发《2011—2015 年建筑业信息化发展纲要》的通知［EB/OL］. http：//www. gov. cn/gzdt/2011 - 05/19/content _ 1866641. htm，2011 - 12 - 9.

［16］ 杨党辉，苏原，孙明. 基于 Revit 的 BIM 技术结构设计中的数据交换问题分析［J］. 土木建筑工程信息技术，2014，6（3）：13 - 18.

［17］ 薛忠华，谢步瀛. Revit API 在空间网格结构参数化建模中的应用［J］. 计算机辅助工程，2013，22（1）：58 - 63.

［18］ 徐迪. 基于 Revit 的建筑结构辅助建模系统开发［J］. 土木建筑工程信息技术，2012，4（3）：71 - 77.

基于 BIM 的建筑结构稳定性分析 RFPA 方法研究

顾　妍[1]，唐春安[2]

（1. 东北大学，沈阳　110004；2. 大连理工大学，大连　116024）

摘　要：BIM 技术被誉为建筑业的第二次革命，是建筑业信息化和可持续发展的必然选择，广泛应用于构建三维可视化模型、碰撞检查、施工模拟等方面。但目前 BIM 技术在结构设计、分析领域的应用还不够完善。针对这一现状，本文主要探索 BIM 技术与有限元分析方法结合，并结合真实破裂过程分析系统（RFPA），引入离心加载法分析结构的整体稳定性，为实现 BIM 技术在结构全生命周期应用提供参考。

关键词：BIM 技术；建筑结构；RFPA（真实破裂过程分析）；离心加载法；稳定性评价

1　引言

随着我国经济的发展，城市建设进展飞快，建筑结构规模持续扩大，建筑构造也变得复杂多样，结构安全问题也随之突出，而且建筑要求逐渐转为高质量、短工期、低成本。在这种状态下，已有的建筑设计理念不能满足如今设计人员的需求。例如有些建筑模式已经不能适应复杂的结构形式，对于一些建筑内部的处理不够精确，对建筑结构的安全性无法估测[1]。早期结构的安全性评估主要是定性分析，随着研究的深入，逐渐由定性的方法转为以可靠性设计理论为基础发展起来的定量方法[2,3]。在计算机技术充分发展的今天，BIM 技术应运而生，为解决以上困难提供了一个较好的平台。本文借助 BIM 技术结合真实破裂过程分析（RFPA）软件对建筑的整体稳定性进行分析，得出整体的应力、位移分布图，并引入离心加载法，评价结构的整体稳定性，为建筑整体的安全性评价提供一个新的思路。

2　BIM 技术及应用

建筑信息建模技术（building information modeling，BIM）是以计算机技术和三维数字技术作为技术基础，建立涵盖项目整体信息的工程数据模型或三维仿真模型。它是在开放的工业标准下对建设对象的数字表达和信息资源共享的载体，其内容包括建设对象的物理信息和功能信息[4]。BIM 技术在我国起步较晚，但已广泛应用于建筑领域，其三维可

作者简介：唐春安，男，1958 年 3 月出生，教授、博士生导师，长江学者特聘教授，从事岩石失稳破坏机理、地下工程数值模拟与高性能计算、岩土工程中的稳定性分析、工程动力灾害监测和混凝土破坏与模拟研究，tca@mail. neu. edu. cn。

视化、碰撞检测、工程信息管理等众多特点极大提升了工程质量与效率，在建筑领域迅猛发展。在岩土工程方面虽有应用，但还是无法与建筑领域相比[5]。Revit 作为 BIM 建模的常用软件，在建筑结构中使用方便，但在岩土工程中却有局限，没有专门建立地质体的模块，体量虽然可以建立复杂地质体，但体量编辑并不理想。模型中包含部分岩土构件如桩、挡墙、管道等，可以直接应用，但大量岩土构件如锚索，立柱桩等构件软件中是没有的。因此要想在岩土工程中更好地应用 BIM 技术就要完善必要的配套软件。除此之外，无论是建筑还是岩土，BIM 技术主要还是应用于在设计方案优化及施工管理多一些，与设计、计算之间的衔接转换还不够，信息模型中缺少建筑的安全信息，为使建筑信息模型的信息更加完善，本文利用 BIM 技术平台所提供的三维模型进行数值分析，既解决了同一模型在不同软件重复建模的问题，大大提高了工作效率，同时又可准确分析各个部分的受力情况。把安全分析结果反馈到建筑信息系统中，才能真正实现 BIM 信息模型从设计、施工到运营、后期处理的全过程信息集合。

通过研究比较，本文选用 Revit 作为建模软件。已有学者研究了 Revit 系列软件与国内计算分析软件的数据交换。西安建筑科技大学的李艳妮验证了 Revit 中的模型信息可以导入到结构分析软件 SAP2000 中，并实现了两者之间的数据转换功能[6]。宋杰、张亚栋等人在《Revit 与 ANSYS 结构模型转换接口研究》文章中通过获取 Revit 模型中几何参数、弹性模型、密度、泊松比等数据生成 APDL 命令流，实现了 Revit 模型到 ANSYS 分析模型的转换[7]。

3　基于 RFPA 的建筑结构分析方法

混凝土是典型的非均匀材料，材料在内部缺陷的基础上，外荷载下的破坏或内部缺陷的扩展也必将增加材料自身的非均匀程度，所以在计算混凝土材料时有必要考虑其非均质的影响。本文选择 RFPA 来分析，RFPA 是基于有限元基本理论，充分考虑材料破裂过程中伴随的非线性、非均匀性和各向异性等特点的数值模拟方法[8]，广泛用于岩石、混凝土、陶瓷等脆性材料。王述红[9]用 RFPA2D 建立砌体结构数值模型，模拟砌体结构裂纹的萌生、发展、贯通直至破坏的全过程，模拟结果和实验结果具有较好的相似性，清晰地反映出物理实验不易获取的应力场、位移场和损伤演化在破裂过程中的调整、迁移以及相互作用。张娟霞在《钢筋混凝土破坏机理——数值试验》[10]一书中介绍了混凝土结构破裂过程的数值模拟方法，用 RFPA3D 模拟了钢筋混凝土构件在单轴拉伸作用下出现的等间距裂缝，探讨其产生机理，其结果与前人理论分析一致。

RFPA 系统基于对脆性材料的细观层次结构的认识，假定材料力学性质具有随机性，把材料的力学性质按照 Weibull 分布赋值，调整不同的均值度将生成不同的数值式样。采用弹性损伤力学的本构关系来描述脆性材料的细观力学性质。在初始状态下单元是弹性体，力学性质由其弹性模量和泊松比来表达。随着单元应力的增加，单元的应力或应变状态满足给定的损伤准则时，单元开始损伤。RFPA 有最大拉应力准则和摩尔-库仑准则，最大拉应力准则认为当细观单元的最大拉伸主应力达到其给定的极限值时，该单元发生拉伸损伤。摩尔-库仑准则认为当细观单元的应力状态满足摩尔-库仑准则时，该单元发生剪切损伤，同时拉伸准则具有优先权。

带拉伸破坏准则的摩尔-库仑准则的表达式如下：

$$\begin{cases} \sigma_1 - \dfrac{1+\sin\varphi}{1-\sin\varphi}\sigma_3 \geqslant \sigma_3, & \sigma_1 > \sigma_c - \lambda\sigma_t \\ \sigma_3 \leqslant -\sigma_t, & \sigma_1 \leqslant \sigma_c - \lambda\sigma_t \end{cases} \tag{1}$$

其中，$\dfrac{1+\sin\varphi}{1-\sin\varphi} = \tan^2\theta$，$\theta = \dfrac{\pi}{4} + \dfrac{\varphi}{2}$，就是剪切破断角。令 $\sigma_3 = 0$，则极限应力 σ_1 为混凝土的单轴抗压强度：

$$\sigma_c = \frac{2c\cos\varphi}{1-\sin\varphi} \tag{2}$$

本文采用离心加载法计算，保持其强度参数不变，将细观单元的密度以线性关系按一定比例逐步增大，有限元计算程序将进行迭代计算，寻找外力与内力的平衡，同时进行破坏分析，直至边坡宏观失稳破坏，以获得最大破坏单元数的计算步数作为结构失效的临界点，计算相应的安全系数。离心加载法的准确性已经在边坡和隧道的稳定性分析中得到了证实，并且因其分析简单易行，有广阔的发展前景[11-13]。

本文将此思想引入到结构安全分析中，求出结构的安全系数，评价其稳定程度。安全系数由破坏时的重力加速度 g_u 与土体固有加速度 g_0 的比值定义：

$$K = \frac{g_u}{g_0} = \frac{\gamma + \gamma(1 + S_{tep})\Delta g}{\gamma} = 1 + (s_{tep} - 1)\Delta g \tag{3}$$

式中：K 为安全系数；S_{tep} 为基元破坏数最大时的加载步数；γ 为重度；Δg 为离心加载系数。

4 实例分析

本文选取一个不规则结构的三层别墅作为计算实例，用 BIM 平台的建模软件 Revit 建模，在 BIM 技术指导项目管理、施工的同时，可将物理模型导入 RFPA 进行安全信息分析。模型的导入主要借助 ANSYS 来实现，通过 Revit 与 ANSYS 的通用 sat 文件实现物理模型的传递，但是本文在导入过程中并未实现模型材料参数信息的完整传递，因此在 ANSYS 中需要将材料分组，然后再通过 ANSYS 与 RFPA 间的数据接口将物理模型导入 RFPA，计算参数在 RFPA 中输入并计算。

计算模型如图 1 所示，左图为在 Revit 中的模型，右图为导入 RFPA 后按照不同材料

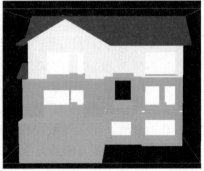

图 1 计算实例结构图

显示的结果，颜色可导入后自由选择。选用整体式模型进行分析，考虑钢筋对结构整体强度的影响，将钢筋弥散到混凝土中，钢筋与混凝土等效成一种材料。计算中将承重柱、墙和楼板材料强度分成 40MPa、50MPa、60MPa 三个不同等级，所有计算离心加载系数均为 0.5，进行离心加载模拟。

计算结果以强度 50MPa 为例，其中图 2 为初始荷载下的最大主应力图，图 3 为竖直方向的位移云图。从图中的应力分布可以看出在重力作用下，窗间墙体的应力相对较高，可能是结构的薄弱环节。从位移云图中可以看出由于二层房屋进深较大，楼板中心位移较大，若四周固定不牢固，在地震中很容易出现楼板塌陷。图 4 为模型离心载荷作用下的破坏过程，用最大主应力图表示。在离心加载的作用下，由于二层楼板空间跨度较大，首先破坏、墙角、窗间墙应力集中，结构破坏以左半部分为主。

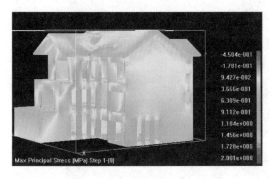 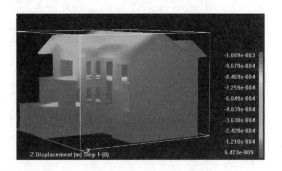

图 2　最大主应力　　　　　　　　图 3　竖直方向位移云图

结构安全系数的计算结果见表 1。随着材料强度的增加，结构破坏出现的更晚，所能承担的重力加速度越来越大，安全系数也越来越大。材料的强度越高，结构的安全储备越高，结构的整体稳定性也越高，可见用安全系数来评价结构的稳定性是合理的。

表 1　　　　　　　　　　　　各个模型的安全系数

强度/MPa	破坏出现的步数	结构失效的步数	安全系数
40	6	17	9.0
50	8	19	10.0
60	9	21	11.0

针对上述模型作出修改，首层结构不变，在第二层加设一道承重墙，改变其空间格局。修改后结构第二层平面图与原结构相比房屋最大面积减小，如图 5 所示，其中图 5（a）为原结构平面图，图 5（b）为修改后的结构平面图。

对修改后模型的材料参数按照修改前强度为 50MPa 的材料设置，其他参数均相同。在离心计算中，结构破坏首先出现在第 11 步，结构失效的步数为 24 步，计算得结构的安全系数为 12.5，与修改前模型相比，安全系数增大了 10.5，即使与修改前材料强度较高的模型相比，修改后的模型的安全系数也相对较高。这一组的结果说明结构布局的合理性对建筑的整体稳定性的影响很大，即使强度较高，但结构设置不合理整体稳定性也会大大降低。提高建筑的安全程度不仅要提高结构承重构件的强度，结合好的结构布局才能最大

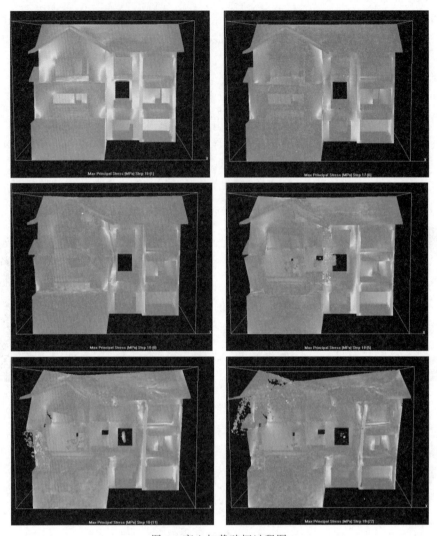

图 4   离心加载破坏过程图

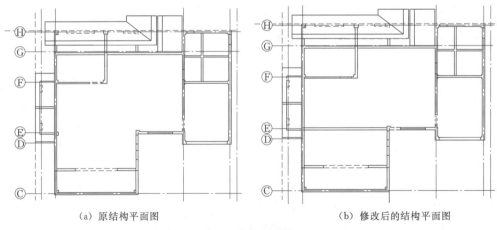

（a）原结构平面图　　　　　　　　　　　　（b）修改后的结构平面图

图 5   结构平面图

程度的提高建筑的整体稳定性。

5　结语

本文在 BIM 模型的基础上用 RFPA 离心加载法计算结构的安全系数，评估建筑结构的稳定性，主要得出了以下结论：通过 ANSYS 的传递作用，实现了 Revit 与 RFPA 之间的物理模型传递，在借助 BIM 技术的三维模型，避免重复建模，减少了大部分工作量。BIM 技术与有限元分析结合，对结构安全信息进行计算评估，离心加载法可以用来求解结构的安全系数，评估建筑稳定程度。这种新的工程结构稳定性分析方法，与原有的框架分析思想有所不同，以完整的实体模型作为分析对象，整体的数值分析，为建筑安全分析提供新的思路。

但是模型导入过程只实现了模型体的传递，对材料参数等信息的提取还有待进一步开发，而且安全分析的结果也应该作为信息模型的一部分反馈到 BIM 模型中，从而实现完整的贯穿整个生命周期的建筑信息模型。因此本文所做的工作作为该方法的初步探索，对 BIM 技术及结构安全分析的发展提供新的思路。

参考文献

［1］　李晓莉. 建筑工程设计中如何提高建筑结构安全性分析［J］. 江西建材，2016，（02）：32－36.

［2］　姚继涛，马永欣，董振平，等. 建筑物可靠性鉴定和加固——基本原理和方法［M］. 北京：科学出版社，2003，6－9.

［3］　郑华彬. 基于隶属度和层次分析法研究结构可靠性鉴定［J］. 广西大学学报，2010，35（4）：582－587.

［4］　United States national building information modeling standard，Version 1 - Part 1［S］. National Institute of Building Sciences.

［5］　刘绫，刘志浩，雷志娟. BIM 在岩土工程中应用探索——以武汉亚洲医院基坑工程为例［J］. 岩土工程技术，2016，30（02）：85－88.

［6］　李艳妮. 基于 BIM 的建筑结构模型的研究［D］. 西安：西安建筑科技大学，2012.

［7］　宋杰，张亚栋，王孟进，等. Revit 与 ANSYS 结构模型转换接口研究［J］. 土木工程与管理学报，2016（1）：79－84.

［8］　Chun'an Tang，Shibin Tang. Applications of rock failure process analysis（RFPA）method［J］. Journal of Rock Mechanics and Geotechnical Engineering，2011（4）：352－372.

［9］　王述红，唐春安，吴献. 砌体开裂过程数值模型及其模拟分析［J］. 工程力学，2005（2）：56－61.

［10］　张娟霞，唐春安. 钢筋混凝土破坏机理——数值试验［M］. 沈阳：东北大学出版社，2008.

［11］　唐春安，唐烈先，李连崇，等. 岩土破裂过程分析 RFPA 离心加载法［J］. 岩土工程学报，2007（1）：71－76.

［12］　曹建建，邓安. 离心加载有限元方法在边坡稳定分析中的应用［J］. 岩土工程学报，2006（S1）：1336－1339.

［13］　李泽，董驰峰. 离心加载法在边坡稳定性分析中的应用［J］. 露天采矿技术，2010（S1）：12－14，17.

基于 BIM 技术的尾矿库溃坝模拟集成系统研究

黄青富

（中国电建集团昆明勘测设计研究院有限公司，昆明 650051）

摘 要：BIM 技术凭借其可视性、模拟性、协调性等特点，在工程的各个领域得到了大力的应用推广。本文将 BIM 技术融合在尾矿库坝坡稳定性分析、溃坝数值模型建立、溃坝数值模拟分析及后处理等全过程中，构建了基于 BIM 技术的尾矿库溃坝数值模拟集成系统，可获得尾矿库溃坝下泄物的流量、速度及冲击力的时程变化情况，且可直观地显示溃坝对下游的淹没范围情况，为评估尾矿库溃坝的破坏性提供理论支撑。研究成果可为 BIM 技术在数值模拟集成系统中的推广运用提供了参考。

关键词：BIM；尾矿库；溃坝；数值模拟

1 引言

现如今 BIM 被广泛运用于各大建筑行业[1-3]。BIM 技术凭借其可视性、模拟性、协调性等特点，可为工程提供信息化管理平台，提升工程的设计建设管理效率，同时为可视化仿真模拟提供了良好的技术支撑。根据《国家安全监管总局关于印发金属非金属矿山建设项目安全评价报告编写纲要的通知》（安监总管〔2016〕49 号），对于尾矿库堆积坝高于 10m 以上的尾矿库应采用数值模拟方法模拟确定尾矿库溃坝范围。因此，迫切需要建立一个尾矿库溃坝数值模拟系统。本文针对尾矿库溃坝的特点，利用 Autobank、Slide 等软件进行坝坡稳定分析，确定溃坝下泄物总量；综合 Surfer、CATIA、Inventor 及 Hypermesh 软件的各自优势，构建尾矿库及下游影响区域三维数值模型；利用 Fluent 软件的多相流模块进行溃坝下泄物演进过程模拟；采用 CFD-Post 软件进行模拟结果可视化处理，从而建立了基于 BIM 技术的尾矿库溃坝数值模拟集成系统。本系统可获得尾矿库溃坝下泄物的流量、速度及冲击力的时程变化情况，且可直观地显示溃坝对下游的淹没范围情况，研究成果可为 BIM 技术在数值模拟集成系统中的推广运用提供参考。

2 尾矿库溃坝特点

我国是矿业大国，矿业经济在国民经济中占有相当重要的比例。据统计，至 2012 年年底，我国已拥有各类尾矿库 12273 座，随着我国矿山行业生产规模的不断扩大，这个数量仍在逐年增加[4]。由于尾矿料复杂的工程力学特性及特殊的构筑和运行方式，尾矿坝具

作者简介：黄青富，男，1985 年 8 月生，博士，主要从事土石坝设计及数值模拟分析，hqf23@163.com。

有比水库大坝更高的溃坝风险。根据 N. Lemphers 对世界范围内尾矿坝的统计分析，发现其溃坝失事概率是水库大坝的 10 倍以上[5]。尾矿库的溃决机理与挡水土石坝的溃决机理不尽相同，一方面，土石坝溃决溃口主要在漫顶水流冲刷作用下逐渐发展破坏，形成流量较大的溃坝洪水；而尾矿库溃坝过程往往是由于排渗系统淤堵、坝内浸润线抬高或沉积尾矿料地震液化导致坝坡失稳。另一方面，尾矿库溃决后的下泄物演进规律较为复杂，土石坝溃决后向下游河道排泄的流体主要是水（筑坝材料的含量相对于库水的体积而言可以忽略），而尾矿坝溃决后的下泄物是水和尾矿料的混合物，体现出较强的非牛顿流体特征。

3 基于 BIM 技术的尾矿库溃坝模拟系统

尾矿库内的流体不同于一般水流，是矿渣和水的混合物，属于一种典型的固液两相重力流体，呈现出很强的非牛顿特性。尾矿浆浆体中含有的固体颗粒较细，属于以细颗粒为主的泥流，符合宾汉姆流体的流变特性[6]。本文针对尾矿库溃坝的特点，基于 BIM 技术构建了尾矿溃坝数值模拟系统，系统框架图如图 1 所示，将 BIM 技术融合在尾矿库溃坝数值模拟系统中的稳定分析、模型建立、溃坝数值模拟及后处理等全过程中。通过 Autobank、Slide 等软件进行坝坡稳定分析确定溃坝下泄物总量，综合 Surfer、CATIA、Inventor 及 Hypermesh 软件的各自优

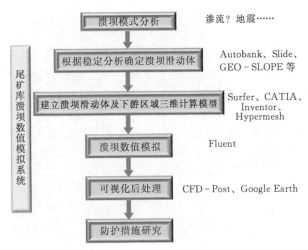

图 1　尾矿库溃坝数值模拟系统

势构建尾矿库及下游影响区域三维数值模型，利用 Fluent 软件进行溃坝下泄物演进过程模拟，采用 CFD - Post 软件进行模拟结果可视化处理。本系统可获得尾矿库溃坝下泄物的流量、速度及冲击力的时程变化情况，且可直观地显示溃坝对下游的淹没范围情况，为评估尾矿库溃坝对下游的影响提供技术支撑，从而采取针对性的防护措施或设计方案优化，以达到避免尾矿库溃坝对下游重要环保、生活、生产区域产生破坏的目标。

4 尾矿库溃坝数值模拟系统运用实例

4.1 工程概况

某尾矿库地处高原亚热带温带季风气候区，干雨季分明，立体气候明显，多年平均年降雨量为 1027.2mm，最大年降雨量为 1492.76mm。场区地震动峰值加速度和设计基本地震加速度值为 0.15g，抗震设防烈度为 7 度。

初期坝采用碾压式透水砾石坝，选址于冲沟较窄处，筑坝石渣为强风化白云岩，坝高 31m，坝顶宽为 4.0m，内、外坡比为 1∶2.5。内坡设置由土工布、砾石构成的反滤层。沿坝体下游坡两侧设置浆砌石截水沟，防止雨水对坝肩及坝面的冲刷。

　　尾矿库采用上游式尾矿堆坝的方式，以 1：4.0 的坡比进行堆坝，尾矿库最终堆积坝高 50m，总坝高 81m。全库容 941.05 万 m³，有效库容 807.5 万 m³，生产年限为 11 年，根据《尾矿设施设计规范》（GB 50863—2013），本尾矿库属三等库。

　　尾矿库汇水面积为 2.98km²，洪水由库内排洪系统排泄。尾矿库的排渗设施主要由初期坝体、堆坝体排渗设施组成。初期坝内坡设置由土工布、碎石构成的反滤层，将初期坝体附近范围内的渗透水导入下游回水池。堆坝体排渗设施主要设置在库内粗颗粒尾矿堆坝体中，从初期坝顶起开始设置纵、横向排渗设施。排渗设施均采用 ϕ100mm 的软式透水管，纵向排渗设施垂直于坝轴线布置，每根软式透水管的水平间距为 30m，长为 60m。横向排渗设施平行于坝轴线布置，并和纵向排渗设施的末端相连接。软式透水管以 0.01 的坡度延伸至堆坝坡外，顺坝面排水沟导出坝外。水平排渗层共设置八层，从初期坝顶起每升高 6.0m 设置一层。

　　本尾矿库为山谷型，堆积体是一个具有高势能的人造危险源，若排渗、排洪措施操作不当或产生淤堵，可能会造成堆积体失稳滑坡，从而导致溃坝事故。尾矿库下游冲沟两岸阶地主要为耕作用地及树木丛林，距初期坝坝脚 0.85～1.2km 的下游处有两个生活居住点。一旦发生溃坝事故，溃坝水砂混合物沿山谷向下游倾泻，可能对下游居住点产生威胁，因此需采用数值模拟手段分析溃坝事故发生后的下泄物尾砂演进规律，评估溃坝下泄物对下游居住点的影响。尾矿库典型断面如图 2 和图 3 所示。

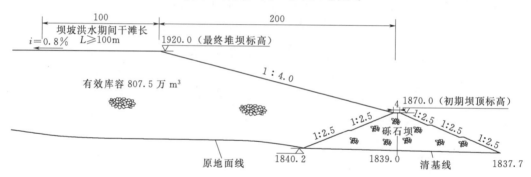

图 2　尾矿堆坝纵断面图

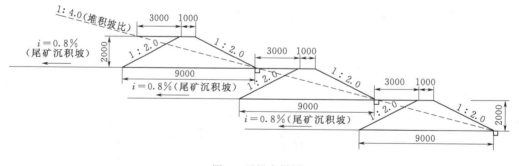

图 3　子堤大样图

4.2　溃坝模式及溃坝模拟区域网格模型

　　根据初步的坝坡稳定分析，该尾矿库在《尾矿设施设计规范》（GB 50863—2013）规定的正常运行、洪水运行及特殊运行（地震荷载）条件下均满足稳定要求，出现坝坡失稳而溃坝的可能性较小。但在超标洪水或排洪、排渗措施淤堵从而导致洪水漫顶的极端条件下，通过坝坡稳定分析，该坝坡将发生失稳从而导致滑坡形成大量的下泄物对下游产生冲击。图 4 给出了洪水漫顶条件下，危险滑弧及滑动体模拟边界示意图。鉴于已建初期坝为碾压式透水砾石坝，严格按照设计要求施工，自身稳定性好，因此认为初期坝自身及初期坝坝顶以下尾砂不会失稳。溃坝下泄总量为尾矿库洪水漫顶情况下滑动体（危险滑动面及初期坝坝顶以上的尾砂）及滑动体流失后残留坝体坝顶以上库内水量之和。

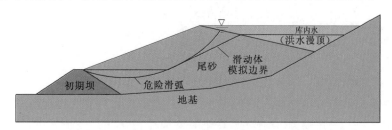

图 4　危险滑弧及滑动体模拟边界示意图

利用 Surfer、CATIA、Inventor 的各自优势构建尾矿库及下游影响区域的三维仿真实体模型，采用 Hypermesh 对实体进行网格剖分，从而构建三维网格模型。构建的三维模型与实际地形吻合度较高，以真实反应地形条件对尾矿库溃坝下泄物演进的影响，提高模拟结果的仿真性。图 5～图 7 分别为溃坝数值模拟区域地形 DEM 图、实体模型图及三维网格模型图。

图 5　溃坝数值模拟区域地形 DEM 图

4.3　溃坝数值模拟及结果分析

　　根据尾矿库溃坝的特点，采用 Fluent 软件的 VOF 模型及宾汉姆流体特性进行尾矿溃坝数值模拟。溃坝模拟历时预先设为 1000s，实际模拟时间根据对每隔一段时间的计算结果分析进行判定：当下泄尾砂的最大流速小于 0.01m/s

图 6　溃坝数值模拟区域实体模型

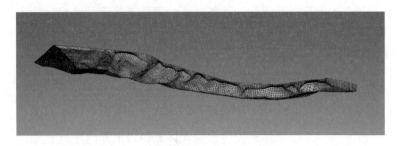

图 7　溃坝数值模拟区域网格模型

时，认为下泄尾砂已稳定，结束模拟。模拟研究了尾矿库溃坝时产生的下泄物流量、冲击范围、淹没深度、流速、冲击力等指标及其时空演进规律。

（1）下泄物淹没范围。图 8 为下泄尾砂稳定后的淹没范围图，从淹没范围图可看出，模型真实反映了地形条件的作用，堆积坝下游侧的右岸沟谷对下泄物起到了一定的存储作用。根据模拟结果，最终坝高 81.0m 条件下，当发生溃坝后，下泄尾砂将对下游的村落部分房屋产生淹没冲击，尾砂淹没前缘点与初期坝坝趾点间的距离约为 1013m（沿沟底中心线）。

图 8　尾砂淹没范围图

（2）淹没深度。为分析下泄尾砂对下游的淹没情况，选择若干典型点进行淹没情况分析，其中点 $A \sim H$ 为沟底中心线典型点。图 9 给出了沟底中心线典型点的地表高程及尾砂表面高程，其中 X 轴为典型点与初期坝坝趾点间的距离（沿沟底中心线）。可见最终下泄尾砂形成了一个堆积体，这体现了下泄物的宾汉姆流体特性，具有一定的屈服应力。稳定后的尾砂表面高程沿着沟底中心线，向下游逐渐减小，最大淹没深度约为 27m，下游居住点处的最大淹没深度为 6.7m。

（3）下泄流量。为便于对尾砂下泄流量、流速、及冲击力演进规律进行研究，选择若干典型断面进行分析。断面 CK-000 为初期坝坝趾处，断面 CK-300 距离坝趾断面

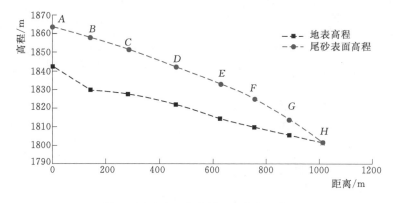

图 9　尾砂表面高程图（沟底中心线）

300m，断面 CK-600 距离坝趾断面 600m。图 10 给出了各断面尾砂下泄流量时程变化图。初期坝坝趾处（断面 CK-000）最大流量为 30117m³/s，流量峰值出现在溃坝 16.8s 后。断面 CK-300 及 CK-600 的流量峰值及出现时间分别为 9257m³/s（31.2s）及 2718m³/s（71.2s）。各断面下泄流量时程曲线的形状总体上为"前陡后缓，后缓段内稍有波动"，即下泄流量在短时间内达到峰值，随后缓慢下降，在后续砂流的推动作用下，流量可能再度增大。随着下泄尾砂的向前演进，在地形、地表摩阻力及尾砂自身黏聚阻力的共同作用下，下泄能量逐渐耗散。

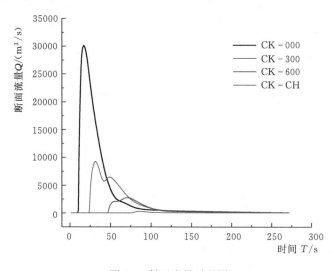

图 10　断面流量时程图

　　（4）下泄速度。图 11 给出了各断面平均速度时程变化图。在 9s 后，尾砂行进到断面 CK-000（初期坝坝趾断面），断面平均速度在短时间内迅速增大到峰值 19.8m/s，随后缓慢下降。溃坝后 24s，尾砂行进到断面 CK-300，该断面平均速度的峰值为 14.3m/s。溃坝 47.2s 后，尾砂行进到断面 CK-600，该断面平均速度的峰值为 8.4m/s。断面 CK-000、断面 CK-300、断面 CK-600 的平均速度峰值逐渐减小，这是由于地形、地表摩阻力及尾砂自身黏聚阻力的共同作用。

　　（5）下泄冲击力。图 12 给出了各断面平均冲击力时程变化图。各断面尾砂下泄冲击

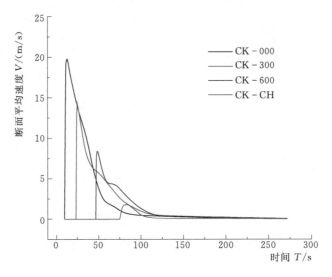

图 11   断面平均速度时程图

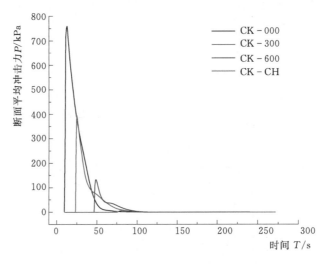

图 12   断面平均冲击力时程图

力的时程变化曲线同尾砂下泄速度时程变化曲线形状较为相似，也是在短时间内达到峰值，随后缓慢下降，这是由于冲击力与流速的平方成正比。断面 CK - 000（初期坝坝趾处断面）平均冲击力的峰值为 760kPa，断面 CK - 300 及断面 CK - 600 平均冲击力的峰值分别为 396kPa 及 133kPa。尾砂下泄冲击力随行进距离的增大迅速下降，破坏力减小。

4.4   防护措施建议

根据数值模拟结果，一旦发生洪水漫顶溃坝，溃坝下泄尾砂将对下游居住点产生一定的淹没影响，因此需采取以下防护措施以保护下游居住点：

（1）加强尾矿堆坝施工管理，严格按照设计要求进行尾砂堆放。

（2）加强在线监测，及时收集和掌握库区降雨量、尾矿库水位、浸润线及坝体位移情况。

（3）汛期前对排洪设施进行检查和维修，确保排洪设施的畅通。洪水过后对坝体和排洪构筑物进行全面认真的检查及修复，同时，采取措施降低库水位，防止连续降雨后发生溃坝事故。

（4）下游居住点处设置导流墙，以引导溃坝尾砂向下游河道流动，避免尾砂对居住点的冲击。

（5）降缓堆积坝坝坡坡比，以提高堆积坝的稳定性，并可减少溃坝下泄物的总下泄量，从而避免尾砂对居住点的冲击。

5　结语

随着 BIM 技术的大力发展及推广运用，BIM 技术在工程建设、管理领域的作用越来越重要。本文针对尾矿库溃坝数值模拟需求及特点，基于 BIM 技术构建了尾矿库溃坝数值模拟分析系统，将 BIM 技术融合在坝坡稳定性分析、模拟区域模型建立、溃坝数值模拟及可视化后处理等全过程中，系统可获得尾矿库溃坝下泄物的流量、速度及冲击力的时程变化情况，且可直观地显示溃坝对下游的淹没范围情况，以评估尾矿库溃坝对下游的影响，从而采取针对性的防护措施或设计方案优化，达到避免尾矿库溃坝对下游重要环保、生活、生产区域产生破坏的目标。研究成果为 BIM 技术在数值模拟集成系统中的推广运用提供了参考。

参考文献

[1]　冀程. BIM 技术在轨道交通工程设计中的应用 [J]. 地下空间与工程学报，2014，10（s1）：1663 - 1668.

[2]　苏小超，蔡浩，郭东军，等. BIM 技术在城市地下空间开发中的应用 [J]. 解放军理工大学学报（自然科学版），2014，15（3）：219 - 224.

[3]　张剑涛，姚爱军. 基于 BIM 技术的 PBA 法施工虚拟仿真 [J]. 地下空间与工程学报，2015，11（s2）：674 - 679.

[4]　赵天龙，陈生水，钟启明. 尾矿坝溃决机理与溃坝过程研究进展 [J]. 水利水运工程学报，2015（1）：105 - 111.

[5]　LEMPHERS N. Could the Hungarian tailings dam tragedy happen in Alberta [R]. 2010.

[6]　金佳旭，梁力，吴凤元，等. 尾矿坝溃坝模拟及影响范围预测 [J]. 金属矿山，2013，43（3）：141 - 144.

三维地质建模技术在建元高速公路工程中的应用

杨　伟，李天鹏，王小锋

（中国电建集团昆明勘测设计研究院有限公司地质工程勘察院，昆明　650051）

摘　要：三维地质建模技术在高速公路工程地质勘察中具有重要的作用，它不仅可以很好地分析及展示地质体，还可为工程三维设计提供基础。本文首先介绍了三维地质建模的基本概况，然后以建水至元阳高速公路为例，阐述了三维地质建模技术在高速公路工程地质勘察中的应用，实现了长距离线路的初选、路基工程开挖工程量的计算、桥梁工程的三维设计、隧道工程围岩初步分类等，应用取得了较好的效果，具有较强的实用性。

关键词：三维地质建模；GeoBIM；高速公路工程；工程地质勘察

1　引言

随着计算机技术的不断发展，三维建模技术日渐成熟，逐步应用于各领域，并取得了一定的成果[1-5]。基于 GeoBIM 软件的三维地质建模技术已在多个水利水电工程项目中进行了应用，实现了地质体的三维可视化，地质对象的空间分析、二维图件的高效制图，工程方量的计算，以及提供给设计专业用于三维设计等功能，极大地提高了水利水电工程地质勘察的工作效率，推动着三维地质建模技术的发展[6]。

随着高速公路工程的快速发展，为了提高高速公路工程地质勘察与设计的效率，三维地质建模技术应用于该领域成为一种必然的趋势。本文基于 GeoBIM 软件以建元（建水至元阳）高速公路为例进行了三维地质模型的构建，并将模型应用于实际工程地质勘察与设计中，实现了长距离线路的初选、路基工程开挖工程量的计算、桥梁工程的三维设计、隧道工程围岩初步分类等。

2　工程概况

建水至元阳高速公路起自建水县庄子河村附近，设庄子河枢纽接鸡石高速公路，止于元阳县呼山村附近，设呼山枢纽接在建元蔓高速公路，路线长度约为 73.26km；个旧至元阳段起自个旧市蚂蟥塘村附近，设蚂蟥塘枢纽接在建新鸡高速公路，在尼格村附近，设尼格枢纽接建水至元阳高速公路，路线长度为 51.54km（图 1）。项目拟采用双向四车道高速公路标准建设，设计速度 80km/h，路基宽度为 25.5m。建水（个旧）至元阳高速公

作者简介：杨伟，男，1986 年 10 月出生，工程师（硕士），主要从事工程地质及山地灾害研究，wendyyangwei
@163.com。

图 1　项目地理位置示意图

路建水段建设长度 73.25609km。项目土石方 2130 万 m³；设桥梁 59 座 19462.1m，其中，特大桥 4649.5m，4 座；大桥 14108m，45 座；中桥 704.6m，10 座；全线共设置隧道 32219.5m，14 座；其中特长隧道 15696.5m，3 座；长隧道 15181m，8 座；中长隧 685m，1 座；短隧道 657m，2 座；桥隧比为 70.55%。

项目区位于云贵高原南缘、哀牢山和红河东侧，总体上属构造溶蚀侵蚀中山区。地形地貌较复杂，主要表现为：地势南西低北东高，地形起伏大，山体较陡峻，冲沟较发育，地形中等切割，发育构造断陷岩溶盆地。区内最高点位于工程区北侧白石岩，高程为 2226.00m，最低点位于红河河谷，工程区范围内最低高程为 220.00m，相对高差达 2000m。

工程区大部属于玉溪—建水高原湖盆区，以红河断裂为界，以东地区地势由北向南倾斜，海拔 1500～2200m。分水岭地带起伏较小，大都为低中山地形，高原保留尚好。河流的下游地段侵蚀加强，地势高差加大，在红河的岸坡地带形成中山地形。盆地四周或河谷地带，地下水交替活跃，泉水呈线状出露，该区以高原构造侵蚀地貌和高原溶蚀地貌为主。道路沿线地层变化大，从新到老主要分布第四系（Q）、上第三系（N）、三叠系（T）、二叠系（P）和泥盆系（D）以及白垩系燕山期花岗岩 $\left[\gamma_5^{3(a)}\right]$。工程区大地构造涉及扬子准地台和华南褶皱系两个Ⅰ级大地构造单元。线路走廊起始于扬子准地台之川滇台背斜（康滇地轴）东南边缘，至白林山后，向南东横贯滇东台褶带，至建水东侧进入华南褶皱系范围，其终点为华南褶皱系滇东南台褶带的西部边缘[7]。沿线构造发育，主要分布有 15 条较大断裂，对线路有影响的断裂主要有红河深大断裂、唐家庄-烧瓦塘断裂、尼腊-官厅-鱼鲊珠断裂、牛滚塘-木花果断裂、年少-雨泥断裂。据《中国地震动峰值加速度区划图》和《中国地震动反应谱特征周期区划图》（GB 18306—2015），K0＋000～K10＋000 段Ⅱ类场地地震动峰值加速度值为 0.30g，K10＋000～K40＋000 段Ⅱ类场地地震动峰值加速度值为 0.20g，相应的地震基本烈度值为Ⅷ度；K40＋000～K72＋719 段Ⅱ类场地地震动峰值加速度值为 0.15g，相应的地震基本烈度值为Ⅶ度。线路全段Ⅱ类场地，地震动反应谱特征周期均为 0.45s。

项目区处珠江水系支流南盘江与北盘江分水岭地带，大致以老厂为界，北侧的格所河流入北盘江，南侧的楼下河流入南盘江。项目区地表水丰水期在 6—10 月，其流量占全年径流流量 75%，而 11 月至次年 5 月的径流量，仅占全年径流量的 25%，最大丰水月为 7 月，最枯月为 3—4 月，地表河流属雨源型河流，其枯、洪流量变幅显示了山区河水流量暴涨暴落的特点，雨季河水猛涨、枯季水位剧降，甚至近于干涸。

根据地下水的赋存条件、水理性质及水力特征，路线区地下水主要为松散岩类孔隙水、基岩裂隙水与碳酸盐岩类岩溶水三大类型。沿线物理地质现象和不良地质现象发育。工程区存在的主要工程地质问题为活动断裂与地震，其次为岩溶、堆积体、高地应力和高地温等。

3 模型应用

3.1 线路初选

滑坡、崩塌、泥石流、区域断裂等异常地质的分布对公路路线的初步选择具有较大的制约，公路路线应尽量避开活动断裂、大规模的崩塌、滑坡、泥石流等不良地质体，线路尽量与区域断层的走向大角度相交。通过区域地质资料及地质勘察资料建立起来的长线路三维地质模型主要用于三维可视化，不仅可以展示地形地貌特征，还可以形象、直观地展示上述不良地质与初选路线的关系（图2）。公路 K0＋00～K11＋000 段线路周边发育有 6 个崩滑体，7 条区域断裂，通过上述资料，结合沿线地形地貌特征，可以更加合理地进行公路的路线展布，绕开不良地质的路段，从而可防止各类因不良地质引发的公路危险事故的发生。

3.2 路基工程

依据野外地质测绘及地质勘察等资料构建的路基工程三维地质模型可以为公路路基的

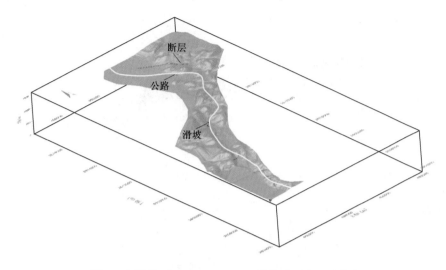

图 2　公路 K0＋000～K11＋000 段线路不良地质分布

开挖设计提供指导，根据三维地质模型中第四系覆盖层及下伏岩体风化面的展布，可以更加容易、直观地确定路基边坡的开挖坡比、开挖方式及路基开挖的合理深度。以建元高速公路 K9＋240～K9＋680 路基段为例，进行了三维地质建模（图 3），设计方根据三维地质模型进行了路基边坡及路基的开挖三维设计，路基模型导入三维地质模型中可以很直观的展示路基边坡开挖后覆盖层、全强风化、中风化岩体的分布情况以及路基置于中风化岩体上（图 4）。

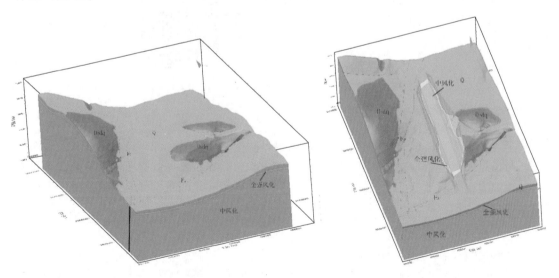

图 3　路基三维地质模型　　　　　　图 4　路基开挖三维地质模型

　　除此之外，根据路基三维地质模型可以准确地进行开挖边坡与路基土石工程量的计算，从而可为土石方开挖设备的选择与工程造价的预算等提供强有力的数据支撑。根据三维地质模型计算得出 K9＋240～K9＋680 路基段覆盖层的开挖工程量为 32960.19m³（图 5），全强风化岩体开挖工程量为 79091.42m³（图 6），中风化岩体开挖工程量为

230624.94m³（图7）。

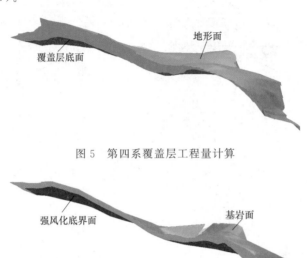

图 5　第四系覆盖层工程量计算

图 6　全强风化岩体工程量计算

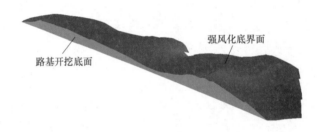

图 7　中风化岩体工程量计算

3.3　桥梁工程

通过桥梁工程三维地质模型，不仅可以很好地指导桥基的合理布置，还可以通过剖切分析对桥梁布置进行检查与验证，同时可为进一步的勘探布置提供指导以及验证已布置勘探工作的合理性与准确性。以庄子河大桥为例，进行了三维地质模型的构建，桥梁工程三维地质模型如图7所示。通过模型剖切分析可以看出勘探主要布置在桥基位置（图8），且桥基主要置于覆盖层中，少量位于强风化岩体中。

3.4　隧道工程

通过隧道工程三维地质模型，可以实现隧道沿线地层岩性、构造等的直观展示，还可以对隧道围岩类型进行初步预判，为施工过程中可能出现的各类工程地质问题提供依据，进而为围岩的工程支护设计提供指导。以五老峰隧道为例，通过三维工程地质模型（图9），可以直观地看出五老峰隧道从进口至出口依次穿过的地层岩性为 T_3n^1 泥质灰岩、T_3n^2 砂板岩夹粉砂质泥岩、T_2g^3 灰岩、T_2g^2 灰岩、T_2g^1 灰岩、$\gamma_5^{3(a)}$ 花岗岩，穿过两条区域断裂 F_{18}、F_{10}。

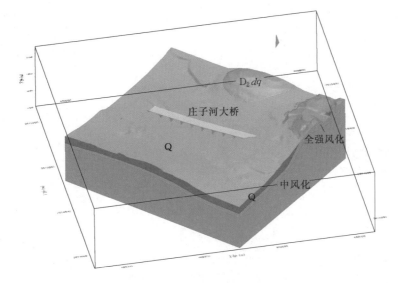

图 8　庄子河大桥工程地质模型图

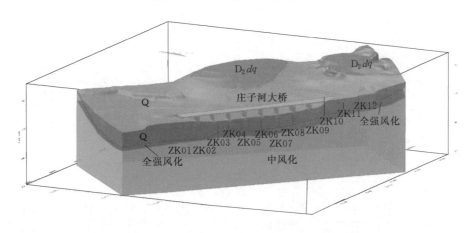

图 9　庄子河大桥工程地质模型剖切图（沿右边界）

　　通过三维地质模型中岩层与构造的分布，结合岩体风化、岩体完整、稳定程度等，对五老峰隧道进行围岩初步分类，将围岩类别主要分为 III_2 类、IV 类及 V 类（图 10 和图 11）。隧道进口为浅埋段，为 T_3n^1 泥质灰岩，溶蚀裂隙发育，且受到进口处区域断裂 F_9 的影响，岩体破碎，定为 V 类围岩；区域断裂 F_{18}、F_{10} 通过的洞身段为断层泥、片状岩、糜棱岩等，岩体稳定性极差，定为 V 类围岩；隧道出口为浅埋段，为 $\gamma_5^{3(a)}$ 花岗岩，岩体呈全强风化，岩体破碎，定为 V 类围岩；定为 III_2 类围岩的主要地层岩性为 T_2g^1 灰岩、$\gamma_5^{3(a)}$ 花岗岩，为微风化岩体，岩体完整性较好。通过上述隧道围岩的初步分类，可为施工阶段工程的开挖与支护提供一定的依据，可作为地质超前预报的基础资料，结合工程开挖揭露的工程地质情况及一些监测数据，能更好地进行指导施工阶段隧道的开挖与支护工作。

4　结语

　　目前公路工程的设计主要都是以二维为主，随着三维技术以及公路行业的发展，三维

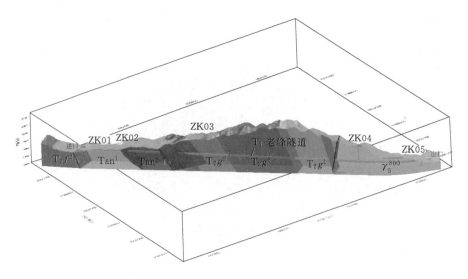

图 10 五老峰隧道三维地质模型图

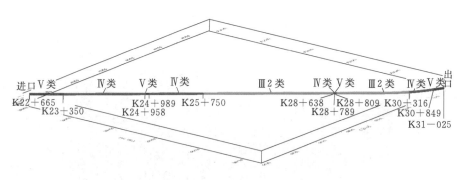

图 11 五老峰隧道围岩初步分类图

设计将逐步应用于公路工程。而要做好公路工程三维设计，三维地质建模是基础，是对工程地质勘察成果的总结与凝练，三维地质建模工作复杂而又艰巨，要求具备地质工程师及 BIM 工程师的技术知识及工程经验。

本文以建水至元阳高速公路为例，阐述了高速公路三维地质模型的建立，并将三维地质模型应用于公路工程的初步选择、路基工程开挖工程量的计算、桥梁工程的三维设计、隧道工程围岩初步分类等方面，为公路工程的勘察、设计与施工提供了较好的技术指导。

基于 GeoBIM 的三维地质建模已在高速公路工程中进行了应用，并取得了一定的成果，由于公路工程线路长，地质条件复杂，模型长距离的展示与应用有待于进行进一步的研究。随着三维地质建模技术的发展，三维地质建模将会在线路工程地质勘察中得到更好、更广泛的应用，公路工程三维设计的效率也会大大提高。

参考文献

[1] 张洋洋，周万蓬，吴志春，等. 三维地质建模技术发展现状及建模实例 [J]. 东华理工大学学报（社会科学版），2013，32（3）：403-409.

［2］ 曹代勇，朱小第，李青元. OpenGL 在三维地质模型可视化中的应用［J］. 中国煤田地质，2000，12（4）：20 - 23.

［3］ 朱小第，李青元，曹代勇. 基于 OpenGL 的切片合成法及其在三维地质模型可视化中的应用［J］. 测绘科学，2001，26（1）：30 - 32.

［4］ 张菊明. 三维地质模型的设计和显示［M］. 北京：地质出版社，1996：158 - 167.

［5］ 钟登华，李明超. 水利水电工程地质三维建模与分析理论与实践［M］. 北京：中国水利水电出版社，2006.

［6］ 杨伟，王小锋，李忠，等. 三维地质建模技术在古水水电站中的应用［J］. 水力发电，2016，42（12）：10 - 15.

［7］ 刘伟，张兵. 昆河新线玉蒙段工程地质问题及对策［J］. 云南地质，2007，26（3）：328 - 334.

Civil 3D 在道路超高与加宽设计中的应用与改进

潘国瑞，孟繁运，蔡志敏

（中国电建集团昆明勘测设计研究院有限公司，昆明 650051）

摘　要：Civil 3D 软件可调用规范对道路进行超高、加宽设计，但 Civil 3D 默认的规范是美国规范《AASHTO Roadway Design Standards 2011》，并不适用于国内项目。因此，国内项目不得不对各小半径曲线的超高横坡值、加宽值以及过渡段长度进行手动输入调整。此方法工作量巨大，效率低下。本文介绍的《城市道路路线设计规范》（CJJ 193—2012），可对道路超高、加宽设计进行批量处理，显著提高工作效率，有利于 Civil 3D 在国内项目的推广。

关键词：Civil 3D；超高；加宽；自定义规范

1　引言

Civil 3D 软件是美国 Autodesk 公司推出的一款面向土木工程行业的建筑信息模型（BIM）解决方案。它能够为基础设施行业的各类技术人员提供了强大的设计、分析以及文档编辑功能，可加快设计理念的实现过程[1]。Civil 3D 三维设计软件可广泛适用于勘察测绘、地形地貌、岩土工程、道路交通、水利水电、地下管网、土地规划等领域[2]。在道路工程设计中，Civil 3D 软件的所有曲面、路线、纵断面、横断面、标注等均以动态方式链接，三维动态工程模型可实时更新，具有效率高、建模快、工程量准、可视化好、互动性强等诸多优势。

道路的超高是为抵消车辆在平曲线上行驶时所产生的离心力，而在该路段横断面上设置的外侧高于内侧的单向横坡。当道路曲线半径小于设计时速对应的不设超高最小半径时，均应设置超高[3]。加宽是为使汽车转弯时不侵占相邻道路而设置的曲线段加宽。当圆曲线半径小于或等于 250m 时，应在圆曲线内侧进行加宽设计。当受条件限制时，次干路、支路可在圆曲线的两侧加宽。超高与加宽设置关乎行车安全，是道路设计工作中的重难点。如何在 Civil 3D 软件中正确、快捷地完成道路超高与加宽设计值得深入研究。

2　超高与加宽的设计方法

目前，Civil 3D 软件设置道路超高、加宽主要有以下两种方法。

作者简介：潘国瑞，男，1991 年 6 月出生，硕士、助理工程师（市政公用工程），panguorui321@163.com。

2.1 设计向导调用规范法

Civil 3D 软件在路线平面设计中支持基于规范的路线设计，或者设计完成后对设计路线的最小半径、缓和曲线是否满足规范的要求进行检查[1]。在 Civil 3D 软件中创建路线后，选中路线，点击修改菜单栏的"超高"按钮，选择"计算/编辑超高"，进入超高设计向导如图1所示。按照设计向导的提示，依次选取和输入道路类型、车道宽度与坡度、路肩控制等信息。调用设计规范文件，选择超高率表、过渡段长度表、达到方式、过渡公式等，对整条线路的所有圆曲线批量完成超高设计，如图2所示。

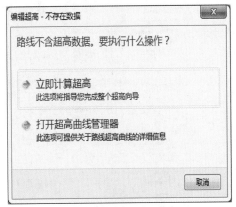

图 1　超高设计向导

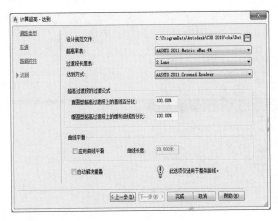

图 2　调用设计规范

一条中心线可以有多条偏移路线来表示不同车道的边界线，或者一些道路的特征性。偏移路线支持多样的加宽方式，能根据不同需求采用不同类型的加宽区域和过渡方式[1]。选中该路线，点击偏移路线，弹出创建偏移路线对话框（图3），输入路线左右侧偏移数和偏移量。点击加宽标准，选择"通过设计标准制定加宽段"，并在特性中选取加宽方法、选择仅限内侧或两侧加宽以及过渡段长度表，即可完成整条路线所有圆曲线的加宽设计（图4）。

为验证该方法的正确性，创建一条设计时速 40km/h，圆曲线半径为 60m 的试验路线一。道路为双向四车道，每条车道宽 3.5m。该路线绕中线旋转设置超高，加宽类型为第一类，两侧加宽。查阅《城市道路路线设计规范》（CJJ 193—2012），经计算，该路线应设置 2% 的最大超高横坡，圆曲线单条车道加宽 0.45m，过渡段长度可取约 42m。

选中试验路线一，在"路线特性"对话框的设计规范一栏中添加设计时速 40km/h，勾选使用基于标准的设计，选取默认设计规范文件对试验路线一调用规范完成超高与加宽设计。设计结果如图5和图6所示，该路线最大超高横坡为 4%，加宽 1.7m，过渡段长度 18m。可见，设计结果与计算结果有较大偏差。经检查发现，Civil 3D 软件默认的设计规范是美国规范《AASHTO Roadway Design Standards 2011》，与我国的《城市道路路

图 3　创建偏移路线　　　　　　　　图 4　加宽标准设置

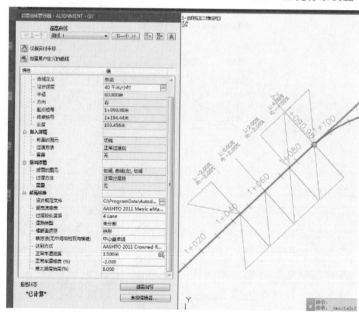

图 5　试验路线一超高设计结果

线设计规范》（CJJ 193—2012）差异较大。

2.2　手动调整法

选中试验路线一，单击修改菜单栏的"超高"按钮，选择"查看表格编辑器"，设计向导计算的超高曲线参数（图 7）。可在该表格中依次对每段圆曲线的过渡段长度以及各临界点的起始桩号和横坡值进行手动修改。

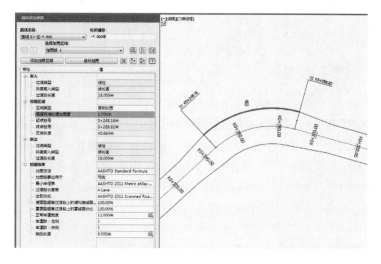

图 6 试验路线一加宽设计结果

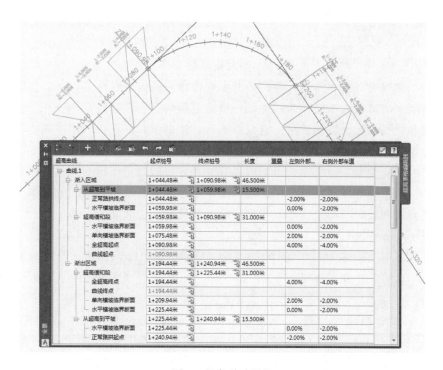

图 7 超高手动调整

　　加宽标准对话框（图 8），单击手动指定加宽段，输入增加宽度和过渡段长度，依次完成各圆曲线的加宽设计。

　　利用该方法可将按照国内规范计算出的超高、加宽数值一一输入到各段圆曲线，正确完成超高、加宽设计，但该方法效率低下。

　　综上所述，利用设计向导调用规范对超高、加宽进行批量处理十分便捷，但 Civil 3D 软件默认的美国规范与我国规范差异较大，不适用于国内项目。手动调整法可查阅国内相关规

图 8　加宽手动调整

范经计算后输入正确数值，但该方法效率较低，非常繁琐。

3　自定义规范

为解决该问题，本文利用规范编辑器，参考《城市道路路线设计规范》（CJJ 193—2012）自定义了能被 Civil 3D 软件调用的中国版规范，正确、快捷地对国内道路的超高、加宽设计批量处理。

首先，在 Excel 表中进行分类讨论。查阅《城市道路路线设计规范》（CJJ 193—2012）中不同设计时速对应的最大超高横坡度，按绕中线旋转和绕边线旋转两种类型，分别选取不同设计时速对应的最大超高渐变率。依据以下公式计算超高缓和段长度。

$$L_e = b \cdot \Delta i / \varepsilon$$

式中：L_e 为超高缓和段长度，m；b 为超高旋转轴至路面边缘的宽度，m；Δi 为超高横坡度与路拱坡度的代数差，%；ε 为超高渐变率。

若该段平曲线设有缓和曲线，超高缓和段应在缓和曲线全长范围进行。当缓和曲线较长时，超高缓和段可设置在缓和曲线的某一区段范围内。当设计时速小于 40km/h 时，道路可不设缓和曲线，超高缓和段可在直线段进行。超高缓和段长度与缓和曲线长度两者中应取最大值作为缓和曲线的计算长度。

按照三种加宽类型，分别输入不同圆曲线半径对应的每条车道加宽值。设置缓和曲线和超高缓和段时，加宽缓和段应采用与缓和曲线或超高缓和段长度相同的数值。当不设缓和曲线或超高缓和段时，加宽缓和段长度应按加宽侧路面边缘渐变率 1∶15～1∶30 计算，且长度不小于 10m[4]。

在 Excel 表中完成各种工况的计算后，打开 Civil 3D 软件中的设计规范编辑器。如图 9 和图 10 所示，在超高表中先定义不同设计时速对应的极限半径和不设超高圆曲线最小半径，再输入 Excel 表中不同工况过渡段长度计算结果。超高表的主要作用是可以以此表检查圆曲线半径是否大于极限半径，进行超高计算，同时超高过渡段长度可以作为缓和曲线设计长度的参考。在"路线特性"对话框中，可选中设计规范对设计路线对曲线最小半径、路线元素是否相切等方面进行检查，若路线不符合设计规则要求就会在该路线元素上显示感叹号，鼠标移至感叹号即可提示不符合设计规范的详细信息。

Civil 3D 软件可以基于规范实现自动加宽，规范中支持两种加宽方式：第一种是通过公式计算加宽值；第二种是查表来计算加宽值。本文采用第二种方法，在加宽表中，依次设置三种类型加宽。如图 11 所示，输入不同半径对应的单条车道加宽值，当圆曲线半径大于 250m 时，加宽值为 0，既自动判定为无须设置加宽。

按以上步骤，即可完成中国版规范的自定义。

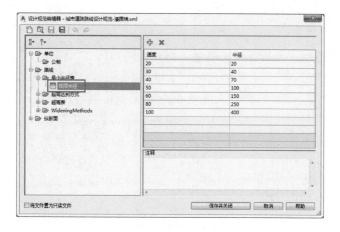

图 9　极限半径

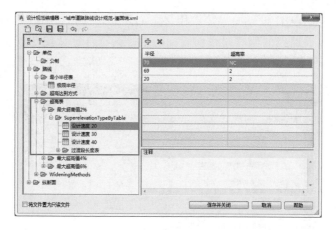

图 10　不设超高最小半径

图 11　加宽值

4 验证自定义规范

完成自定义规范后，为验证其正确性，创建试验路线二（图12）。试验路线二设计时速 40km/h，三段圆曲线半径分别为 100m、280m、400m，道路为双向四车道，每条车道宽 3.5m，直线部分设置 2%的路拱。假设该路线绕中线旋转设置超高，加宽类型为第一类，两侧加宽。

$R_1=100\text{m}$ $R_2=280\text{m}$ $R_3=400\text{m}$

图 12　试验路线二

对试验路线二使用超高设计向导，调用自定义规范，选择绕中线旋转，完成超高设计结果（图13）。在试验路线的偏移路线加宽标准中，调用自定义规范，选择第一类加宽且两侧加宽，加宽设计结果如图14所示。

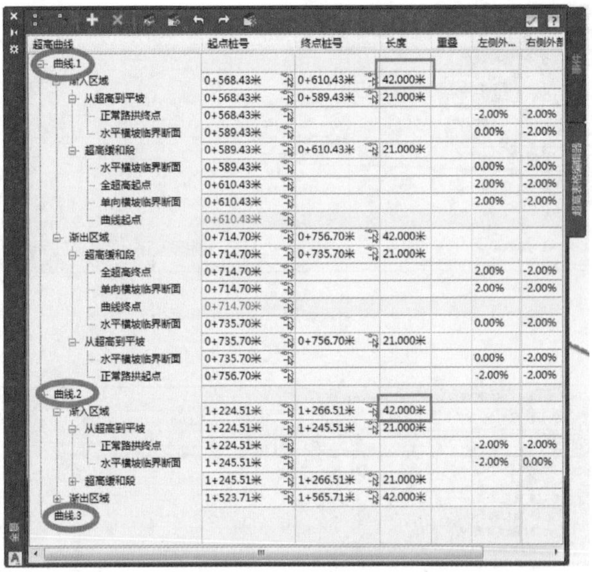

图 13　试验路线二超高设计结果

试验路线二的调用自定义规范进行超高加宽设计的结果为：曲线一半径较小，最大超高横坡 2%，单侧加宽 0.8m，过渡段长度 42m；曲线二半径大于 250m，自动判定为无须设置加宽，最大超高横坡 2%，过渡段长度 42m；曲线三半径大于设计时速 40km/h 对应的不设超高最小半径 300m，自动判定为无须设置超高、加宽。经核对，调用自定义规范完成的超高、加宽设计与国内规范计算结果完全一致。

对试验路线二进行纵断面设计，待该路线的平、纵设计完成后，需使用部件建立道路

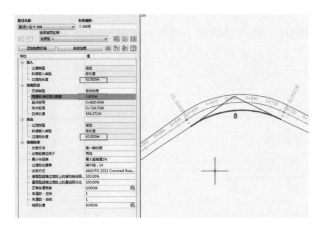

图 14　试验路线二加宽设计结果

的标准横断面装配，用以建立道路三维模型。在创建装配过程中，为了使超高、加宽设计结果真实地反应在道路三维模型上，行车道部件应选取公制车道部件中的"车道超高旋转轴"。如图 15 所示，对该部件特性进行编辑，把参数"使用超高"一栏中的"无"修改为对应侧的车道。随后可对该部件的宽度、路拱坡度、各面层、基层厚度进行设定，使得道路横断面能真实反应路基路面结构，且便于道路工程量统计。

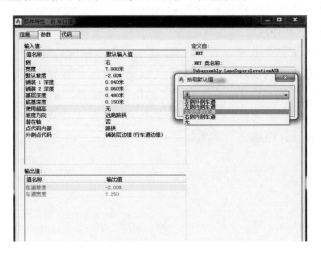

图 15　调整行车道部件参数

用该装配建立试验路线二的道路模型后，使用采样线剖切三维道路模型，可直观显示各桩号对应的道路横断面。在直线区域，试验路线二道路模型的行车道宽度为左右两侧各 7m，路拱为 2％双向横坡（图 16）；在曲线一前的超高加宽过渡段，采用两侧加宽，行车道宽度过渡为左右两侧各 7.4m，采用绕中线旋转方式，左侧行车道绕中线旋转至平坡，右侧行车道保持 2％横坡（图 17）；曲线一的

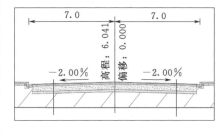

图 16　直线区域道路横断面

圆曲线部分已完成全超高、加宽设计，左右两侧车道各加宽 0.8m，左侧行车道已绕中线旋转至全超高，与右侧行车道共同构成 2% 的单向横坡（图 18）。综上，试验路线二的超高、加宽设计信息，已完整准确地反映在三维道路模型上，并可在横断面中直观展示。

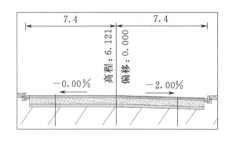 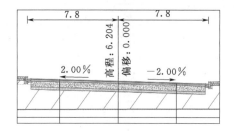

图 17　超高加宽过渡段横断面　　　　图 18　超高加宽后的横断面

该自定义规范已成功应用于多个项目中，其准确性得到了充分验证。在 Civil 3D 软件中，一段小半径曲线以手动调整法完成超高、加宽设计需大约半小时，若路线较长，小半径曲线较多时，工作量巨大。调用自定义规范仅需几秒钟即可完成整条道路的超高、加宽设计，极大地提高了工作效率，也避免了过渡段长度的计算错误。

5　结语

本文依据《城市道路路线设计规范》（CJJ 193—2012）编辑的自定义规范，可在 Civil 3D 软件中正确、快捷地对城市道路的超高、加宽进行批量设计，动态保持路线的几何形状更新，显著地提高了工作效率，有利于 Civil 3D 软件在国内项目的推广。以类似的方法，亦可自定义《公路路线设计规范》（JTG D20—2017），解决公路的超高、加宽问题。

Civil 3D 软件默认的设计规范、标注样式、出图模板等，都是基于美国人的设计规范和制图习惯开发的，要在国内推广 Civil 3D 软件，需自定义规范，修改标注样式，定制出图模板，不断地让该软件中国化、本土化、标准化，这是一个引进、消化、吸收、再创新的过程。

参考文献

[1]　任耀. Auto Civil 3D 2013 应用宝典 [M]. 上海：同济大学出版社，2008.
[2]　任耀，秦军. Auto Civil 3D 2008 实战教程 [M]. 北京：人民交通出版社，2008.
[3]　姚昱晨. 市政道路工程 [M]. 2 版. 北京：中国建筑工业出版社，2001.
[4]　GJJ 193—2012 城市道路设计规范 [S]. 北京：中国建筑工业出版社，2012.

Civil 3D 在市政道路正向设计中的应用

蔡志敏，赵　亮，潘国瑞

（中国电建集团昆明勘测设计研究院有限公司，昆明　650051）

摘　要：本文以贵州省凯里市某市政干道为背景，阐述了市政道路正向设计中 Civil 3D 的具体应用，从数据快捷方式、部件的逻辑属性、多级边坡部件的定制和交叉口设计这几个各方面讲述 Civil 3D 的特点，为 Civil 3D 在市政道路正向设计提供一定的参考。

关键词：Civil 3D；数据快捷方式；部件编辑器；正向设计

1　引言

BIM 是信息模型在工程建设行业的一个应用，BIM 技术是创建并利用数字化模型对建设项目进行设计、建造和运营等全过程进行管理和优化的方法和工具。BIM 技术将引领工程数字技术走向更高层次的新技术，已经成为工程建设领域的新热点[1]。

Civil 3D 软件是一款面向基础设施行业的建筑信息模型（BIM）解决方案，它为基础设施行业的各类技术人员提供了强大的设计、分析以及文档编制功能，适用于勘察测绘、岩土工程、交通运输、水利水电、市政给排水、城市规划和总图设计众多领域[2]。

Civil 3D 架构在同版本 AutoCAD 之上，基本包含其所有功能，并提供了测量、三维地形处理、土方计算、场地规划、道路设计、地下管网设计等先进的专业设计工具，能够与 Revit、Navisworks、Autodesk Infrastructure Modeler、3ds max Design 等软件都有良好的数据交互，有效扩展土木工程三维设计成果，还可以实现 Map 3D 的一系列功能，帮助处理地理信息、规划和工程决策等工作[3]。

本文以贵州省凯里市某市政干道为背景，阐述在该项目道路工程正向设计中 Civil 3D 的应用碰到的问题及其相应的解决方案，为 Civil 3D 推广使用提供一定的参考。

2　项目概况

凯里市是黔东南州及凯里城市的政治、经济、文化中心。本项目位于凯里城区东部，主要连接环城东路和现状 308 省道，是连接凯里与赖坡片区的一条重要的城市主干道。

本市政干道工程全长 3909.42m，红线宽度 33m，城市主干道，设计时速 50km/h。道路中间设置一段分离式隧道。分离式路段左线长 1571.139m，其中隧道长度 649.374m；

作者简介：蔡志敏，男，1986 年 5 月生，硕士，主要从事道路桥梁设计研究，254228024@qq.com。

分离式路段右线长 1602.565m，其中隧道长度 654.169m。

3 BIM 正向设计

BIM 正向设计是直接在三维环境下进行设计，利用三维模型和其中的信息，自动生成所需要的图档，完成设计工作。本项目道路设计完全采用 BIM 正向设计，采用 Civil 3D 建立道路三维模型，在建模和二维出图过程中，总结了一些 Civil 3D 的应用技巧和数据管理思路，为后续工程中 Civil 3D 的应用抛砖引玉。

3.1 数据快捷方式

数据快捷方式提供了对象的完整参照副本，可将其从一个图形导入到一个或多个其他图形中。数据快捷方式仅为曲面、路线、纵断面、道路、管网和图幅组而创建。这些快捷方式可提供图形之间的参考链接，而不必使用数据库。从图形创建数据快捷方式后，这些快捷方式便会显示在浏览树的"数据快捷方式"节点上。通过在参照对象的快捷方式上单击鼠标右键，可以将参照对象从此位置插入到其他打开的图形中，或将快捷方式拖放到当前图形。

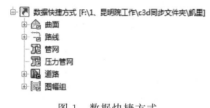

图 1 数据快捷方式

在本项目中，为了方便模型数据在二维出图中的使用，采用数据快捷方式将模型数据统一管理，道路平面、纵断面、横断面出图可以方便调用数据，达到方便快捷、实时更新的效果[2]。本项目数据快捷方式浏览数如图 1 所示。

快捷方式为仅基于图形的共享对象数据提供简单、直接的机制，而无需额外的服务器空间，并且避免了 Autodesk Vault 的管理需求。这对于小型团队或小型项目来说，是比较理想的情况。

数据快捷方式是可以很灵活的，基于对象的项目数据管理利用这些特点，可方便地进行市政项目道路专业内部、道路专业和排水专业之间的数据协同，将数据快捷方式存储于局域网的共享文件夹中，原始地形曲面、路线、纵断面、道路、道路曲面、管网以及图幅组对象等数据均可供项目组成员使用，提高各专业之间的协同合作能力，提升设计效率。

3.2 部件的逻辑属性

部件和装配是创建 Civil 3D 道路模型的基础结构。在道路的三维建模中，核心步骤就是使用部件建立道路的装配。Civil 3D 中的部件指的是用于组成标准横断面的基本设计元素，例如车道、路肩、边坡等。部件既拥有传统二维设计软件中横断面宽度、坡度和厚度几何属性，同时拥有以对象为目标的逻辑属性。这个特点使 Civil 3D 可以应付复杂道路设计。

在本项目中，中间有分离式路段，分离式路段中间最大距离为 24m。方案设计中为了道路景观需要，分离式中间的土石方需要清除。由于分离式左线和右线平面位置和纵断面高程均为动态变化，怎样建立三维模型，并把中间部分土石方准确计量，是一个问题。分离式路基示意图如图 2 所示。

传统设计对这种情况的解决方案较为复杂，设计效率较低。Civil 3D 利用部件的逻辑属性，可以方便地建立模型，并统计工程量。具体的建模顺序如下：

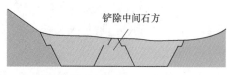

图 2　分离式路基示意图

（1）左线、右线路线、纵断面的建立。

（2）右线装配组装，建立道路模型并从模型中提取相关要素线。

（3）左线装配组装，定义具体部件的逻辑目标，并建立道路模型。

本项目部件逻辑目标定义如图 3 所示，具体设计结果如图 4 所示。

目标	对象名称	部件	装配编组
曲面	<单击此处以全部设定>		
现有曲面	地形曲面	ConditionalCutOrFill	左
现有曲面	地形曲面	ConditionalCutOrFill	左
目标曲面	地形曲面	DaylightBench	左
目标曲面	地形曲面	DaylightBench	左
宽度或偏移目标			
宽度目标	<无>	LaneSuperelevationAOR	左
人行道外侧	<无>	人行道	左
偏移目标	<无>	LinkWidthAndSlope	左
宽度目标	<无>	LaneSuperelevationAOR	右
偏移目标	要素 3	连接线	右
坡度或高程目标			
外侧高程目标	<无>	LaneSuperelevationAOR	左
目标纵断面	<无>	LinkWidthAndSlope	左
外侧高程目标	<无>	LaneSuperelevationAOR	右
目标纵断面	要素 3	连接线	右

图 3　部件逻辑目标定义

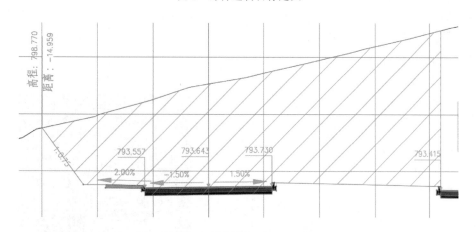

图 4　分离式道路横断面图（单位：m）

Civil 3D 部件的逻辑属性可以方便解决复杂情况下的道路建模问题，提高三维建模的准确性。在分离式道路、港湾式公交站台加宽以及曲线加宽等地方，可以得到较好的应用。

3.3　多级边坡

Civil 3D 具有较为完备的部件库，基本满足一般工程需要，但有着特殊需求的部件需要设计者自己定义。在本项目中，存在着大挖大填，最大挖深约为 50m，最大填高约为 40m，需要设置多级边坡。Civil 3D 自带多级边坡部件仅定义坡高和坡比，每台边坡坡比均一样，Civil 3D 自带多级边坡部件样式和参数表如图 5 所示。实际工程中每台边坡的坡比参数与岩土性质、边坡稳定分析等相关；因此 Civil 3D 多级边坡部件不满足实际需要，需要自定义定制。

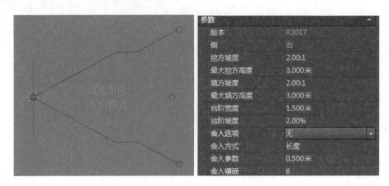

图 5　Civil 3D 多级边坡部件

部件编辑器 Subassembly Composer 给用户提供一种以绘制流程图的方式创建带有复杂逻辑的自定义部件，并且以所见即所得的方式将部件的形状和行为展示给用户。它的使用非常直观，避免了用户必须掌握一种编程语言才可以创建自定义部件的缺陷[2]。

在部件编辑器中编辑多级边坡部件的顺序如下：

（1）定义每一及边坡参数，包含边坡高度、坡度、平台坡度和宽度。

（2）定义逻辑目标曲面。

（3）按照第一级边坡坡比从原点 P_1 绘制在目标曲面的虚焦点 XP_1；比较两点的 Y 值，若 Y 值小于边坡高度，绘制边坡连接线 L_1；若若 Y 值大于边坡高度，按照边坡高度绘制边坡连接线 L_1 和平台 L_2。

（4）第二级及以上边坡，重复（3），最终形成流程图；流程图如图 6 所示。

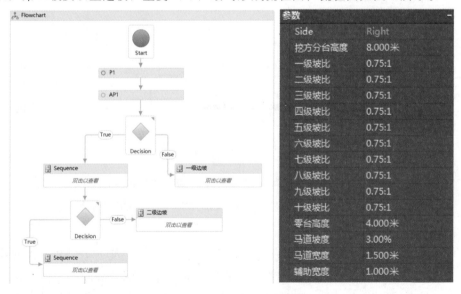

图 6　部件编辑器挖方多级边坡部件

（5）导入 Civil 3D 部件库；在 Civil 3D 中实现的参数表如图 7 所示。

在部件编辑器的使用中需要着重注意点和连接名称的定义，既要把逻辑关系阐述清楚，又要在模型建立后代码集中快速提取，方便在二维出图中的标签绘制。部件编辑器可以帮助用户应付工程中复杂多变的情况，快速高效地创建自定义部件，从而提高设计效率。

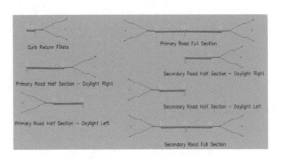

图 7　平面交叉口装配组

3.4　平面交叉口设计

Civil 3D 道路模型是道路装配沿着路线在设定步长下拉伸的结果，平面交叉口也是基于这种原理进行建模，但过程比道路模型复杂。

平面交叉口建模分为以下三部分：

（1）由交叉口交点四个象限加铺转角控制区域，此区域由交叉口机动车道偏移边线连接形成的加铺转角，将各加铺转角装配拉伸形成。

（2）由相交道路半幅装配控制区域，根据相交道路相交夹角的不同，四个象限加铺转角长度各不相同，此区域由道路的半幅装配沿着同侧加铺转角的差异长度拉伸形成。

（3）由相交道路全幅装配控制区域，交叉口范围与加铺转角不同，此区域为交叉口超出加铺转角部分，由相交道路全幅装配沿着超出部分拉伸形成。

各控制区域的装配详见图 7。

理解平面交叉口各区域的组成，结合各区域的装配，就可建立交叉口模型。值得一提的是，在本项目中交叉口中环城东路为既有道路，机动车道外边缘并不是路拱横坡形成，其纵断面与环城东路道路中心线纵断面差异较大。传统设计方法对此种情况处理较为复杂，需要设置较多的控制点，以保证交叉口与既有路的衔接。在 Civil 3D 中可以根据实测数据，定义加铺转角的纵断面，既保证交叉口模型与相交道路的衔接，又保证交叉口模型的精度。本项目交叉口模型如图 8 所示。

在交叉口模型建立后，就自动完成了交叉口竖向设计，利用交叉口模型生成 TOP 曲面，按照土方施工图的方法提取曲面网格点设计高程，形成交叉口竖向设计图，如图 9 所示。

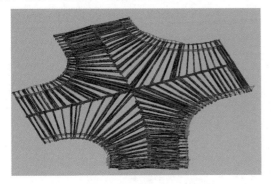

图 8　平面交叉口模型

4　结语

本项目道路工程设计采用 Civil 3D 基本实现了 BIM 的正向设计，平面、纵断面和横断面二维图纸均由模型中提取。在设计过程中，认识到 Civil 3D 的巨大潜力，可以解决各种复杂条件下的道路建模问题；同时也认识到 Civil 3D 的不足，其在本地

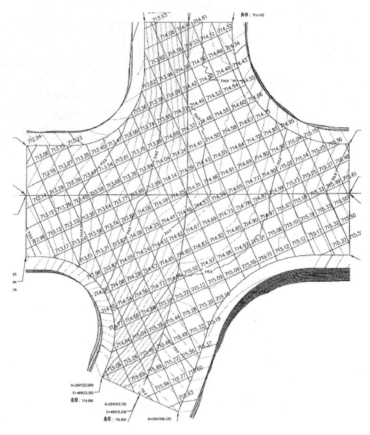

图 9　平面交叉口竖向设计图

化程度上、路基挖台阶、路基土石方（土石比）、挡墙等方面还存在不足，与道路其他未采用 BIM 设计专业之间的数据屏蔽问题突出。

　　虽然 Civil 3D 在市政道路工程正向设计中还有些不足，但其面向对象三维动态设计，通过智能对象之间的交互作用实现设计过程的自动化、可视化[3]，极大地提高了设计效率；同时其建筑信息数据可有效贯穿与工程建设全生命周期中，可实现协同设计、协同管理、协同交流的目的，将有效提高工程项目效率，为项目各参与方带来较大的经济效益。

　　随着 BIM 设计理念的普及和深入，Civil 3D 软件的不断完善，以及基于 Civil 3D 二次开发的增多，相信在不久的将来，目前 Civil 3D 存在的不足将得到圆满解决。

参考文献

［1］　蔡宁，黄铭丰. 陈翔路地道工程 BIM 应用分析［M］. 上海：同济大学出版社，2014.

［2］　任耀. AutoCAD Civil 3D 2013 应用宝典［M］. 上海：同济大学出版社，2013.

［3］　钱睿. 基于 BIM 的三维地质建模［D］. 北京：中国地质大学（北京），2015.

Civil 3D 在河道工程应用中的优势分析
——以宁波市东钱湖北排工程为例

魏立峰，劳丹燕，戚文杰

（宁波市水利水电规划设计研究院，宁波　315192）

摘　要： 本文以宁波市东钱湖北排工程为例，分析 BIM 应用软件 Civil 3D 在河道工程中的应用优势。一方面 Civil 3D 具有强大的曲面功能，为工程快速精确地计算土石方挖填量、快速复核设计断面合理性创造了条件；另一方面，高级部件编辑器 Subassembly Composer 的引入为编辑复杂的水利部件创造了可能。Civil 3D 在设计中的应用相较于传统的设计软件使得设计者更加专注于设计本身，而不是重复的制图工作。因此，Civil 3D 应用于河道工程等水利项目是大势所趋，是生产发展的必然要求。

关键词： 河道工程；BIM；Civil 3D；曲面；Subassembly Composer（SAC）

1　引言

　　Civil 3D 是 Autodesk 为基础设施领域用户打造的一款重要的 BIM 解决方案和设计工具平台，并作为 Autodesk 基础设施套件系列（Autodesk Infrastructure Design Suite）中的核心产品之一。[1]Civil 3D 最初多用于市政基础设施行业，近年来，在水利水电等行业得到了大量的应用，并获得了良好的声誉。其广泛的应用有赖于 Civil 3D 的强大曲面功能以及高级部件编辑器 Subassembly Composer（以下简称 SAC）的支持。此次以宁波市东钱湖北排工程为例分析 Civil 3D 在河道工程应用中的优势。

2　C3D 在东钱湖北排工程中的应用

2.1　项目概况

　　宁波市东钱湖北排工程作为宁波市鄞东南沿山干河排水系统的重要组成部分，是东钱湖水库重要的泄洪通道，工程的实施，可提高东钱湖水库防洪能力，对保障鄞东南防洪排涝安全具有重要意义。东钱湖北排河道全长约为 3.92km，河道面宽 60m，河底高程 1.00～-1.87m。

2.2　曲面功能应用

　　项目接手之初，花了较多的时间和精力用于整理沿线地形数据，包括等高线、高程点

作者简介：魏立峰，男，1981 年 11 月出生，高级工程师，545017475@qq.com。

图 1　东钱湖北排工程现状地形曲面

以及断裂线（特征线）等。因为所有的工程项目都是基于原有的地形地貌进行设计的，地形的真实还原对于工程设计至关重要，也是更负责任和更准确的工程设计模式。Civil 3D 在这项工作中起到了非常重要的作用。Civil 3D 自带了将高程点文本设置到所标注数据高程的功能，此次东钱湖北排工程沿线 6141 个高程点文本全部几何属性高程为 0，而使用 Civil 3D 一键将所有高程点设置到正确的高程位置，为下一步生成曲面创造了条件（图 1）。利用 Civil 3D 的三维视图，还可以直观地看到地形曲面上突兀的点，这些点往往是高程错误的点，可以手动或者在曲面生成栏里设置参数进行筛除。而在以往的 CAD 二维视图中，很难发现这样的高程错误点，错误的地形信息带入设计必定会为设计效果带来负面的影响。

　　Civil 3D 的曲面功能之所以强大，并不仅仅在于它对原始地形的处理和还原，还在于它的曲面间计算功能。除了根据原始地形资料生成地形曲面，还可以根据设计情况生成需要的设计曲面，如河底曲面、岸坡曲面、开挖曲面等。这些曲面都可以在模型特性里面依据设计河道模型的部件选择连接或者要素线生成。运用开挖曲面与原始地形曲面之间的体积差计算，得出了河道最初的土石方挖填工程量，并计算出了合理的土方调配图。相较于传统的"断面法"或"方格网法"，Civil 3D 的曲面间计算考虑了所有的地形起伏，没有丢失任何高程数据，因此，其精确度要高很多。而对于类似挡墙墙后回填土这样的回填方量，有别于曲面间计算，由于断面相对确定，选择类似于材质列表的计算方法。利用了 SAC 的条件语言根据不同的地形在断面上形成回填的闭合的区域并生成造型（Shape），在 Civil 3D 中生成模型后，根据精度要求布置采样线，并设置模型为采样源，使用平均端面体积法求取回填量（图 2）。

　　挖填土方量的重要性自然无需强调，牵涉到工程投资规模，越是精确的工程量数据对于控制后期建设投资越是有效。除此之外，Civil 3D 还可直接提取曲面的二维和三维面积，也就是曲面投影面积和曲面表面面积。这两组数据在工程设计中都相当有用。前者用于水土保持专业统计水土流失侵蚀面积。后者便于统计工程量及投资，如河道的护坡植被面积、堤顶道路沥青黏层、乳化沥青防水层面积等。在 Civil 3D 工作环境中，以往需要经过手算但不一定准确的数据变得便捷而精确。特别是东钱湖北排工程中后半段河漫滩部分，堤线与岸线间的相对高程不变，但两者的水平距离是曲折变化的，也就是两者间坡面坡度在一定区间内是不规则变化的，这对于传统手算表面面积几乎不可能准确，但对Civil 3D 来说只需用坡面连接部件沿基准线生成曲面，点击曲面调出曲面特性对话框，在统计信息选项卡的常规里面就可以找到相应的曲面面积（图 3）。

　　另外，Civil 3D 在地形曲面生成的同时，自动分析了地形的流域、坡面箭头、坡度变化程度、高程区间等一系列数据，用户可以根据需要在曲面样式对话框显示选项卡调动或

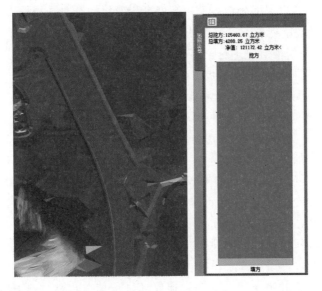

图 2　东钱湖北排工程环湖路至鄞县大道土方开挖及回填量

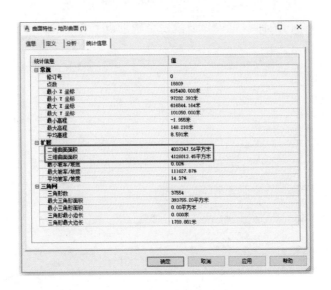

图 3　曲面面积提取功能

者重新分析这些数据以应用。

2.3　高级部件编辑器应用

"高级部件编辑器 SAC 提供给用户一种以绘制流程图的方式创建带有复杂逻辑的自定义部件的途径,并且以所见即所得的方式将部件的形状和行为展示给用户。部件编辑器的使用非常的直观,避免了工程设计人员必须掌握一种编程语言才可以创建自定义部件的缺陷。"[1]使得水利行业设计人员灵活编辑水利行业部件变得可能,并借助 Civil 3D 平台实现快速批量出图、快速计算工程量等。

根据规划,本次东钱湖北排工程河道项目河底高程与岸线高程、堤线高程沿程不等比例变化，针对此，岸线以下部分设计使用高度沿程变化的直立式挡墙以及宽度沿程变化的金属网箱护坡。Civil 3D 本身不自带这些部件，且无法用自带常用部件编辑如此复杂的水利部件。使用 SAC 很好地解决了这个问题。

在 SAC 中，针对岸墙底部及护坡底部设置了一个河底高程（elevation）的逻辑目标，使挡墙及护坡能随着河底高程的变化不断伸缩变化。在 Civil 3D 中，对主河槽河道中心线的高程变化进行规定，也就是河道中心线纵断面的绘制。在部件导入 Civil 3D 并装入装配生成河道模型时，对部件的逻辑目标进行设定，将河底高程的逻辑目标选中对应的河道中心线纵断面。由此，部件便会识别河道中心线的纵向走向，沿程变化。相比较传统的 CAD 绘制河道断面，设计者需要人工计算各个桩号的挡墙高度、护坡宽度等，用 Civil 3D 创建的模型基本跳过了人工计算的环节，设计者可以任意根据自己的需要设置采样线，获取相应的横断面图，且不会出错（图 4 和图 5）。

利用 Civil 3D 制作模型进行河道设计带来的另一个好处就是，能在设计过程中快速发现设计存在的问题，经过纠正再次利用 Civil 3D 快速复核，由此优化设计方案。在东钱湖北排河道设计过程中，发现在局部河段水泥搅拌桩桩顶高程高于现状地面。对此，应用 SAC 的条件语言对断面进行重新编辑，使得符合实际要求。在 SAC 中，可以利用点创建工具规定桩顶永远不高出地面。首先，设置一个辅助点（Auxiliary Point）位于原先设计

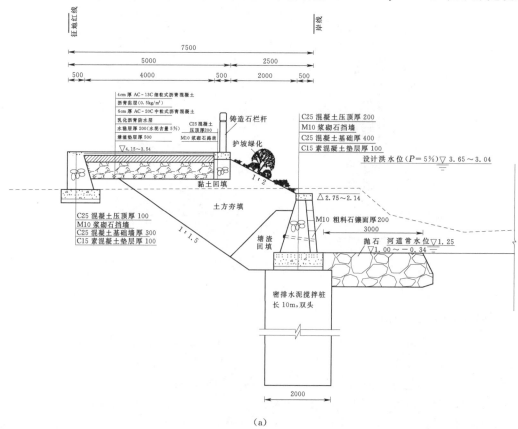

(a)

图 4（一）　东钱湖北排工程河道横断面图

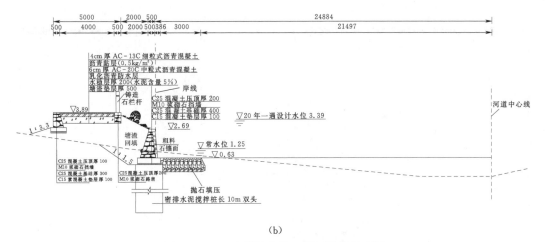

(b)

图 4（二）　东钱湖北排工程河道横断面图

搅拌桩桩顶位置，判断这个点距离地形曲面的距离。辅助点与地面距离若大于零，即桩顶的这个点高出地面，则设置实际的桩顶点的时候可以设置附着于地面线上（Del X on Surface）；辅助点与地面距离小于零，基本可以判断搅拌桩桩顶位于地面以下，则保持原设计不变。另外，初步建模后，还发现大部分堤顶道路外侧挡墙位于原地面以上。以往设计并不会如此快发现以上这样的问题并纠正，但使用 Civil 3D 不同于以往的设计顺序，或者说用快速模拟河道建成后的样子去取代人为思考和复核的过程，不仅快，出错的概率也极大地降低了。

在一系列断面型式确定以后，在 SAC 中为部件写入完整的代码，包括点代码、连接

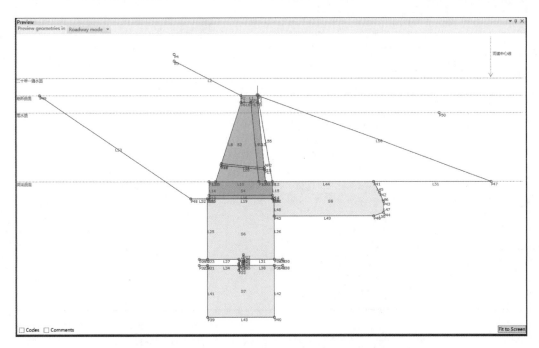

图 5（一）　利用 SAC 编辑的东钱湖北排工程堤防典型结构

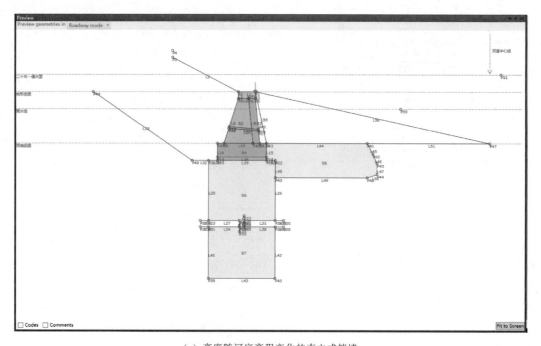

（a）高度随河底高程变化的直立式挡墙

图 5（二）　利用 SAC 编辑的东钱湖北排工程堤防典型结构

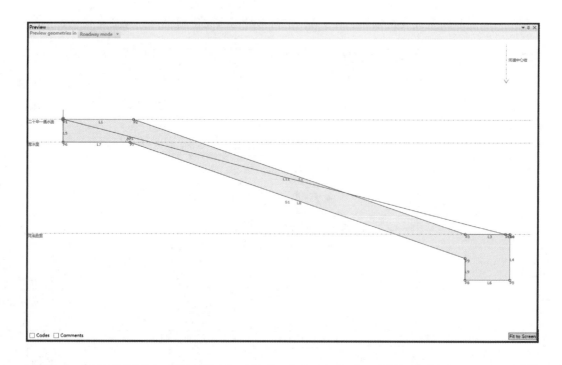

图 5（三）　利用 SAC 编辑的东钱湖北排工程堤防典型结构

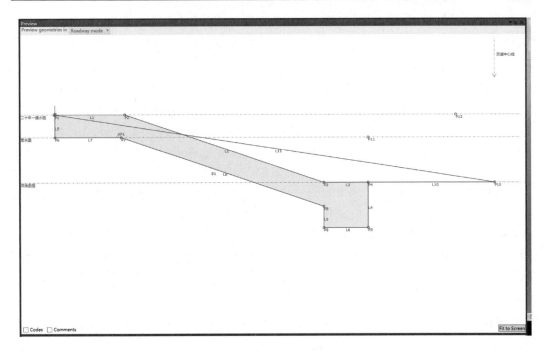

（b）宽度随河底高程变化的蜂巢网箱护坡

图 5（四）　利用 SAC 编辑的东钱湖北排工程堤防典型结构

代码、造型代码，除了分别用于管理部件基本构成要素——点、线、面的样式以及对应标注以便用于后期出图以外，造型代码的另一项任务就是用于统计工程量。在 Civil 3D 中设置好一定的土方量标准，添加所有断面应用到的材质，如 C25 混凝土、M10 浆砌石等，根据精度要求设置一定密度的采样线，添加河道模型采样源，即可以计算出材料用量（图 6）。

面积类型	面积/m²	增方体积/m³	累计体积/m³
C25 混凝土	0.00	1.74	6164.11
M10 浆砌石	0.00	3.25	10655.42
细粒式沥青混凝土	0.00	0.55	834.39
中粒式沥青混凝土	0.00	0.82	1251.58
水泥稳定层	0.00	2.71	4140.65
塘渣	0.00	6.61	10077.89
人行道彩砖	0.00	0.00	19.94
C30 钢筋混凝土底板	0.00	0.00	102.05
路缘石	0.00	0.00	9.79
粗料石镶面	0.00	0.00	1680.24
抛石	0.00	0.00	10747.70
金属网箱	0.00	19.46	9607.95

图 6　Civil 3D 自动生成的东钱湖北排工程材质列表（局部）

3 结语

　　Civil 3D 的使用不仅能够免去大量的不必要的重复劳动、加快设计速度，更重要的是，它能做到以往设计所不能做到的深度和精度。对现状地形地貌真实高效的还原，对工程的模拟，Civil 3D 都做到了。相较于传统的设计，它无疑更加直观和真实。通过代码集、标签样式的集中高效管理，使得水利设计人员将大部分精力集中于思考如何根据现状地形优化设计，而不是不断重复地套图改图、计算工程量等。在以往的设计过程中，"我们循规蹈矩地做着重复的事，甚至没有得到我们和业主所期望的结果"。[2] Civil 3D 的应用最终必将有利于工程建设成本的节省乃至整个社会资源更加合理化的配置。从二维到三维，不仅仅是视觉上的演变，BIM 作为一个高度集成的三维信息化数据集合，其对设计行业的改变更在于它内在的数据本身。然而，对任何新事物的接受都需要一个过程，BIM 软件学习不能一蹴而就，从软件本身来说，也是需要经历一个完善的过程。就像 20 世纪设计行业经历的"甩图板"工程，从 CAD 进入 BIM，水利设计者必定是任重而道远！

参考文献

[1]　任耀. AutoCAD Civil 3D 2013 应用宝典 [M]. 上海：同济大学出版社，2013.
[2]　Finith E. Jernigan. BIG BIM little bim [M]. The US：BookSurge，LLC，2008.

Civil 3D 在市政排水工程中的应用

孟繁运，潘国瑞，蔡志敏

（中国电建集团昆明勘测设计研究院有限公司，昆明　650051）

摘　要：Civil 3D 是 Autodesk 面向土木工程行业的 BIM 解决方案。Civil 3D 自带管道水力计算功能，能方便计算出管径、坡度等参数，进而创建排水管道，完成平纵出图；还能够快速地计算出管道施工挖方量，具有强大的三维功能，且能直接导入 Infraworks 与其他各专业的设计内容集成，在市政排水工程中能够得到很好的应用。

关键词：Civil 3D；水力计算；排水管道；土方；三维设计

1　引言

BIM 能够将各参建方在同一平台上共享同一建筑信息模型，其具有可视化（Visualization）、协调性（Coordination）、模拟性（Simulation）、优化性、可出图性、一体化性、参数化性、信息完备性等特点，并能够提升项目生产效率、提高建筑质量、缩短工期、降低建造成本。BIM 技术是建筑行业发展的必然趋势，而 Civil 3D 软件是 Autodesk 面向土木工程行业的 BIM 解决方案，能够完成交通运输、土地开发和水利等项目的三维建模、出图。

Civil 3D 能够很好地解决市政道路设计中道路的建模、出图和动画展示等问题。但市政道路不仅有道路还有排水、绿化和照明等内容，而排水是市政道路不可或缺的一部分。因此，Civil 3D 软件能否解决排水管网的建模出图是 Civil 3D 能够在市政道路工程中应用的关键一环。

2　排水设计流程

2.1　流域分析

Civil 3D 软件可以对地形和道路进行流域分析，方法是首先将地形或道路生成曲面，通过曲面的分析功能对地形进行坡面箭头和流域分析，能够生成曲面的坡面方向和汇流区域，结果也会在曲面地形图上标示出曲面的坡面方向和凹地汇流面积[1]（图 1）。不同颜色的坡面箭头表示的坡度也不相同（图 2），将坡度可以根据自己个人工作需要分成 N 个坡度范围区间，每个坡度范围区间的最大坡度和最小坡度范围可以根据自己的需要进行调整。有了这个分析结果，工程师可以方便地指导工程师进行排水方案设计，如雨水口的布

作者简介：孟繁运，男，1989 年 5 月出生，助理工程师，从事市政公用工程设计研究，1064035758@qq.com。

置及管径大小等，而不需要像传统软件那样完全依靠工程师自身的经验及手动计算这些数据。传统的经验法及手动计算方法不仅效率低而且准确性差，使用 Civil 3D 软件能大大提高排水设计的工作效率及方案设计的合理性。

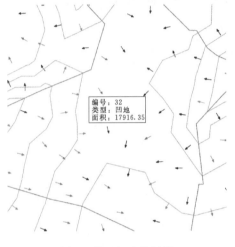

ID	最小坡度	最大坡度	方案：彩虹色
1	0.0000%	4.6630%	
2	4.6630%	10.8355%	
3	10.8355%	17.8507%	
4	17.8507%	24.6340%	
5	24.6340%	30.7258%	
6	30.7258%	37.5442%	
7	37.5442%	48.8208%	
8	48.8208%	304.9087%	

图 1 曲面汇流分析图   图 2 坡面箭头颜色和坡度关系

2.2 排水管道水力计算

Civil 3D 自带各种排水管渠的水力计算功能，设计人员可以方便地利用该功能选择圆管通过已知参数（设计流量、粗糙度系数等）计算出排水管道的管径、坡度、流速等参数（图 3），选用符合规范要求的管径及坡度参数。

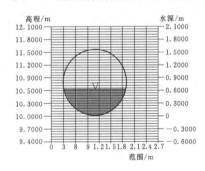

水深	设计流量	汇水面积	流速	湿周	临界深度	水面顶宽
m	m³/s	m²	m/s	m	m	m
0.1600	0.052	0.105	0.4932	1.0320	0.1128	0.9619
0.3200	0.218	0.288	0.7566	1.4880	0.2286	1.2826
0.4800	0.484	0.508	0.9623	1.8560	0.3414	1.4669
0.6400	0.832	0.752	1.1068	2.1920	0.4542	1.5679
0.8000	1.242	1.011	1.2286	2.5200	0.5578	1.6000
0.9600	1.663	1.263	1.3163	2.8400	0.6462	1.5668

图 3 排水管道水力计算图

2.3 排水管道平纵设计

2.3.1 管道规则集设定

在进行管道布设之前，首先要设定管道和结构井布设时使用的规则[2]，如管道的最大、最小坡度，最大覆土厚度和最小覆土厚度，管道与管道之间的连接方式，井底深度等（图 4 和图 5）。当设定好这些规则参数之后，在平面布设管道的时候，管道和井的纵断数据会按照规则集中的参数自动进行调整布设，管道会在满足要求的基础上优先使用最小坡度、最小覆土厚度等参数，使管道布设在比较优化的范围内。

图 4　管道规则集　　　　　图 5　结构（井）规则集

2.3.2　管道布设

平面上管道布置时要根据已计算出的管径和坡度，选择道路曲面作为管网的顶面，沿管道所在道路横断面位置沿道路平面布设管道，管道的平面布设需要满足规范对长度和转角等方面的要求[3]。管道创建主要有两种方式：一种是直接手动一段段的进行绘制；另一种是从对象（如多段线、要素线等）创建管网。

从纵断面上考虑，管道应尽量沿水流动方向从高向低进行布设，否则布设的管道纵断上可能会出现一些规则冲突的情况，如覆土范围和坡度范围冲突，在坡度范围内无法满足覆土的要求，这时候在管道特性中软件会提示规则错误，软件又无法完美解决这种冲突问题。一般情况下，当沿水流方向从高到低布设管道时，软件会按照规则集中的各项规则进行最优化处理，无需再作修改。当某一段管道的坡度或覆土不满足要求时，可以选择该管道对其适用规则，该管道会按照管道规则对管道的参数进行更改。如果适用规则仍然不能满足要求，这时可以手动修改管道的各项参数（如起点高程、终点高程、坡度等）。

管道布设完成之后需要将管道投影到纵断面图上，并在纵断面图上标示出管道的各项信息参数，如桩号、管径、坡度、覆土厚度、管内底高程等。另一种创建管道纵断面图的方法是在创建纵断面图时，将管道添加上去，这种方法会直接将管道的信息根据纵断面图标注栏集样式标示出来，省去了投影的步骤，这两种出纵断面图的方法最终的显示效果是一样的。

2.3.3　排水管网碰撞检查

当一条道路上同时有雨水、污水等多个管网时，保证设计的各个管网没有空间上的冲突是设计人员需要重点考虑的问题。传统软件无法进行碰撞检查，只能进行人为控制，设计人员在平面和纵断设计时考虑各管道位置和高程。这种做法不仅效率低下，而且准确性低，如果出现错误，不仅会给施工带来很大的困难而且会给业主、设计、施工各方造成不必要的经济损失。

Civil 3D 软件自带不同管网之间的碰撞检查功能，如果管网之间在空间上有碰撞冲突的话，软件会提示管道碰撞信息，包括产生冲突的零件名称，冲突的位置信息等（图6）。从管道的三维模型上也能很直观地看到管道是否产生了碰撞（图7），从图中可直观看出来两个不同的管道在相交的地方重叠了，仅相对管道中线来说可能没有空间交叉，但是当附加上管道管径时在空间上两条线上最近的地方就可能会产生管道碰撞的地方，这种通过人为手算空间交叉点距离来判断非常的耗费时间。

管网碰撞检查的功能大大减少了排水管道设计中设计人员的人为判断管道是否碰撞的

名称	网络零件 1	网络零件 2	位置
干涉(1)	雨水管1/ 雨水管	雨水支管1/ 雨水管-支管	(112540.676136, 2566831.369384, 3.979867)
干涉(2)	雨水管3/ 雨水管	雨水支管2/ 雨水管-支管	(112627.515137, 2566852.871475, 3.718076)
干涉(3)	雨水管3/ 雨水管	雨水支管3/ 雨水管-支管	(112627.759950, 2566851.825160, 3.719076)
干涉(4)	雨水管4/ 雨水管	雨水支管2/ 雨水管-支管	(112627.928451, 2566852.967887, 3.718076)
干涉(5)	雨水管4/ 雨水管	雨水支管3/ 雨水管-支管	(112628.173456, 2566851.921476, 3.719076)
干涉(6)	雨水管6/ 雨水管	雨水支管4/ 雨水管-支管	(112715.148380, 2566873.375492, 3.628076)
干涉(7)	雨水管6/ 雨水管	雨水支管5/ 雨水管-支管	(112715.393192, 2566872.329177, 3.626076)
干涉(8)	雨水管7/ 雨水管	雨水支管4/ 雨水管-支管	(112715.561694, 2566873.471904, 3.628076)
干涉(9)	雨水管7/ 雨水管	雨水支管5/ 雨水管-支管	(112715.806698, 2566872.425443, 3.626076)
干涉(10)	雨水管10/ 雨水管	雨水支管6/ 雨水管-支管	(112804.840888, 2566893.257706, 3.571013)
干涉(11)	雨水管10/ 雨水管	雨水支管6/ 雨水管-支管	(112805.633401, 2566893.378537, 3.558600)
干涉(12)	雨水管12/ 雨水管	雨水支管8/ 雨水管-支管	(112892.670746, 2566913.743562, 3.445201)
干涉(13)	雨水管12/ 雨水管	雨水支管7/ 雨水管-支管	(112892.397454, 2566914.911590, 3.445233)
干涉(14)	雨水管13/ 雨水管	雨水支管8/ 雨水管-支管	(112893.084251, 2566913.839878, 3.445201)
干涉(15)	雨水管13/ 雨水管	雨水支管7/ 雨水管-支管	(112892.810769, 2566915.008002, 3.445233)
干涉(16)	雨水管15/ 雨水管	雨水支管9/ 雨水管-支管	(112964.096203, 2566935.281855, 3.368201)

图 6　管道碰撞检查结果

图 7　管道三维视图

时间，大大提高了设计工作的效率，而且还提高了判断的准确性。这是 Civil 3D 软件与其他设计软件相比一个十分便捷强大的功能。

2.3.4　管道平纵出图

Civil 3D 管道的平面出图方式跟道路的平面出图方式完全相同，即生成图幅组后再生成图纸布局，然后在后台发布成 pdf 图纸，出图速度快且不影响软件使用。Civil 3D 管道的纵断面出图方式跟道路的纵断出图方式类似，可以按不同长度分成 N 个图幅，在图幅中生成图纸后直接发布，在实际应用中发现这种方法偶尔会出现交叉直观信息显示不全的问题，无法通过图幅组完美地呈现在生成的图纸布局中。遇到这种情况时可以采用创建多个纵断面图的方式按路线长度将纵断面生成多个纵断面，然后将管道投影在纵断面图上或者在生成每个纵断面图时选择管道信息，再在每个纵断面外加图框的方式来进行出图。本方法可以解决出图时模型中的管道及标注都不缺少而布局中管道信息标注丢失的情况。

Civil 3D 具有十分强大的动态联动功能，当需要修改图形的时候，只需要将原模型修改，模型修改完成保存后其平纵图纸会自动更新，无需重复出图，这对传统二维软件是颠覆性的创新，大大节约了设计人员工作量。

3　管道施工土方量计算

当使用明挖的方式埋设管道时，如何计算土方量是必须考虑的问题，Civil 3D 提供了一种简单高效的计算方法。路线创建工具栏中有一个选项是从网络零件创建路线，这个功能可以直接沿已创建的排水管道创建出一条路线。新建一个装配，将具有管道的沟渠这个部件添加到装配上（图 8），根据自己的管道尺寸及规范要求的坡度等设置部件参数。沿以管道创建出的路线添加装配，以原道路曲面作为开挖顶面创建道路，进而生成沿管道的道路曲面，计算该沿管道的道路的挖方土方量即为管道开挖的土方量。

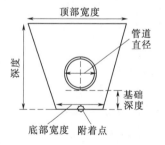

图 8　具有管道的沟渠部件

4　三维及展示效果

Civil 3D 创建的管道并非二维平面结构，而是三维结构，可视化性特点是其他目前市场上的软件所无法比拟的，所见即所得。在以前，施工人员拿到的图纸只是各个结构在图纸上采用线条绘制表述，但是其真正的结构形式需要建筑业参与人员自行想象[4]。然而采用 Civil 3D 三维软件进行建模出图时，不仅可以出二维图纸，如果有需要的话，可以出三维图纸或者生成三维模型结构文件，让施工方人员可以直观地查看设计的模型，这将能够减少设计与施工之间的信息沟通的障碍，让施工方人员非常简单且直观的理解设计方的意图以及设计构筑物的结构形式。采用 Civil 3D 绘制排水管道不仅可以满足传统的二维平纵出图，而且能够将三维图形直观地展示给参建各方，直观地展示出管道三维结构及各管道之间关系（图 9）。

图 9　管道三维结构

　　除能直接三维动态观察以外，Civil 3D 还能将排水管道导入到 Infraworks 大场景中，将其与地形、实景、道路、建筑、景观等集成在一起，将其在实际地形地貌中反映出来并能制作动画视频作为汇报展示的材料，能更好地赢得各参建方的认可。

5　结语

　　经过多个道路排水工程的实际应用，Civil 3D 在排水工程中比传统的二维建模软件有很大的优势，主要有以下几点：

　　（1）流域分析。Civil 3D 可以对地形曲面进行流域及坡面分析，能够将地形曲面划分成不同流域并给出各个流域的面积。

　　（2）水力计算。Civil 3D 自带水力计算功能，可以方便地进行各种管渠的水力计算。

　　（3）管道碰撞检查。Civil 3D 可以进行不同管网之间的碰撞检查，大大节省设计人员时间和精力，大大提高设计准确性和可靠性。

　　（4）工程量计算。Civil 3D 能简单高效地计算出埋设管道的开挖土方量。

　　（5）模型图纸动态更新。Civil 3D 模型跟图纸之间都是动态联动的，当图纸需要修改的时候只需要将模型修改完成，图纸会自动更新，能大大节约工作时间。

　　（6）三维可视化。Civil 3D 具有非常强大的三维效果，不仅能直接动态三维观察，还能利用 Infraworks 直接将其与地形、道路、建筑等结合，能做成视频展示，具有简单高效的特点。

参考文献

[1] 朱翔，张顺波，王腾飞. 基于 Civil 3D 的南苏丹朱巴国际机场场外道路排水设计 [J]. 建筑知识，2016 (13)：199 - 200.

[2] 任耀. AutoCAD Civil 3D 2013 应用宝典 [M]. 上海：同济大学出版社，2013.

[3] GB 50014—2006《室外排水设计规范》[S]. 北京：中国计划出版社，2006.

[4] 翟斌，王盼盼. 未来建筑设计手段——BIM 浅谈 [J]. 城市建设理论研究：电子版，2014 (4)：10265 - 10269.

Civil 3D 工程量统计以及 QTO 本地化

赵　亮，蔡志敏，王　奇

（中国电建集团昆明勘测设计研究院有限公司，昆明　650000）

摘　要：在实际的设计工作中，工程量统计是必不可少的一个重要环节。由于 Civil 3D 中国本地化开发不够，国内工程师按照规范要求提取道路模型的工程量是一个巨大的挑战。本文介绍了利用 Civil 3D 进行道路工程的正向设计的过程中，工程量计算的工作流以及工程量输出表格本地化的相关内容。

关键词：Civil 3D；工程量；QTO；Pay Items

1　引言

Civil 3D 是 Autodesk 公司出品的一款基础设施项目的 BIM 设计软件，广泛地应用于国内外的公路、城市道路、场地设计等工程项目中。Civil 3D 的设计理念是面向对象的设计，与传统的面向过程的设计理念有着本质的差别。传统的面向过程的设计需按照规定好的工作流（或设计引导）逐步完成设计，工作流中的流程不能颠倒，如果前序流程发生变更，后续流程需重新设计。而面向对象的设计为：对组成道路模型的各个对象（平曲线、竖曲线、标准横断面等）进行设计，各个对象没有严格的先后顺序，对象设计完成后将各个对象通过动态链接关系组装到一起，形成道路模型。模型形成后，通过剖切三维模型而产生二维断面，再用图纸布局将二维断面组织起来，最终形成工程图纸。这种方式形成的模型及图纸，具有一种动态更新的特性，即如果构成道路模型的任意对象发生了改变，其模型会随着自动变更，相应的图纸布局及工程量也随之改变。这个特性极大地避免了传统设计中由于前序方案变更导致的后续图纸作废的重复劳动的问题，在提高设计质量的同时，也提高了设计效率，使设计人员将精力更多地集中在设计方案本身，而不是将精力耗费在无休止的绘图修改工作中。

Civil 3D 本身功能强大，但在国内项目中应用不多，利用 Civil 3D 进行正向设计得更加少见，其根本原因是中国本地化做得不够。要利用 Civil 3D 进行正向设计，需要对 Civil 3D 进行一些本地化的定制，包括设计规范的定制、出图模板的定制以及表格模板的定制。其中，工程量统计表是本地化表格模板定制的工作之一。本文简要介绍工程量统计表的定制方法和实际使用。

2　工程量统计方法简介

在 Civil 3D 中，进行工程量统计有两种方法：第一种是通过材质计算得到各个自定义

作者简介：赵亮，男，1981 年 2 月出生，高级工程师，从事市政道路设计行业，16514835@qq.com。

材质的体积，如土石方的体积计算。材质计算完成后可以通过表格的形式输出土方计算表，并可以进一步进行土方平衡计算。这种方法的简单易用，统计材质体积比较方便。但如果要统计面积及个数就显得不太方便。例如，想要统计道路工程边坡的面积和行道树的数量，应用材质体积功能就无法进行统计，这时，就要用到第二种工程量统计的方法，即QTO 方法。

QTO（Quantity Take‐Off）是 Civil 3D 进行点、线、面、体积计算的一个工具，应用比较灵活，不但可以统计体积的工程量，而且可以统计点的个数、线的长度、面的面积等工程量。QTO 可以计算道路模型的计数、长度、面积以及管网模型的相关工程量。其计算原理是通过创建"付款项目"（Pay Item），将付款项目（Pay Item）指定给 Civil 3D 道路模型中的代码，然后执行计算，输出计算结果。

一般来说，道路模型是由一个标准横断面（"Civil 3D 中的装配对象"），沿着道路中心线进行扫掠形成的三维模型。在扫掠的过程中，装配中的点扫掠形成了线，装配中的面扫掠形成了实体。只要在装配中给点指定了"Pay Item"，Civil 3D 就可以计算这个点扫掠形成的线的长度。同理，只要在装配中给线指定了"Pay Item"，Civil 3D 就可以计算这条线扫掠形成的面的体积。扫掠形成的实体的体积也是同样的方法计算。这就是 QTO 的工作原理，也是定制工程量统计表的主要思路。

3 名词解释

（1）土方管理器（QTO）：Quantity Take‐Off，Civil 3D 根据付款项目计算工程量的工具。按钮位置在分析选项卡‐土方量‐土方管理器，如图 1 所示。

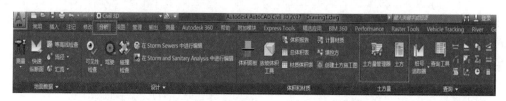

图 1 土方管理器

（2）土方（Take Off）：Civil 3D 输出土方计算结果的工具，如图 1 所示。

（3）付款项目（Pay Item）：即组成工程量清单的条目，包括项目类型，计量单位。例如：路缘石的长度，单位 m；边坡的面积，单位 m^2。

（4）项目付款文件（Pay Item List）：是按照一定规则排列的一系列付款项目的集合，即工程量清单。项目付款文件由两个文件组成：一个是付款项目文件，此文件是 csv 格式文件；另一个是付款项目分类文件，格式为 xml 文件。

（5）装配：即标准横断面，由道路部件组成，是道路模型扫掠的基本横断面。装配对象沿路线的平面和纵断面进行扫掠形成道路模型。

（6）部件：构成道路装配的基本元素，内容包括车道、路缘石、边坡、隔离带等。一个部件由若干代码组成。

（7）代码：构成部件的基本元素的标识符，即构成部件点、线、面的名称。代码作为指定付款项目的基本单元，也是构成道路模型的最小单元。

4 工作流程

QTO 工程量统计主要的工作流程分为以下几个方面：首先定制付款项目文件，然后将付款项目文件指定给装配中的代码（或在代码集中指定），最后进行付款项目计算输出结果。

4.1 定制付款项目文件

Civil 3D 自带的付款项目文件是基于美国规范进行定制的，直接使用起来不方便。但可以通过分析系统自带的付款项目文件，搞清楚付款项目文件的组成要素和特征。

经过研究发现，付款项目文件具有以下三个重要特征，并且是一个付款项目文件必须具备的三个特征，分别是：ID（项目编号），可对应工程量计价规范中的项目编码；Description（计算项目描述），即要计算的项目具有什么特征，可对应对应工程量计价规范中的项目描述；Unit（单位），注意自带文件中的单位是英制单位，需要转化为公制单位，公制单位米对应编码是 M，平方米对应编码是 M2。

单击"土方管理器"按钮，出现界面如图 2 所示。

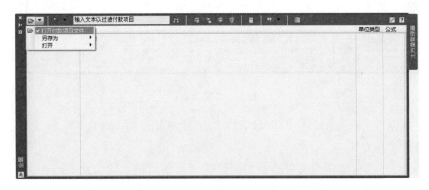

图 2　土方管理器界面

然后单击打开项目付款文件（Pay Item List），出现图 3 界面。付款项目文件格式选择 CSV 逗号分隔，付款项目文件打开 * * */Pay Item Data/Getting Started/Getting Started. csv 文件，付款项目分类文件打开 * * */Pay Item Data/Getting Started/Getting Started Categories. xml 文件。

单击"确定"，打开之后，付款项目文件即被载入系统，出现界面如图 4 所示。

付款项目条目如图 5 所示。左侧为付款项目的分类树形菜单，此树形菜单是由"付款项目分类文件"，

图 3　付款项目文件对话框

即 Getting Started Categories. xml 控制。具体的付款项目条目由付款项目文件 Getting Started. csv 控制。Getting Started. csv 文件可直接用 Excel 打开编辑。每一个付款项目条目由"付款项目 ID""描述""单位类型""公式"组成。付款项目 ID，即工程量清单中的

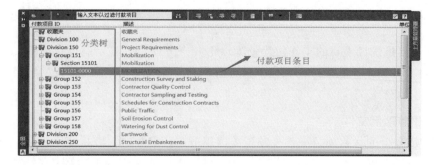

图 4 付款项目分类列表

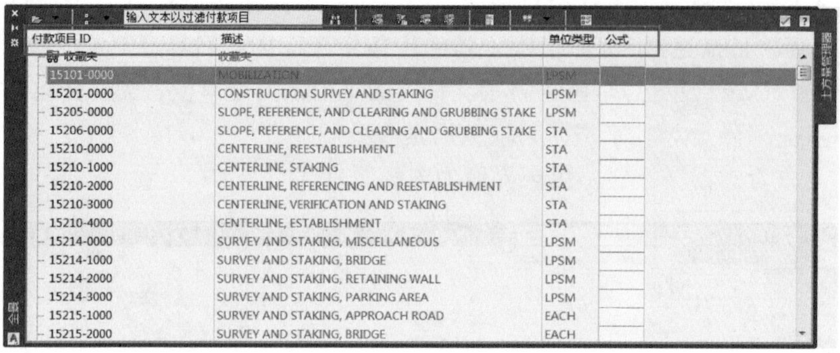

图 5 付款项目

项目编码；描述为工程量清单中的项目名称和项目特征；"单位类型"即计量单位；"公式"可自定义计算方法。

Civil 3D 自带的付款项目文件是按照美国的规范编辑的，要应用在国内的工程项目中有诸多不便之处。要利用 Civil 3D 进行国内工程的项目设计，必须对付款项目文件进行本地化定制。

本文以国内的《市政工程工程量计算规范》（GB 50857—2013）为例，进行 Civil 3D 付款项目文件本地化的定制。

之前分析得出，xml 文件为付款项目的分类文件，它构成了整个付款项目列表的骨架，csv 文件为付款项目条目，它构成了整个付款项目列表的血肉。为了便于修改，先把上面应用到的 Getting Started. csv 文件和 Getting Started Categories. xml 文件复制出来。

将 Getting Started Categories. xml 文件用记事本打开，与土方管理器内容进行对比。对比情况如图 6 所示。

将 Division 分类和 Group 分类按照《市政工程工程量计算规范》（GB 50857—2013）的分类进行修改，修改结果如图 7 所示。

有了付款项目的结构之后，再将每个付款项目对应的条目加到付款项目中。将 Getting Started. csv 文件用 Excel 文件打开，文件结构如图 8 所示。

第一列 Pay Item 为项目编码，对应规范中的项目编码。

第二列 Item Description – USC 对应规范中的项目特征。

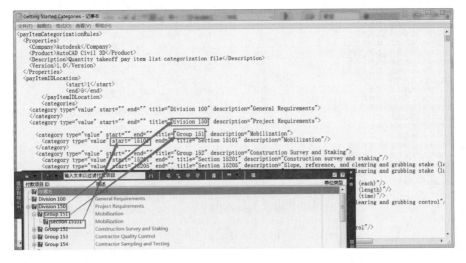

图 6　xml 文件对比

```
<payItemIDLocation>
    <start>1</start>
    <end>5</end>
</payItemIDLocation>
<categories>
    <category type="value" start="" end="" title="道路工程" description="">
        <category type="value" end="" title="Group 040202" description="道路基层" start="40202">
        </category>
        <category type="value" end="" description="交通管理设施" title="Group 040205" start="40205">
        </category>
        <category end="" type="value" title="Group 040203" start="40203" description="道路面层"/><category end=""
    <category start="" end="" description="" title="管网工程" type="value"/><category end="" title="Group 040501" start
</payItemCategorizationRules>
```

图 7　xml 文件修改

Pay Item	Item Description-USC	UNIT_E	Bid_Dec	Pay_Dec	Pay Item Type	FP-YR	Date added	Division	Comments
15101-0000	MOBILIZATION	LPSM	0	0	N	2003			
15201-0000	CONSTRUCTION SURVEY AND STAKING	LPSM	0	0	N	2003			
15205-0000	SLOPE, REFERENCE, AND CLEARING AND GRUBBING STAKE	LPSM	0	0	N	2003			
15206-0000	SLOPE, REFERENCE, AND CLEARING AND GRUBBING STAKE	STA	3	3	N	2003			
15210-0000	CENTERLINE, REESTABLISHMENT	STA	3	3	N	2003			
15210-1000	CENTERLINE, STAKING	STA	3	3	N	2003			
15210-2000	CENTERLINE, REFERENCING AND REESTABLISHMENT	STA	3	3	N	2003			
15210-3000	CENTERLINE, VERIFICATION AND STAKING	STA	3	3	N	2003			
15210-4000	CENTERLINE, ESTABLISHMENT	STA	3	3	N	2003			
15214-0000	SURVEY AND STAKING, MISCELLANEOUS	LPSM	0	0	N	2003			
15214-1000	SURVEY AND STAKING, BRIDGE	LPSM	0	0	N	2003			

图 8　csv 文件结构

　　第三列 UNIT＿E 对应规范中的计量单位，要注意的是国内所用的公制单位，米对应的是 M，平方米对应的是 M2。

　　第四列～第七列不做修改。

　　将 Excel 里的内容按照《市政工程工程量计算规范》（GB 50857—2013）里的条目进行修改，注意表格第一行不进行修改，只对条目内容进行修改，最终形成以下文件，如图 9 所示。

　　完成后，得到两个自定义的付款项目文件，分别是 Getting Started.csv 文件和 Getting Started Categories.xml，将它们重命名为市政工程量清单.csv 和市政工程量清单.xml。

Pay Item	Item Description-USC	UNIT_E	Bid_Dec	Pay_Dec	Pay Item 1FP-YR	Date adde Division	Comment
40202-001	道路基层, 路床整形	M2	0	0 N	2016		
40202-002	道路基层, 石灰稳定土	M2	0	0 N	2016		
40202-003	道路基层, 水泥稳定土	M2	0	0 N	2016		
40202-004	道路基层, 石灰、粉煤灰、土	M2	0	0 N	2016		
40202-005	道路基层, 石灰、碎石、土	M2	0	0 N	2016		
40202-006	道路基层, 石灰、粉煤灰、碎石	M2	0	0 N	2016		
40202-007	道路基层, 粉煤灰	M2	0	0 N	2016		
40202-008	道路基层, 矿渣	M2	0	0 N	2016		
40202-009	道路基层, 砂砾石	M2	0	0 N	2016		
40202-010	道路基层, 卵石	M2	0	0 N	2016		
40202-011	道路基层, 碎石	M2	0	0 N	2016		
40202-012	道路基层, 块石	M2	0	0 N	2016		
40202-013	道路基层, 山皮石	M2	0	0 N	2016		
40202-014	道路基层, 粉煤灰三渣	M2	0	0 N	2016		
40202-015	道路基层, 水泥稳定碎石	M2	0	0 N	2016		
40202-016	道路基层, 沥青稳定碎石	M2	0	0 N	2016		
40203-001	道路面层, 沥青表面处治	M2	0	0 N	2016		
40203-002	道路面层, 沥青贯入式	M2	0	0 N	2016		

图 9　修改 csv 文件

4.2　把付款项目指定给模型

（1）方法 1：手动指定。要指定一个付款项目给一个对象，首先在土方管理器中选择相应的付款项目条目，然后点击土方管理器工具栏中指定付款项目按钮（图 10）。然后在图中手动选择待指定的对象，按回车键即可添加。

示例：用系统自带的付款项目要统计图中所有树木的数量（图 11）。

图 10　付款项目按钮　　　　　　　　　　　图 11　示例项目

首先手动选中图中所有的树木，或者选择一棵树木，右键单击，选择类似对象。然后打开土方管理器，在搜索窗口中输入"tree"，回车即出现有关 tree 的所有付款项目，选择 20216-0000 条目，然后单击土方管理器工具栏中指定付款项目按钮，即完成付款项目的指定（图 12）。

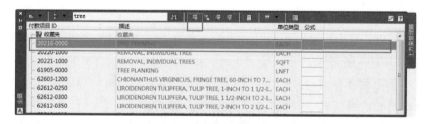

图 12　指定付款项目

成功后，鼠标悬停在一棵树上，可以发现，图中的树木这个图块，已经被赋予了一个新增加的属性，即付款项目 TREE PRUNING，指定付款项目成功，如图 13 所示。

（2）方法 2：代码集指定。在道路模型的代码集中，也可以为构成道路模型的连接

图 13　成功指定付款项目

（Link）和点（Point）代码指定需要的付款项目。其中连接代码指定付款项目后，计算出来的结果即该连接在道路模型中构成的面的面积，点代码计算出来的是该点在道路模型中构成的要素线长度。代码集如图 14 所示。

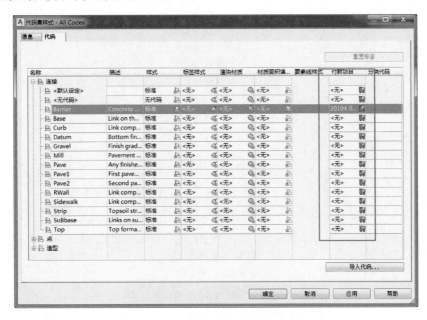

图 14　代码集指定付款项目

指定成功后，会在相应代码的付款项目一栏出现付款项目的编码。

付款项目指定完成后，即可进行工程量统计的计算了。

4.3　工程量统计计算

单击分析选项卡 - 土方，在弹出的"计算土方量"对话框中，选择"报告类型"为"概要"或"详细"。

"报告范围"，在下拉式列表中选择"图纸"。单击"计算"。

在弹出的"土方量报告"对话框中，点击下拉菜单箭头，选择一个表格样式。

单击"绘制"以将工程量表绘制到图形中，最后单击"关闭"按钮，得到如下结果。如图 15 和图 16 所示。

4.4　自定义付款项目文件测试

将编辑好的 csv 文件和 xml 文件重新载入土方管理器，如图 17 所示。

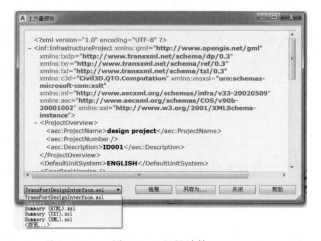

图 15　工程量计算

概要土方报告			
付款项目 ID	描述	数量	单位
20216－0000	TREE PRUNING	7	EACH

图 16　结果输出

图 17　本地化付款项目列表导入

再将树池指定给示例中的树木，得到如下结果，如图 18 和图 19 所示。

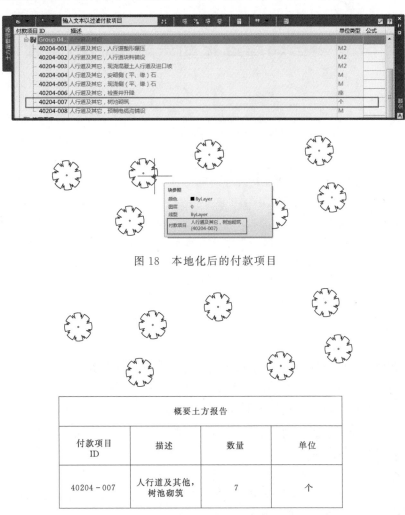

图 18   本地化后的付款项目

概要土方报告			
付款项目 ID	描述	数量	单位
40204 - 007	人行道及其他，树池砌筑	7	个

图 19   计算结果

可以发现，道路模型中的代码也可以正确生成土方报告，报告中的付款项目和项目描述已经更改成了国内规范要求的格式。本文仅列举了一个计算个数的例子，其他计算长度和面积的方法和本文中的例子是一样的，只是指定的代码不同而已，有兴趣的读者可以自行尝试。

5   结语

Civil 3D 的 QTO 功能作为 BIM 模型数据提取的工具，具有相当重要的作用。但由于中国本地化开发不足等原因，该功能对于国内设计人员并不友好。QTO 本地化工作完成后，可以按照国内规范要求方便准确地统计道路模型中的各类工程量，极大地提高了设计质量和设计效率；并且工程量统计表具备动态更新的功能，即模型发生改变，工程量自动更新，避免了工程师的重复劳动，势必受到广泛的欢迎和使用。

基于 BIM 平台的参数化桥梁模型的创建和应用

高 强

（中国电建集团北京勘测设计研究院有限公司/信息与数字工程中心，北京 100024）

摘 要：随着桥梁的发展，桥梁的造型结构变得日趋复杂和多样化，对于 BIM 模型的要求也越来越高，Revit、Civil 3D、Inventor 等软件内置的建模功能已经逐渐不能满足桥梁实际工程中对模型要求的应用，但实际使用中将常用的功能进行整合，搭配软件之间的协作，无需二次开发，完全可以创造出结构复杂、参数灵活、多变的桥梁模型，方便在实际工程中使用。

关键词：BIM；桥梁信息模型；参数化；Dynamo；计算式设计

1 引言

随着计算机技术的发展 BIM 技术成为土木建设行业的新思维。BIM（建筑信息模型）中，最突出的特点就是信息化模型，而在信息化模型中，参数化建模的手段起着至关重要的作用，参数化模型不仅包括构件的几何信息[1]，还包括从项目设计到施工所需要的各种信息，使在项目不同阶段，不同参与方，都可以在 BIM 中插入、提取、更新和修改信息，以支持彼此相互的协同作业。

桥梁的造型结构变得日趋复杂和多样化，对于 BIM 模型的要求也越来越高，Revit、Civil 3D、Inventor 等软件内置的建模功能已经逐渐不能满足桥梁实际工程中对模型要求的应用，使用 C、C++、Python 等语言进行 API 开发进行编程，就创造更多的可能，但是对于从事 BIM 软件的建模人员来说，没有良好的编程功底和专业的学习很难进行二次开发，以 Revit 最新推出的内置可视化参数化软件 Dynamo 为例，内置的基本命令参数模块高达 300 多个，还需要结合 Python 语言实现复杂命令对数据的调取，但将常用的功能进行整合，搭配软件之间的协作，完全可以创造出结构复杂、参数灵活、多变的桥梁模型，方便在实际工程中使用。

2 桥梁参数化设计模型

2.1 桥梁 BIM 技术

作为交通系统节点工程的桥梁工程不仅是国家重要的土木工程基础设施，也是民心工

作者简介：高强，男，1993 年 11 月出生，工程师，主要从事创建三维协同可视化与参数化模型研究，17701606@qq.com。

程，桥梁工程兼顾经济型、安全性、质量与寿命等要求，显得尤为重要，由此可见，信息化技术的应用对桥梁工程来说是必要且急迫的。桥梁工程作为一种特殊的结构，其特殊性体现在结构形式复杂、受力复杂、分析要求高、异形构件多等特点，目前我国桥梁工程发展，设计普遍采用图纸及二维的表现形式，在桥梁构造日趋复杂的形式下，二维的设计表达方式在项目应用中逐渐暴露出了很多问题，二维图纸在表达形式的表现上和信息量的包含上有明显的缺点，设计施工中有价值的信息更是无法添加，对于构件材质、厂家信息、结构碰撞等需要大量的图纸才能表达清楚，这其中产生的费用和浪费的时间比较严重，针对以上问题，三维设计提供了解决方案，三维设计可直接通过三维实体模型清晰表达结构构造，更可在模型中加入除几何信息外的其他信息，弥补二维设计信息的不足和重复工作量的繁重，三维设计技术成为桥梁设计发展的必然趋势[2]。

运用 BIM 建模软件建立参数化桥梁 BIM 模型，是基于信息模型基础数据，为桥梁全生命周期服务，为参与桥梁建设各方提供信息化交流平台，为实现建设对象可视化、施工进度控制动态化、信息数据采集智能化提供技术支持[3,4]，基于 BIM 的数据交换方式如图 1 所示。

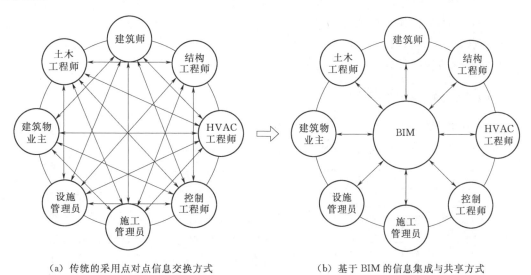

（a）传统的采用点对点信息交换方式　　　　（b）基于 BIM 的信息集成与共享方式

图 1　基于 BIM 的数据交换方式

2.2　直接建模的弊端

根据桥梁工程的特点，桥梁的 BIM 模型呈现出结构特殊但种类较少的特点，同时数量众多，并且对于模型的空间要求较高，这对于初期建模工作来说工作量巨大，采取直接建模的方式去创建模型会消耗大量的时间，并且这些模型对于后续其他工程来说，毫无意义和利用价值，因为模型是"死"的，如桥梁每一段箱梁进行拼接，单纯的去一一进行建模，浪费时间，同时一些空间的箱梁模型建模，普通的手段根本无法实现，这对 BIM 的开展将造成巨大的困难。

直接建模在信息传递方面也是有很多弊端的，通过普通方法，直接创建的桥梁模型，如箱梁、基础、承台等构件，这些构件可以说只是一个几何而不是特征，这种模型设计自动化程度低下，尺寸驱动的编辑功能较差，因为构件之间毫无关联性，在开展类似的 BIM 项目的时候，模型无法传递和使用，需要重新进行建模，同时设计理念也无法传递下去，这对 BIM 的推进造成严重的阻碍。

2.3 参数化建模的优势

参数化设计是 BIM 的重要思想之一，也是当前设计领域的一个重要的趋势之一。参数化设计在 BIM 工程中随处可见，根据调查表明，实际工作中首次搭建 BIM 模型的时间不超过 20%，剩下 80% 的时间是不断地修改、变更、维护、完善 BIM 模型，工程师绝大部分的 BIM 工作都是和 BIM 模型打交道，而参数化设计提供了优秀的解决方案，提高了 BIM 模型修改、维护的效率和便捷性。

参数化设计能做多方面可控，可在多个项目中重复利用，参数化建模就是进行搭积木式的拼装，最终完成对模型的创建，符合施工的要求，方便统计和后期对模型整体进行控制。

欧特克公司的 Revit 软件，结合欧特克旗下多款软件，能够实现参数化三维模型的创建工作。以 Revit 软件为例，Revit 中所有的构件都被命名为一个"族"，都是在"族"的基础上进行模型的创建，它既是基础，也是数据的载体，在 Revit 中创建族时，通过族参数属性提供的各类参数选项，选择合适的参数类型，设置准确的参数数据，可以保证族的形体样式和内置信息符合工程设计要求。

3 实施方案及可视化编程

3.1 参数化建模的具体流程

根据设计流程和操作规程，参数化构建创建流程如图 2 所示。

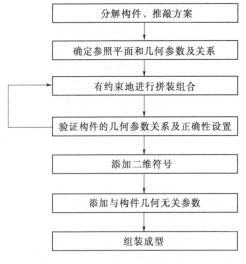

图 2　参数化构件创建流程

3.2 参数化族库

参数化族库的创建，在实际应用中有两个特点，首先精度高，可以用于各种分析和模拟中，同时符合实际施工应用，能够将模型传递下去，参数化设计不仅满足多个后续项目对模型的传递和应用，也是区分于普通族模型最大的区别，通过参数化族库的建立，可以像 CAD 中的块一样，在工程设计中大量复用，提高三维设计的效率，达到即满足工作需求和标准，又不过度建模。

参数化族库可以分为两种：标准参数化族和自定义参数化族。

标准的参数化族是将预定好的标准数据系列（如产品样本中针对不同型号产品给出的外形尺寸数据）作为驱动参数而创建出来的族，每一个类型对应唯一的数据组，所有族类型均在同一模型基础上实现参数驱动，主要应用于具有标准规格和尺寸的设备或构件组的创建。

自定义参数化族是为非标设备或构建而创建的族，在同一模型基础上针对非标设备或构建中可能需要用户自定义的尺寸创建参数，该参数可以由用户在载入自定义参数化族后，根据桥梁工程实际需要直接修改而得到适合桥梁工程的设备或构件。

根据上述方法，建立了桥梁上部结构及下部结构的三维模型，如图 3 所示。

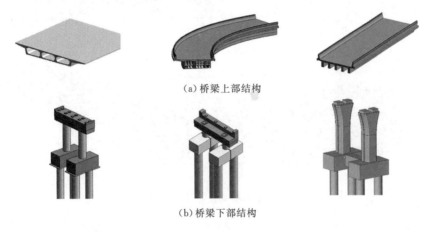

(a) 桥梁上部结构

(b) 桥梁下部结构

图 3　桥梁三维模型示意

3.3　复杂结构族库

构件信息及分类才是实现 BIM 技术的标准，通过以中小跨径混凝土梁桥为例说明，桥梁基本结构由上部结构、下部结构、承台支座、附属构件等构成。造型复杂的结构构件采用 Revit 的体量工具来进行创建，Revit 在体量样板的工作环境下，所有的创建模型工作都是在三维状态下完成，并且能够创造出更加复杂的空间结构模型，并直接赋予模型材质等信息。

箱梁的参数化建模能够有效地解决了桥梁变截面特性所带来的难题，运用以直代弧的方式创建模型，通过多个平面，多个轮廓的建模方式，使创建的模型更加精准，符合施工的要求。同时参数化箱梁可添加参数化钢筋，跟随主体模型变化而调整，方便统计和后期对模型整体进行控制。变截面箱梁主要使用 Revit 族样板中放样融合的建模方式进行创建，这样创建的变截面箱梁族无需进行任何的二次开发或可视化编程，可以处理一般复杂的变截面形体的钢筋布置。

通过 Revit 中的钢筋功能建立钢筋模型，可以根据变截面箱梁的几何参数来自动调整钢筋的数量、长度等参数，真正显示出 BIM 应用的高效率，而不是通过 Excel 或者计算器先把大量的数据计算好，在根据相关数据去建模、统计，这样的思路不是 BIM 的思维方式。桥梁一跨可分为多个梁段的桥梁模型，更好地对桥梁进行参数化控制，细化设计成果。

根据上述方法，建立了桥梁复杂结构及钢筋的三维模型，如图 4 所示。

当结构模型具有双曲线或多曲线外形时，常规的建模手段就无法满足工作需要，这就需要使用 Inventor 进行联合设计，Inventor 能够更好地对复杂构件进行创建，并且工业上

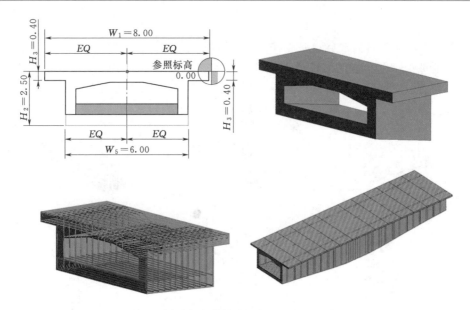

图 4   桥梁复杂结构及钢筋三维模型示意

的很多零部件都是使用 Inventor 搭建的，精确、异形、复杂的零部件创建本身就是 In-ventor 所擅长的。

3.4   Civil 3D 结合 Revit 创建可视化桥梁构件

Civil 3D 结合 Revit 的软件配合建模方式能快速地创建道路和桥面相对于单个软件建模，更加高效便捷，Revit 本身对空间曲线的支持较弱，创建一些复杂路面的时候显得比较无力，尤其是一些双曲线或更加复杂的曲线建模，如桥梁匝道、岔路口、环岛等，这些构件在 Revit 中很难进行创建，相应的二次开发也比较匮乏，使用 Revit 结合 Civil 3D 软件相互配合的建模方式就可以轻松解决这一难题，在 Civil 3D 中创建的道路桥梁三维空间曲线能通过转换格式后导入到 Revit 中，虽然 Revit 无法控制这种三维空间曲线，但是 Revit 中自带 Spline Curves 的属性和 Civil 中的属性是完全一致的，两款软件都是欧特克旗下的软件，因此在数据交换上有着良好的基础，这样一组定制点而得到的曲线在 Revit 可以被拾取和使用，作为道路、桥梁中心线或辅助线，通过节段控制、路线分割、轮廓定位、结合放样融合等方式，快速生成模型。道路桥面的参数化使用 Revit 的公制常规族样板以及概念体量和自适应族样板来进行创建，根据上述理论，绘制出了桥梁路面的三维模型，如图 5 所示。

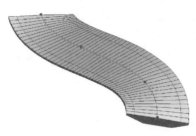

图 5   桥梁路面三维模型示意

3.5   Dynamo 结合 Revit 创建可视化桥梁构件

创建自由空间几何形体并不是 Revit 的强项，所以使用 Dynamo 去帮助 Revit 在这方面达到顶尖水平，Dynamo 是 Revit 内置的一款可视化编程软件，能够虚拟地创建逻辑关系，从而推动几何图形以及 Revit 图元和数据的行为，Dynamo 中的节点俗称"电池图"，连接起来俗称"发电机"。

Dynamo 结合 Revit 创建可视化桥梁构件，在三维状态下，更好地辅助设计，提高设计质量，通过 Dynamo 调取外部数据，将外部参照、dwg 图纸、Excel 数据等输入到 Dynamo 中，生成空间三维曲线，将三维曲线导入 Revit 中形成辅助线，就可以开展多方面的工作。

将辅助线作为定位桥梁道路中心线及平、纵、横控制点，明确相应构件放置的位置，保证放置构件的准确性，同时控制超高等设定，根据以上结论创建的 Dynamo 路径建模如图 6 所示。

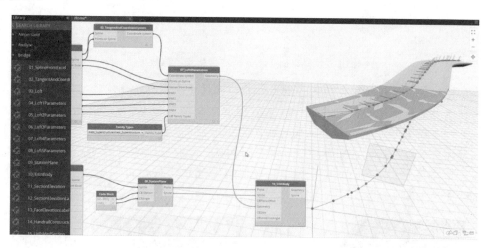

图 6　Dynamo 路径创建桥梁三维模型

3.6　Python 环境下的自动建模方案

Dynamo 使用的是 IronPython，通过它可以调用 .Net 的库，也就可以调用 Revit API。Dynamo 内预留两个 Python 接口，在 Core 菜单下对的 Scripting 中有两个节点，分别为：PythonScript 和 PythonScriptFromString，第一个可以打开在节点内编写代码，第二个是将已写好的代码导入这个节点内使用。

Revit 结合 Dynamo 配合快速准确地创建标准的桥梁模型，首先通过 Civil 3D 将道路桥梁中心线的点提取出，保存到 Excel 表格中，将包含 X、Y、Z 坐标点数据的 Excel 数据导入 Dynamo 中，生成样条曲线，根据样条曲线生成空间曲线后，运用 Python 代码整合数列，使 Dynamo 中的交点于 Revit 中自适应族的点对应，快速准确地生成模型，最终导入 Revit 中形成最终模型。整个模块化的过程，极大地提升了建模的速度、质量和效率，有效地解决了模型拼接时产生的脱节、脱壳等现象。

上述操作的重点在于导入 Excel 表格中的坐标数据后，需要对坐标进行整合，运用

```
import clr
clr.AddReference('ProtoGeometry')
from Autodesk.DesignScript.Geometry import *
#该节点的输入内容将存储为 IN 变量中的一个列表。
dataEnteringNode = IN
data=IN[0];
if (len(data)%2)==0:
 list_length=len(data)/2-1;
else:
 list_length=len(data)/2;
new_list=[((0)*3) for i in range(list_length)];
for j in range(0,list_length):
 #new_list[j][0]=(data[j*2]);
 #new_list[j][1]=(data[j*2+1]);
 #new_list[j][2]=(data[j*2+2]);
 new_list[j][0]=(data[j*2+2]);
 new_list[j][1]=(data[j*2+1]);
 new_list[j][2]=(data[j*2]);
#将输出内容指定给 OUT 变量。
OUT = new_list
```

图 7　数列处理代码

Python 编写的一组数列的处理代码如图 7 所示。

运行该节点后，输入的 List 会被整理后输出新的 List，整个坐标数列会被整合成三个坐标一组的数列，并且上一组数列的最后一个坐标是下一组数列的起始坐标，首尾相连，使之与自适应族进行对应，具体成果如图 8 所示。

图 8　桥梁路面自动建模三维模型绘制效果

将路径线作为定位桥梁定位的控制点，相应构件可实现自动化建模。例如自动放置桥墩，将路线上的桥墩中心点进行等分，然后提取出相应的坐标，路线作为特征线，使用 Dynamo 中的 Bridge Elements Placement 节点包，就可以实现构件的自动关联，从而自动随桥面及地形的高度变化，布置桥墩，承台等构件，这是常规建模手段无法达到的，更多的节点还是需要掌握一些 Python 知识，根据以上结论，创建自动布置桥墩、构件等模型。具体成果如图 9 所示。

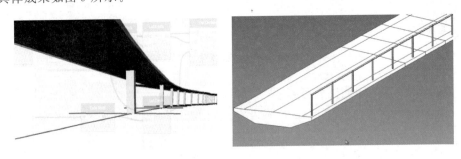

图 9　桥梁构件自动建模绘制效果

4　结语

通过研究参数化建模的问题，指出了参数化建模的优势，进一步阐述了参数化建模的要求，重点研究了创建参数化模型的一般方法，包括确定参数化需求、参数分析、参数化创建流程及自动建模的关键步骤，参数化建模技术非常适合涉及苛刻的要求和制造标准的任务，但最终还是要以模型为载体，以数据为中心，充分发挥信息数字化的优势。

信息数字化是工程发展的一辆快车，但是 BIM 全生命周期信息化管理主要载体是以模型为基础的信息应用，使用 BIM 的三维建模和参数化特征，能够实现协调一致的项目文档创建及应用，目前 BIM 模型的创建仍有如下通病：

（1）BIM 技术的信息的存储格式目前无法统一，行业软件交换兼容性较差，作为国际通用格式的 IFC 格式也仅仅是通用，各大软件厂商对 IFC 通用格式交换的数据到底有多少，都无从而知，无法达到最大程度的兼容和数据交换。

（2）由于 BIM 模型需要应用于与建设工程全生命周期的集中化管理环境，因此 BIM

模型的结构除了包含几何图形及数据模型外，还需要包含管理有关的行为模型，从建设到交付阶段的模型管理缺少有效的管理机制和标准。

（3）信息共享与集成才是 BIM 应用的精髓，但目前的现状是 BIM 信息共享和集成缺少有效的解决方案。

针对上述问题 BIM 信息管理应用所遇到的问题，还需要去建立基于整个项目的通用信息模型，应用到工程各个阶段（规划、设计、施工、运维等阶段），每一个阶段有各自的信息模型，针对各阶段建立相应的模型数据库，达到最大程度的 BIM 技术应用，享受 BIM 技术给行业带来的巨大价值。

参考文献

[1]　YASSINE，ALIA. Parametric design adaptation for competitive products [J]. Journal of Intelligent Manufacturing，2012，23（3）：541－559.

[2]　李洁. 基于 BIM 的混凝土桥梁标准化建模技术研究 [J]. 江苏建筑，2016（2）：64－89.

[3]　R. Solnosky. Current status of BIM benefits，challenges，and the future potential for the structural discipline [C]. Structures Congress 2013.

[4]　R. Volk，J. Stengel，F. Schultmann. Building Information Modeling（BIM）for existing buildings－Literature review and future needs [J]. Automation in Construction，2014（38）：109－127.

Dynamo 在桥梁工程中的应用

王 奇，赵 亮

（中国电建集团昆明勘测设计研究院有限公司，昆明 650051）

摘 要： 本文提出了基于 Autodesk 平台的桥梁工程 BIM 模型建立的实用流程，借助 Dynamo 可视化编程平台解决了 Revit 软件在桥梁工程建模中的一些问题，提高了建模效率及模型精准度。

关键词： BIM；桥梁工程；Dynamo；施工阶段；运维阶段

1 引言

BIM 是以三维数字技术为基础，集成建设工程项目各种相关信息的工程数据模型，同时又是一种应用于设计、建造、管理的数字化技术。BIM 技术是继 CAD 技术之后建筑业的又一项新技术，它的应用也必将给建筑业带来革命性的变化。

工程建设行业是专门从事土木工程房屋建设和设备安装的行业，为世界各国的经济发展做出了巨大的贡献。上海中心、迪拜塔、三峡大坝、杭州湾跨海大桥工程建设行业取得了举世瞩目的成就，工程建设投资巨大。但就目前的情况来看，由于其割裂的行业结构、信息流失严重、注重建造成本而忽视其生命周期的价值，工程建设行业的效率十分低下[1]。据美国劳工部的统计数字显示，1964—2003 年，工业与服务业的生产效率提高了230%，而建筑业的劳动生产效率反而下降了 19.2%。另据美国建设科技研究院的统计，建筑业存在着 57% 的浪费，而制造业的浪费为 26%，两者相差高达 31%[2]。

建筑信息模型（building information modeling，BIM）的出现，为解决工程建设行业效率低下的问题增加了可能性。BIM 技术以三维几何模型为载体，集成建筑的物理信息和过程信息，并通过开放性的数据标准以实现建筑工程不同寿命期和各参与方之间的信息共享，从而促进项目管理水平和生产效率的提升。

2 BIM 在桥梁工程中的应用现状

我国对于 BIM 的研究起步较晚，但是通过大量专家、学者及相关领域的工作人员的努力，我国在 BIM 领域也取得了比较丰硕的成果。

在工程建设领域，BIM 技术首先在建筑工程中取得了较成熟的应用，比如北京奥运会游泳馆——水立方、总高度达到 632m 的上海中心大厦、上海世博会中国馆、南京青奥

作者简介：王奇，男，1987 年 11 月生，工程师，从事桥梁工程设计，dlwnqcool@163.com。

会议中心等（图 1 和图 2），通过 BIM 技术解决了建筑能源可持续利用、复杂构件定位、工程量精确计算、施工阶段造价管理、碰撞检查等一系列问题。

图 1　水立方图

在桥梁工程领域，虽说起步较建筑工程晚，但是也取得了一定成就，特别是对于一些构造复杂、施工难度大的桥梁，BIM 在施工质量、造价、工期控制等方面更是得到了广大桥梁工作者的认可。在南昌朝阳大桥、北京三元桥整体换梁、沪昆客专北盘江特大桥等工程中都起到了很明显的效果（图 3）。

图 2　上海中心大厦

3　桥梁工程 BIM 解决方案

交通基础设施工程规模大，控制节点多，桥梁工程为交通基础设施中的关键节点，在现有常规手段下，对于设计来说，主要技术难点如下：

（1）互通立交关系复杂，存在复杂的一对多匝道分合流节点。

（2）存在大量的曲线、异形桥梁的上部结构。

（3）工程情况复杂，边界约束条件多，设计与现场的结合要求高。

（4）桥梁存在纵坡、横坡，导致在 Revit 中进行各构件族布置时，不够精确。

基于 Autodesk 平台的一系列软件提供了从设计、施工到最后的运营维护阶段的全生命周期的 BIM 解决方案。工作流程如图 4 所示。

Dynamo 作为欧特克针对工程师提供的一款可视化编程平台，相较传统的编程语言，更加容易上手，可以有效地提高曲线桥梁超高、加宽、变宽桥梁、常规桥梁的建模精细度

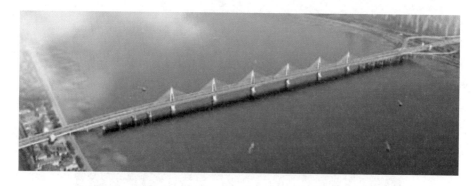

图 3　南昌朝阳大桥

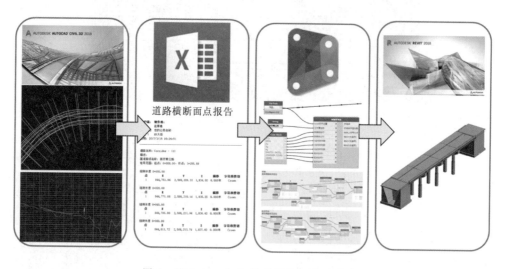

图 4　基于 Autodesk 的交通 BIM 解决方案

及效率。

4　基于 Dynamo 的 BIM 模型在桥梁工程中的应用

4.1　项目简介

本文依托云南某项目进行了应用，该项目桥型布置为 4 跨简支梁桥，桥梁总长为 71.16m，桥宽为 12m，上部结构为 16m 后张法预应力混凝土空心板，桥台为桩柱式轻型桥台，桥墩为盖梁柱式墩。

4.2　各构件参数化族设计

由于桥型相对简单，全桥主要构件有上部结构（空心板梁）、下部结构（桥梁墩台）组成，此外还有附属设施，包括支座垫石、支座、排水管、防撞护栏、人行道板、栏杆等。

（1）空心板设计。对于空心板来说，一般常用的有 10m、13m、16m 跨径，随着梁长的改变，梁高也会随之变化，顶板、底板、腹板尺寸、箱室倒角尺寸不变，在建模时，可以充分考虑使用的方便，仅对变化的部分进行参数化，不变的尺寸可以将其锁定（图 5）。

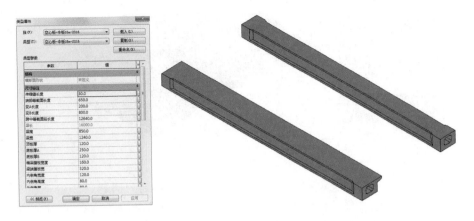

图 5　参数化简支空心板

（2）墩台设计。轻型桥台在常规桥梁中应用广泛，由台帽及桩基组成，随着上部结构的改变，台帽的横向尺寸、背墙高度、盖梁宽度也随着改变，桩基长度及尺寸根据实际的地质情况而确定（图 6）。

图 6　参数化桥墩（台）

4.3　Revit 模型建立

（1）在 Revit 中生成地形曲面。借助 Civil 3D 程序，可以由测绘部门提供的二维地形图生成三维曲面，在桥梁建设的一定范围内，可以通过程序提取地形曲面上点的坐标及高程数据，导入 Dynamo 后，可以生成地形曲面，其中用到的节点及生成的地形如图 7 所示，其功能分别为读取 Excel 文件中的数据、通过点拟合成地形曲面。

（2）布置桥梁各构件。在这一过程中，采用的方法是：首先通过道路设计成果在纵断面图上选择需要布置桥梁的位置初步选定起终点桩号；然后根据桩号在 Dynamo 中找到某一特征点来布置起点桥台，并将桥台在平面上进行旋转以确定桥梁的斜交角度，最后根据起点桥台来布置桥梁其他各构件（图 8）。在这一过程中 Dynamo 有以下优点：①可以准

275

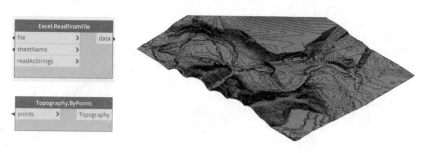

图 7　生成地形曲面

确定位桥梁各构件位置，解决了 Revit 布置较为困难、不精确的问题；②由于在 Revit 中族布置时，只能通过输入旋转角度来实现构件的旋转，这样在进行旋转角度计算及手动旋转时都会存在一定误差，且效率低下，通过 Dynamo 可以自动计算旋转角度，并在布置时自动旋转，大大提高了效率及精准度；③Dynamo 文件具有通用性，凡是类似的项目，都可以通过同一个文件进行桥梁设计（图 9）。

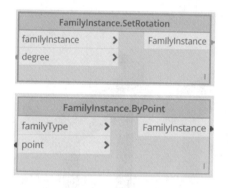

图 8　布置桥梁构件节点

图 9　模型成果

4.4　基于 BIM 模型的应用

所谓 BIM，建筑模型是基础，建筑信息才是 BIM 的精髓所在，建立好三维模型之后，如何应用才是重点。基于已建立好的 BIM 模型，主要应用点有以下几方面。

4.4.1 设计、施工无缝对接

（1）通过三维模型，可以对传统二维设计过程中不易考虑或不能准确设计、计量的部位进行三维设计，例如基坑开挖、支护及结构优化调整等。

（2）通过三维模型可以对复杂桥梁开展碰撞检查、施工方案优化调整、施工场地布置等，避免施工期间因设计或施工原因造成工期延误。对于某些复杂桥梁结构，在施工前，对构造复杂的构件建立精细化三维模型，执行项目中的碰撞检查及施工方案模拟，做到对构建结构了然于心，提高施工质量。

（3）完成三维模型后，仅需对模型进行剖切、标注，就可以完成设计图纸输出（图10）。通过三维图纸剖切的二维图纸可以实现三维模型与图纸联动，图纸与构件一一对应，对于施工作业人员来说，可以通过二维图纸与三维模型对照查看，对于某些复杂构件可以有更直观认识，更容易理解设计构造及设计意图。

（4）通过三维模型可以生成施工动画，用于指导现场施工，通过可视化技术交底的方式，让施工人员更加清楚直观地了解相关施工工艺，使隐蔽工程可见化。

（5）由于模型为参数化模型，还有一个很大的优势就是如果项目发生工程变更，仅需对模型进行修改，图纸、工程量自动与模型联动，随之修改，可以很快地统计出变更工程量及变更图纸，并且可以从设计变更申请和受理、设计变更审查过程、设计变更单价确定、设计变更许可结果等方面，全方位控制设计变更的工作进度，保证变更设计管理工作的及时性。

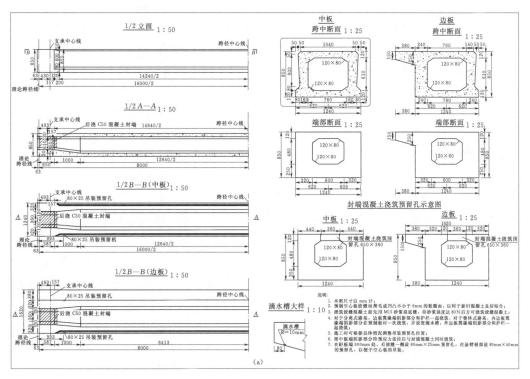

图 10（一） 施工图成果

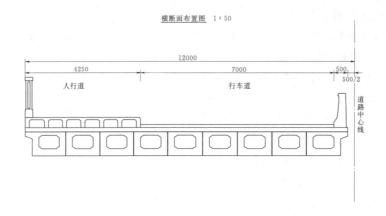

说明：本图尺寸以 mm 计。

(b)

图 10（二）　施工图成果

4.4.2　可视化

基于三维 Revit 模型，可以对桥梁模型进行三维动态可视化展示、施工方案模拟、施工阶段动态模拟、施工组织设计可视化模拟，以上应用能使模型使用者对工程整体形象面貌有一个总体的把控；能突出构造物重要部件的细节层次及特性，在建模过程中还可以增加交通工程设施模型，满足设计及后期施工、运维等各方的管理需求；可以形象地模拟桥梁及相关配套工程与周边地形、地貌、地物的相对位置关系，最大限度降低设计方案的不合理性，同时通过针对特定项目的施工模拟选择更加合理、经济的施工方案。

4.4.3　施工过程中的应用

（1）通过深化三维模型，可以进行高墩柱及盖梁施工、钢箱梁施工，T 梁安装施工，施工工艺动画展示。基于此，结合现场视频监控设备进行工程形象进度更新、施工方案优化、进行精细化施工管理，科学合理地进行物资管理、质量管理、计划进度、安全生产、合同以及计量支付等内容的电子化管理。

（2）基于传感器、物联网、GIS、计算机网络技术和自动控制技术等手段，可以对桥梁三维模型，采用精确测量技术（GPS、激光扫描仪、测量机器人等）进行施工过程监控及预警。其原理主要是借助各种传感器，通过无线通信设备、网络可以将测量数据传输到远端监控室，将收集到的数据与基于三维实体模型建立的施工管理平台中的相关数据进行比对，实时监控桥梁各部件健康状况，若某构建监控指标异常，还可以进行预警提示，通知相关人员，同时技术人员通过三维实体模型，可快速查询构件指标异常部位，帮助建设方快速处理问题。

（3）通过精细化三维模型，能够准确统计工程量，并与相关的造价信息链接，对工程量及造价进行复核，避免设计工程量漏项及计算差错。

（4）三维模型导出到云端，可以通过移动设备查看 BIM 模型，并查询所需的各构件相关信息。

278

4.4.4 运维阶段应用

（1）施工阶段，根据工程变更情况，对 BIM 模型进行实时更新。工程竣工时，可形成与工程实体一致的 BIM 竣工模型，并且可以按照地方档案管理要求，制作相关文本，将其赋予相关构件，满足竣工档案验收要求。

（2）结合 BIM 模型，可以对桥梁养护进行可视化管理。包括桥梁技术状况评定数据、交竣工检测数据、运行状况等。管理人员能直观、清楚地了解桥梁的地理位置、使用性能等情况。

（3）基于 BIM 模型，可以进一步开发运营管理平台，方便进行工程文档管理，对相关文档进行搜索、查阅，结合三维模型，充分提高数据检索的直观性，提高工程相关资料的利用率。当施工结束后，自动形成完整的信息数据库，为工程运营管理人员提供快速查询定位。基于 BIM 模型的工程文档管理可以对建筑全生命周期中产生的资料进行管理。

（4）利用先进的集成技术，将物联网、计算机、网络技术融为一体，在重点桥梁安装感应器、传感器、控制器等，从设备上获得所需的数据。同时，通过网络将采集的数据实时上传至系统平台，可以实现运营期对道路资产管理，集数据采集、远程监控、运行状态记录、历史数据查询、分析、预警和超限智能控制。结合预先安装的视频监控设备、消防报警设备的接口，能实时在三维运维平台中采集查看监控这些信息，在设备报警时可以做到及时处理，防患于未然。

（5）基于三维模型，可以进行项目的资产管理，主要包括直观空间定位、设备维护、能耗管理与分析等几个方面。

5 结语

BIM 技术在建设工程领域内是一次重大的变革，该项技术在我国起步较晚，在交通基础设施工程中更是如此，本文使用 Autodesk 平台下的一系列软件进行普通简支梁桥的建模，取得了以下成果：

（1）通过 Civil 3D 进行道路设计，Revit＋Dynamo 软件进行桥梁设计是可行的，可以借助这两个软件完成交通基础设施工程的 BIM 模型建立，设计图纸输出。

（2）Dynamo 对于 Revit 软件是有效的补充，弥补了 Revit 软件在桥梁工程应用过程中的精确度及效率问题。

（3）基于 BIM 模型，在设计后期的施工阶段及运营维护阶段可以进一步建立施工管理平台及运营管理平台，提高项目的管理水平及生产效率。

参考文献

[1] 丁士昭. 建设工程信息化导论［M］. 北京：中国建筑工业出版社，2005.
[2] 何关培，王轶群，应宇垦. BIM 总论［M］. 北京：中国建筑工业出版社，2011.

BIM 技术及其在隧道工程中的应用*

肖珂辉[1,2]，宋战平[1,2]，史贵林[1,2]，户若琪[1,2]，王　涛[3]，唐坤尧[3]

(1. 西安建筑科技大学土木工程学院，西安　710055；
2. 西安建筑科技大学隧道与地下结构工程研究所，西安　710055；
3. 中国铁建大桥工程局集团有限公司，天津　300300)

摘　要：BIM 拥有强大的 3D 处理能力，其在房建领域广泛应用，但隧道领域应用却相对较少。针对隧道工程的建造特点，总结并提出了 BIM 技术在隧道工程领域的应用方向及发展：在隧道工程的设计阶段，利用 BIM 技术的参数化功能，实现隧道结构模型和施工设施模型三维可视化快速构建；在施工阶段，利用 BIM 技术的 4D 施工虚拟仿真技术对施工进度进行可视化的动态控制；在运维阶段，利用 BIM 技术的可视化功能对隧道运营过程中出现的损伤进行可视化的观测和修复。基于以上的分析，对隧道建造和运维过程中 BIM 技术的应用存在的主要问题及解决对策提出了相应的建议。

关键词：隧道工程；BIM 技术；可视化；参数化；施工虚拟仿真

1　引言

随着我国建筑行业的高速发展，人们开始追求高质量高效率的施工方法和手段，BIM 技术可以很好地解决这一问题。由于 BIM 技术具有可视化功能，可以清楚地展示出拟建工程的三维模型，并且可以通过碰撞试验检测管线预留以及施工现场布置所存在的问题。在设计阶段对建筑本身的布置、施工场地中材料和施工机械的布置相互影响的问题进行解决，可以提高施工的效率进而缩短施工工期，节约成本，同时可以提高工程质量。BIM 技术目前在房建领域已经比较成熟，拥有大量的建筑构件，可以方便地进行建模，其建模效果也远好于传统的利用线条所绘制的平面图，立面图等。传统的方式需要良好的空间想象能力才能准确地确定每个构件的具体位置，而 BIM 建模则有所不同，它以"所见即所得"的形式将建筑物展示在人们的面前[1-5]。但目前 BIM 技术在隧道领域的应用并不多，也没有类似于房建领域的第三方族库，构件基本需要自行建立，因此 BIM 技术在隧道领域的应用还有待进一步研究[2-4]。

2　BIM 建模

BIM 技术的建模基本分为三类：结构建模、施工设备建模和环境建模。

---

*　基金项目：国家自然科学基金资助项目（51578447）；住房和城乡建设部科学技术计划项目（2017 - K4 - 032）。

　通讯作者：宋战平，男，1974 年出生，教授，主要从事岩土工程领域的教学和科研工作. songzhpyt@xauat. edu. cn。

2.1　结构建模

　　结构建模一般采用 Autodesk 公司的 Revit 软件进行建模，建模步骤如图 1 所示，如果之前已经绘制过所需构件即所需构件已存在于族库之中则可以直接布置构件，各个构件相互组合即可得到设计模型；若所需构件还不存在，对于形体相对简单的构件，则可根据构件的平面设计图纸利用 Revit 建立公制常规模型的拉伸、拾取功能生成所需构件；对于形体相对复杂的构件则可以利用 Revit 创建概念体量模型来生成构件；也可直接在 Revit上进行设计绘制结构。在房建的设计中，由于 BIM 技术已经比较成熟，一般的建筑构件（墙、梁、柱、门窗、管道等）都已存在。在 Revit 上部的操作选项卡上可以直接布置墙梁柱等构件，而门窗、水电管道等构件也可直接从族库中选择所需要的构件形式导入项目得到 3D 设计模型。在隧道的设计中，由于隧道相较于房建来说，构件形状比较简单，因此虽然没有完整的构件族，但可以通过建立公制常规模型的拉伸或放样功能绘制隧道构件然后为构件附着材料进行渲染。为了方便后续工作，可以通过构件参数化来实现迅速改变构件参数生成新的构件。如图 2 所示，可以通过属性选项卡中拉伸起点或拉伸终点后的编辑按钮对构件的长度进行参数化；同样可以对绘制构件的材料进行参数化，选择设计的材料进行渲染。各个构件绘制完成后进行组合即可。参数化对于类型相同或大部分数据相同的构件意义重大，对于类似的构件无需重新进行绘制，直接改变构件的个别参数即可，这大大地节省了建模的时间。

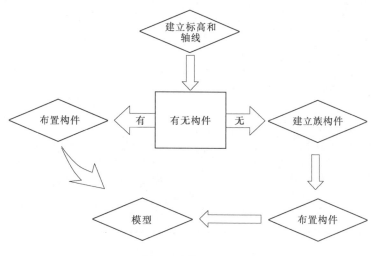

图 1　建模过程图

2.2　施工设备建模

　　施工设备建模与隧道建模相同的点就是他们都是用 Revit 来进行建模，但是由于施工设备的结构与隧道结构相比要复杂得多，因此一般的公制常规模型一般无法简单方便地进行建模，故需采用创建概念体量进行建模。首先打开 Revit 中的新建概念体量，利用绘制参考线设置参考平面生成实体或生成空心体即可方便地生成如图 3 所示的复杂形状的构件，这样便可方便地构建出施工设备模型。与结构构件相同，也可对施工设备构件模型进行参数化，方便以后建模过程中个别设备构件尺寸或材料参数的调整，避免重新创建构

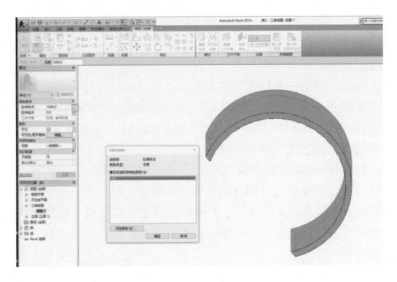

图 2　构件参数化

件。各个构件创建完成后即可点击上部操作选项卡中的载入项目选项，将建好的构件载入到对应项目进行组合，即可得到施工设备模型。

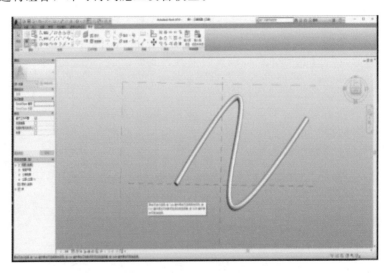

图 3　复杂形状的构件生成图

2.3　环境建模

　　根据需求的不同可采取不同的平台进行建模，如果需要建立复杂的地质模型则应采用达索平台进行建模。采用 CATIA 进行建模其优点在于采用"实例化"的方式进行建模，建模速度快，但由于达索平台信息主要靠人工建立参数，不容易统一，而且操作比较困难不容易入手，加之价格昂贵，因此在非必要的情况下可采用欧特克平台进行建模（结构和施工设备建模亦相同）[3-4]。利用欧特克平台建模的顺序大致如下：在生成地质模型时采用 CASS 软件形成地形图等高线，再用 Autodesk 公司的 3ds max 生成地形图并进行材料渲染得到较为真实的环境模型。

2.4 模型组合

模型的建立与组合的步骤如图 4 所示，将上述三种模型导入 Lumion 中进行组合即可得到隧道建成以后的真实效果，利用 Lumion 强大的渲染效果和动画生成功能实现隧道的动态可视化。设置预览路径生成隧道漫游视频，并可将其预览效果以 HD MP4 文件导出用于隧道的宣传。

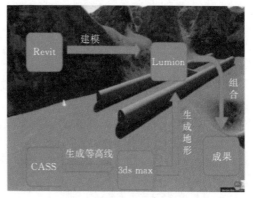

图 4　BIM 组合建模步骤

3　BIM 技术在隧道全周期中的作用

与房建或一般的公路桥梁工程相比较，隧道工程由于处于地下因此其建设难度和风险更高，存在的安全隐患也更多，施工过程中更容易发生安全事故，加之是一个不可逆的施工过程，因此在施工过程中各项数据的把控也应该更加的严格。BIM 技术则可以解决这一类问题，其可视化功能可以使人们清楚地看到实际情况下肉眼无法观察到的问题；其信息化功能方便了数据的保存和提取，可以在隧道的全生命周期共享，减少了信息在传递过程中的损失。

3.1 施工虚拟仿真模拟和进度控制信息化

施工虚拟仿真同样采用欧特克平台进行处理，主要是应用 Navisworks 进行施工阶段和施工进度计划的设定。Navisworks 的优点在于其兼容能力极强，可兼容 rvt、3ds、csv 等各种格式的文件，并可将其组合。在进行施工虚拟仿真时首先将 rvt 格式的隧道模型和施工设备模型导入 Navisworks 之中，利用其上部操作选项卡中的附加功能可附加导入 3ds max 生成的 3ds 环境文件并将三者组合，再将施工步骤、任务类型、时间等数据源的 csv 文件导入 Navisworks 的 TimeLiner 之中，生成虚拟环境时间任务项，然后自动附着于模型从而使得每一虚拟施工步骤都与模型构件相对应，即可得到 4D 虚拟施工的 NWD 文件。也可以利用 TimeLiner 功能进行施工进度计划的手动设定，根据总的施工进度计划在 TimeLiner 中的任务选项卡中添加任务，这种方法操作相对比较复杂，因此多采用第一种方法。图 5 所示即为已经添加好的任务及其计划开始时间和计划完成时间，但其未设置实际开始和实际结束时间，在项目上可以通过设置实际的开始和结束时间来对施工进度进行控制和调整。实际上 TimeLiner 功能还可以采用添加费用来计算各个施工阶段的具体费用，图 6 为任务列的扩展模式，可以看出在各阶段的费用可以进一步精细化，实际上 Navisworks 还具有自定义任务列内容的功能，可以根据工程的具体需要添加所需的费用列，从而更方便、更精确地对施工进度及经费进行管理，实现施工进度控制信息化精确化。

同时可采用 TimeLiner 的模拟功能，模拟各个施工阶段的施工步骤，并可将施工动画以 MP4 的格式导出。如图 7 即为仅导入隧道构件未导入环境和施工设备文件的施工动画截图，其中图 7（a）为隧道的开挖和初期支护阶段的截图，图 7（b）为隧道的二次衬砌及装饰阶段的截图。

图 5　添加任务及时间计划的操作界面

图 6　任务列的扩展模式

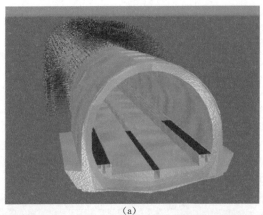

(a)

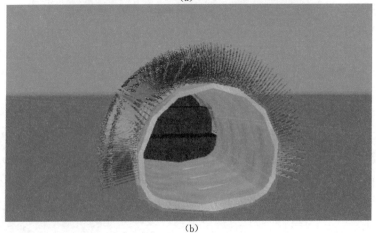

(b)

图 7　导入隧道构件的施工动画

3.2 隧道运维阶段的损伤可视化

隧道在运营阶段难免出现一些与时间因素有关的损伤问题，比如隧道衬砌出现开裂渗水或者衬砌错台、脱落等症状。这些问题都会随着隧道运营时间的增长而出现，如果不及时处理而任其发展，将可能导致隧道衬砌结构的破坏，影响隧道的使用寿命[5]。因此为了保证隧道的正常使用，应该进行定期的检查和维护处理，这才能使隧道达到设计的使用年限并且超过设计使用年限。由于隧道的损伤出现在不同的位置，对于隧道结构的影响不同，因此其处理方式也有所区别。因此为了选择最优的维护方法，精确地显示隧道损伤出现的位置非常重要，而 3D 图与传统的平面、立面图的展示方法相比其效果更加直观。图 8 给出了损伤隧道展示图。

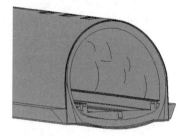

图 8　损伤隧道展示图

为了绘制出 3D 灾害图可以用传统的测量方式得到隧道灾害信息的二维坐标，二维坐标再通过一定的公式转换为三维坐标，从而得到隧道灾害信息的三维空间坐标。当然也可采用更为先进的技术，如 3D 激光扫描技术和线性相机扫描技术，这些技术获得的灾害信息位置更加精确而且获取效率更高，将逐渐取代传统技术。将得到的隧道灾害信息导入到 Revit 建立的隧道 3D 模型上，可以清楚地展示出隧道损伤的实际情况，处理隧道损伤时可以从多角度观察，给出最优的处理方案，并且储存当前的隧道损坏部位和处理方式的 Revit 文件，在下次维护时也可起到一定的参考作用，对同一位置出现重复性的损坏问题，也可提醒维护人员采取更加合理的维护措施，同时做到了信息的永久性记录。我国目前采取工程责任终身制，这种设计、施工和运维信息的永久记录可以为今后的责任判定提供有效的参考资料。

4　BIM 技术的不足及解决建议

4.1　BIM 技术目前存在的不足

4.1.1　建模问题

由于 BIM 技术引入我国时间较短，而且最开始只用于房建领域，因此虽然 BIM 技术目前在我国房建领域的发展还比较迅速，但隧道领域的应用却相对较少，而且 Revit 在建模方面隧道建模要比房建建模麻烦得多。没有现成的隧道构件，而且无法通过简单的拼接组合直接得到。

4.1.2　标准问题

1975 年，乔治亚理工大学的 Chuck Eastman 教授创建了 BIM 理念，但中国引入 BIM 技术却相对较晚，正式应用 BIM 技术在"十一五"前后，从 2011 年开始，国家标准、行业标准、地方标准、团体标准，陆续建立了许多 BIM 标准，截至 2017 年，国家、行业、地方及团体 BIM 标准，已经发布超过 50 项，在编的有百余项之多，但这大多针对于房建领域，由于隧道领域 BIM 技术应用较晚，应用于隧道的相关标准还存在一些不足。

4.1.3　平台问题

目前 BIM 技术所应用到的软件大多数为欧特克、Bentley 和达索三大平台旗下软件，这三大平台各有各的优势，比如欧特克平台在信息录入，查阅方面都比较方便而且在隧道的全周期管理中都可以起到作用，而达索平台建模更为方便、地质建模能力强，Bentley 的 MicroStation 可快速切图，能快速准确地从三维模型中获得二维图纸[6]，但这三大平台之间的数据交流及模型互导却是十分困难的[7,8]。

4.2 解决方法及建议

4.2.1 建模方面

Revit 虽然建模方面较为复杂，但是它提供 API 数据接口，可方便 BIM 技术的二次开发，可采用 C＋＋或者 VB 等语言对 Revit 进行二次开发，实现 BIM 隧道建模的快速拼接技术。从 BIM 族库中选择相应的经过参数化的隧道构件，并且通过更改构件参数来得到项目所需构件，再对构件进行拼接组装实现隧道的快速建模。

4.2.2 标准方面

我国目前也已经有了比较多的 BIM 研究中心，但是要真正解决 BIM 技术应用存在的问题就要从涉及 BIM 的相关法律入手。建立相关的 BIM 技术研究中心，建立适合中国国情的有关法律法规和标准，实现 BIM 标准中国化，完善中国 BIM 标准在各领域中的应用。

4.2.3 平台方面

平台之间的竞争是商业时代的必然趋势，但是竞争之中有合作才能使其更好地发展，平台之间应该建立相互沟通的桥梁，逐渐实现平台之间的兼容，实现市场的良性竞争，促进中国 BIM 技术更好更快发展。

5 结语

隧道 BIM 技术是隧道和信息化、参数化的结合，提高了施工的效率和施工质量，能够从根本上解决传统项目管理方法的缺陷。BIM 的可视化解决了隧道施工与运维中的一些高难度问题；信息化为隧道的设计施工和运维提供了可靠的数据；参数化为设计建模提供了便捷的操作方法。BIM 技术的发展对中国的建筑行业有着巨大的帮助和提升，给中国建筑行业的发展提供了一个巨大的机遇，同时也带来了巨大的挑战，需要把握好这个机遇，积极面对挑战，加快制定 BIM 的相关标准和规范，从而加快 BIM 技术在中国发展的步伐。

参考文献

[1] 姬付全，翟世鸿，王潇潇，等. BIM 辅助铁路隧道施工方案可视化设计应用 [J]. 铁道设计标准，2016，60（5）：108 - 111.

[2] 李君君，李俊松，王海彦. 基于 BIM 理念的铁路隧道三维设计技术研究 [J]. 现代隧道技术，2016，53（1）：6 - 10.

[3] 周路军，喻渝，胖涛，等. 软件平台在铁路隧道 BIM 技术的应用研究 [J]. 铁路技术创新，2014（2）：57 - 59.

[4] 秦海洋，赖金星，唐亚森，等. BIM 在隧道工程中的应用现状与展望 [J]. 公路，2016（11）：174 - 178.

[5] 李明博，蒋雅君，刘小俊，等. BIM 技术在运营隧道病害检测结果三维可视化中的应用 [J]. 中外公路，2017，37（1）：297－301.

[6] 彭殿军. 从 MicroStation 三维模型到二维图纸的生成流程 [J]. 有色冶金设计与研究，2016，37（5）：106－110.

[7] 戴林发宝. 隧道工程 BIM 应用现状与存在问题综述 [J]. 铁道设计标准，2015，59（10）：99－102.

[8] 胡长明，熊焕军，龙辉元，等. 基于 BIM 的建筑施工项目进度 [J]. 西安建筑科技大学学报，2014，46（4）：474－478.

BIM 在隧道工程中的应用及开发前景分析

史贵林[1,2]，宋战平[1,2]，户若琪[1,2]，肖珂辉[1,2]，王　涛[3]，唐坤尧[3]

(1. 西安建筑科技大学土木工程学院，西安　710055；

2. 西安建筑科技大学隧道与地下结构工程研究所，西安　710055；

3. 中国铁建大桥工程局集团有限公司，天津　300300)

摘　要： 建筑信息模型（BIM）在现代建筑领域发挥着愈加重要的作用，但目前 BIM 应用还主要是在房建领域，对于隧道工程领域所涉还相对甚少，因此 BIM 在隧道工程中的应用拓展意义重大，BIM 二次开发的可行性使得 BIM 在隧道工程中应用拓展成为了可能。本文以在建的商合杭高铁新大力寺隧道为依托背景，基于已有建筑领域 BIM 的研究基础，对隧道工程中 BIM 的应用及二次开发的发展及前景进行了分析和展望，并提出了一些初步的设想和开发建议，以期能更好地将 BIM 技术融入隧道建造的全过程中。

关键词： 隧道工程；BIM 技术；二次开发

1　引言

建筑信息模型（BIM），作为一种全新的概念和技术，最早出现在 20 世纪 70 年代的美国，之后 Charles Eastman，Jerry Laiserin 等都对其概念进行了定义。作为一种新的理念和技术，BIM 一出现，便受到了国内外学者和业界的普遍关注，随后，在北美、北欧等一些发达国家中，掀起了 BIM 技术狂潮，发展到现在，BIM 在国外的发展已经相对比较成熟，美国、北欧一些国家以及日本、澳大利亚相继颁布了属于自己的 BIM 标准[1-5]，为 BIM 下一步发展打下了坚实基础。

相比国外，国内 BIM 的起步要相对较晚，BIM 相关软件的研发以及标准化还处于初级阶段，且多用于房建领域，应用领域有待扩展；当前国内大多采用国外的 BIM 软件，如 Revit、Navisworks 等，在与其他专业软件互相配合使用时，难以实现数据交换和信息交互。这时需要二次开发，本文论述基于 Visual Studio 2015 开发平台，利用 Revit 提供的丰富的 API 工具进行后期二次开发，一方面，满足建模需要，提高建模精度，加快建模速率；另一方面，通过集成信息管理平台开发，实现隧道工程全生命期的协同工作。

基金项目：国家自然科学基金资助项目（51578447）；住房和城乡建设部科学技术计划项目（2017 - K4 - 032）。

通讯作者：宋战平，男，1974 年出生，教授，主要从事岩土工程领域的教学和科研工作，songzhpyt@xauat. edu. cn。

2 隧道工程中 BIM 的应用及开发现状

2.1 应用现状分析

　　BIM 的应用，最先开始于房建领域，而且目前大多也是用于房建方面，而相比房建，隧道方面 BIM 的应用要相对少得多，原因在于：①隧道属于带状分布，地形地质状况复杂多变，这就使得其编码分类，行业标准、软件平台等与建筑类存在较大差异，BIM 技术要在隧道工程领域内实现应用，就必须建立一套独立的适用于隧道工程的 BIM 体系，如图 1 和图 2 所示，为新大力寺隧道的带状分布特征，以及其复杂的周边地形环境；②BIM 技术具有粒度化的特点，构件是其进行信息传递和共享的最小粒度[2]，所以作为 BIM 技术的基本要素，其对于一项工程的重要性不言而喻。以 Revit 为例，Revit 软件中大部分族构件仅适用于房建方面，隧道方面的族构件几乎找不到，隧道工程领域构件库的匮乏，造成了隧道建模过程中的诸多困难和瓶颈。

图 1　新大力寺隧道带状分布　　　　　　图 2　新大力寺隧道下穿水库段

　　以上两方面的原因，造成了隧道工程中 BIM 的应用还相对甚少的状况，要解决这两方面的问题，都离不开二次开发。利用二次开发，开发隧道方面的一些专业插件，如隧道断面快速生成工具、断面放样工具、隧道构件管理工具、构件拼接工具等。这些工具中，有的设计院已经开发出来，有的还有待开发，开发出来的插件将大大提高后期隧道建模速率，而且建模准确度方面也会有所提升，可以说，BIM 二次开发为建模速度与建模质量的提高提供了一种强有力的手段。

　　此外，BIM 技术应用更为重要的一点在于其对海量不同种类工程信息的集成化管理，以及工程中各参与方、各专业、各工种的协同化工作，这也是 BIM 技术最终要迈向的一个方向。

2.2 二次开发现状分析

　　本文以 Autodesk 公司研发的 Revit 软件为例，阐述当前 BIM 二次开发的现状。Autodesk 公司为 Revit 提供了丰富的 API，借助于这些 API 可以把繁琐复杂的建模工作参数化、自动化，可以把其他软件的功能集成或通过接口开发连接到 Revit 中来，从而实现各专业的协同工作[3]。

　　什么是二次开发？结合近几年来的一些研究成果，可以从以下两个层次来分析：一方面，从狭义上讲，二次开发即是为满足各专业建模要求，提升建模速率，在原软件平台的基础上自主开发一系列相关应用插件的技术流程，举个例子，如 Revit 现有的钢筋绘制和标注方式仅符合建筑绘图规范，要用于水利工程设计，则需要基于 Revit 开发水利领域专门的钢筋标注插件[4]；再如图 3 和图 4 所示，这是一些隧道的基本构件，如何快速准确生成这些构件，成为二次开发需要考虑的问题之一；另一方面，从广义上讲，则不单单只是开发应用插件的问题了，更多的是以项目全生命周期信息集成化管理为目标，努力实现各专业协同。

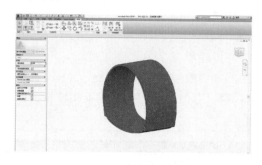

图 3　新大力寺隧道初期支护构件

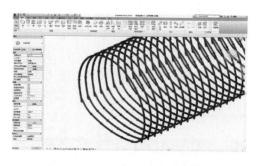

图 4　新大力寺隧道钢拱架构件

总之，二次开发的整体方向可分为两个：一个是建模方向，专门开发专业方向插件，一步一步逐渐完善隧道专业建模体系；另一个就是集成管理平台的开发，所开发的平台要满足建设、施工、设计三方的需求，并且满足土建、管线、安装等专业的协同要求，最终实现工程信息集成化管理。

目前，建模方面，已经开发出来的有族库管理、断面管理以及模型拼装插件，图 5 所示即为某隧道模型拼接插件界面；平台方面，关于数据接口方面的研究也有不少，如 Revit 与 ANSYS 结构模型转换接口研究[5]以及 PKPM 与 Revit 接口研究[6]等，这些研究使得 BIM 技术与有限元数值模拟分析连接成为可能。

图 6 所示为新大力寺隧道初步模型，现在只是单一的三维可视化模型，还无法实现对应模型的数值模拟以及结构计算，但是有了二次开发这一手段，基于 API 开发技术，利用相关的编程开发平台进行开发，在同一平台上同时实现 BIM 三维可视化建模和模型数值模拟将成为可能，数值模拟出来的结果可以通过 BIM 的三维可视化手段显示，更为直观。

图 5　隧道模型拼接插件界面[7]

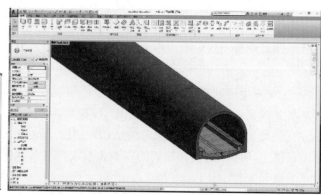

图 6　新大力寺隧道初步建模

3　BIM 二次开发方案

3.1　开发语言及基本工具

隧道 BIM 二次开发，属于学科融合交叉的产物，是计算机科学与隧道专业领域的结合，所以要进行隧道领域 BIM 的二次开发，不光要具有隧道方面的专业知识，对于计算机编程语言也要熟悉并掌握。

BIM 二次开发所能用到的语言有 C♯、C＋＋以及 Visual Basic，其中常用的为 C♯ 或 C＋＋，开发工具主要为 Microsoft Visual Studio 2015 开发平台以及 RevitAPI，二者缺一不可。

3.2　开发基本步骤

首先在 Visual C♯ 新建一个类库，接着引用 Revit 接口，即 RevitAPI. dll、RevitAPI-UI. dll，引用命名空间 Using Autodesk. Revit、Using Autodesk. Revit. DB，指定 API 事物模式和模型更新模式，然后新建类从 IExternal Command 派生，重载 Execute() 方法[8]，生成 dll，然后添加到 Revit 中，运行插件即可。

以上就是开发的一个基本流程，简单地说，即基于 Visual Studio 2015 程序设计平台，使用 C♯ 编程语言，通过 API 接口对建模功能实现扩展，以及在模型的基础上，实现基于模型的海量工程信息的集成化管理。

3.3　开发方案及技术路线

（1）方案的制订是基于某些存在的问题或弊端，因此要确定二次开发的具体方案，就必须清楚当前 BIM 在隧道工程中存在的问题，已有的研究成果表明，问题主要有以下几个方面：

1）隧道工程领域缺乏一套统一的标准体系，各个国家、各个设计院、相关科研机构都有属于自己的一套标准，这就造成数据交换困难，信息无法共享，阻碍了全生命期管理模式的实现，目前 BIM 主要通过文件进行数据交换和管理，还无法形成完整的建筑信息模型[9]，BIM 的价值无法得到有效挖掘。

2）没有统一的软件平台，目前隧道工程中比较常用的软件平台有两个：欧特克平台和达索平台，其中一个平台建模能力弱，软件之间信息传递，数据交换尚未实现；另一个平台建模能力较强，软件之间基本互通，但价格昂贵，且偏向设计、施工阶段，对于前期规划以及后期运营维护还没法涉及，不利于隧道生命全周期的实现[10]。

3）当前，隧道工程还在采用传统的管理模式 DBB（design‐bid‐building）模式，这种模式一直存在着其固有的弊端：各阶段之间、各参与方之间交流不畅，信息扭曲和缺失，传递不到位，比较容易造成返工和浪费等问题。

4）隧道领域不同于房建领域，除城市地铁外，隧道工程多修建在山岭中，其跨度往往较大，所处地区地质复杂，地形多变，利用 BIM 建立地质模型特别困难[11]。

（2）究其本质，以上问题的解决离不开二次开发，针对以上问题，提供如下解决方案：

1）建立隧道工程信息数据交互 IFC 标准，实现 IFC 数据与关系数据库的相互转换，促进隧道生命全周期的实现。

2）软件平台方面，前期以欧特克平台为基础，以 API 为工具媒介，针对欧特克平台的弊端进行二次开发，拓展功能，弥补弊端，当开发技术成熟到一定阶段后，进行软件平台标准化，采用独立开发模式，开发隧道领域专业软件平台，作为隧道领域内统一、标准的软件平台。

3）进行集成管理平台的开发，基于接口集成、系统集成和代码集成等方面[12]，实现 BIM 数据集成、存储以及管理和 BIM 信息的共享。

4）GIS（geographic information system）是以地理空间数据为对象的软件技术，可以解决隧道所处地区地质复杂、地形多变这个问题，这样，BIM 进行隧道建模，GIS 进行地形、地质建模，但存在一个问题，两个软件平台无法进行数据交换，不兼容，可利用二次开发，进行数据接口开发，使得二者结合起来，完成整个隧道工程的建模。

二次开发是一个循序渐进的过程，开发方案的制订应遵循由点到面，由浅入深的原则，总体开发技术路线如下：

开发前期，以 Revit 软件为起点，基于 API 工具，开发一些基本插件，如创建视图类工具、定位工具、可见性控制工具、构件基本操作工具等，满足设计人员快速建模的需求，实现建模的数字化、自动化，这样的建模不仅大大提高建模的效率，而且通过数字化控制，所建出来的模型比手动直接建模更精确。

开发中期，一方面，开始针对与 Revit 关联的下游软件进行二次开发，拓展新的功能，如对 Navisworks 的检查碰撞和 4D 虚拟仿真工具进行必要的改进和完善，提高工作效率；另一方面，由于现有的 Revit 软件与隧道专业好多软件无法兼容，所以需要进行数据交换接口开发，使得 Revit 软件能够与如 GIS 软件、数值模拟软件等无缝对接，实现信息的传递与共享。

开发后期，需要对传递的诸多信息进行管理，这就需要一个专门的项目信息集成化管理平台，一项隧道工程，从规划、设计、施工到后期运营维护，期间所有的信息和数据的交互都能在平台上进行，所以，开发后期，信息集成管理平台的开发成为重中之重。

4 结语

相比房建领域，隧道领域缺乏专业的 BIM 软件平台，BIM 是建筑模型数字化和信息化的结合，但由于兼容性问题的存在，数字和信息无法流动，无法共享，这样就等于 BIM 的大部分功能未能完全发挥出来。BIM 的出现，不应该只是建模方面由二维向三维的转化，建筑信息模型，更多的应该是"信息"两个字，实现信息的交互与共享，实现隧道工程全生命周期的各专业、各参与方协同工作，完成各阶段信息的集成化管理，将是 BIM 存在的最终意义所在。

二次开发的存在，为以上所有的实现提供了可能，为 BIM 的持续发展提供源源不断的动力以及足够的拓展空间，二次开发的重要性不言而喻，相信随着隧道工程中开发的不断推进，BIM 技术也会愈加走向成熟。

BIM 并不仅仅是一门技术，确切地说，它更多的是一种理念。随着大数据时代的到来，计算机科学、互联网＋、云技术虚拟集成与隧道工程 BIM 技术的融合已经成为未来发展的一个大方向，"BIM＋"的理念也会渐渐深入人心，而二次开发会成为实现"BIM＋"最有力的手段。

参考文献

［1］　刘宏刚. 国外 BIM 应用的经验与启示［J］. 高速铁路技术，2015，6（3）：59－66.

［2］　宋楠楠. 基于 Revit 的 BIM 构件标准化关键技术研究［D］. 西安：西安建筑科技大学，2015.

［3］　张可心. 面向工程设计院的 BIM 软件二次开发规划研究——以 A 设计院为例［J］. 工程建设与设计，2015（11）：101－103.

［4］　徐鹏，昝江峰，左威龙，等. 水利工程三维 BIM 钢筋标注二次开发技术研究［J］. 小水电，2016（4）：15－19.

［5］　宋杰，张亚栋，王孟进，等. Revit 与 ANSYS 结构模型转换接口研究［J］. 土木工程与管理学报，2016，33（1）：79－84.

［6］　乔保娟，邓正贤，张洪磊. PKPM 与 Revit 接口软件中若干问题探讨［J］. 土木建筑工程信息技术，2014，6（1）：113－117.

［7］　徐剑. Revit 系统软件二次开发研究［J］. 铁路技术创新，2014（5）：39－41.

［8］　丁晓宇. 基于 Revit 二次曲面参数化设计的研究［D］. 大连：大连理工大学，2016.

［9］　张建平，余芳强，李丁. 面向建筑全生命期的集成 BIM 建模技术研究［J］. 土木建筑工程信息技术，2012，4（1）：6－14.

［10］　周路军，喻渝，胖涛，等. 软件平台在铁路隧道 BIM 技术的应用研究［J］. 铁路技术创新，2014（2）：57－59.

［11］　秦海洋，赖金星，唐亚森，等. BIM 在隧道工程中的应用现状与展望［J］. 公路，2016，61（11）：174－178.

［12］　张昆. 基于 BIM 应用的软件集成研究［J］. 土木建筑工程信息技术，2011，3（1）：37－42.

基于 Dynamo 的轨道交通工程计算式设计

李文浩[1,2]，孙琼芳[1,3]，刘　丹[1,2]

(1. 中国电建集团昆明勘测设计研究院有限公司，昆明　650051；

2. 河海大学，南京　210098；

3. 云南省岩土力学与工程学会，昆明　650051)

摘　要：随着当今社会信息化的快速发展，BIM 技术在我国工程领域内得到了广泛的传播和应用，众多优秀的 BIM 设计平台也被引入到了各个工程领域当中，Dynamo 作为 Autodesk 平台核心 BIM 软件 Revit 的计算式设计插件，拥有强大的计算式设计功能，同时基于 Revit 平台具有更加广阔的应用空间和前景。本文对 Dynamo 插件进行了简单的介绍，并重点讨论了将 Dynamo 应用于轨道交通工程进行自动化设计的技术流程和方法，并对其实施建构设计，进行案例研究。

关键词：BIM；Dynamo；可视化编程；计算式设计；自适应构件；轨道交通工程

1　引言

近几年来，BIM 被看作即将取代 CAD 的利器，或被称作继甩图板后的第二次建筑业革命。BIM 作为一股热潮，在整个工程行业得到了广泛的宣传和推广。但是经过这几年的实践，工程行业从业者也可以发现一个现象，即最终成果大多还是回到了二维 CAD 图纸上作业。究其原因，一方面是工程交付依然是使用二维图纸的方式，需要在 CAD 图纸上放置标识与批注图例表达设计意图；另一方面则是 CAD 软件经过数十年发展，已经有丰富的标注与图例库，以及提高制图效率的插件和本地化工具。很多工程师会认为与其在 BIM 软件上另起炉灶，不如使用熟练的绘图工具来的便利，更何况 Revit 真正取代 CAD 也非一朝一夕的事情。BIM 要成为真正的生产力，一方面要从基础数据的转移与累积开始，另一方面便是从工作流程上进行变革。[1]

在 Dynamo 出现之前，Revit 作业大多还是要靠人力一点一点来创建模型。虽然已经有很多插件可以使用，但插件只能解决一些固定的问题，或提高某一类型构件的建模效率，无法针对每个用户提供个性化解决方案；再者插件的开发周期长，成本高，不适用于短期项目。

Dynamo 的出现使得这一局面发生了改变，通过可视化编程和计算式设计的方式，设计师可以在 Dynamo 界面中根据自己的设计思路编写逻辑算法，解决本项目的设计难题；

作者简介：李文浩，男，1993 年 5 月出生，河海大学硕士，从事水利水电工程全生命周期 BIM 应用研究，l_wen_hao@163.com。

同时，编好的算法也可以保存为指定文件，方便在类似工程中修改与反复使用。使用 Dynamo 之后，很多大批量与机械化的工作可以交付给软件自动完成，而设计师们可以有更多的时间关注于设计本身，即设计质量和效率的提升，进而推动了手工绘图向程序自动设计的重大变革。[2,3]

2 Dynamo 简介

Dynamo 是一个运行在 Revit 和 Vasari 上的开源插件，在 0.7 以后的版本中也可以独立运行，并在 0.8 以后的版本中集合了中文语言包。2017 及以上的 Revit 版本中，Dynamo 已经成为默认安装的插件，在 Revit 的安装过程中自动安装了，用户可以在 Revit "管理"面板下的"可视化编程"栏里找到 Dynamo 的按钮，启动 Dynamo。对于 2015 和 2016 版本的 Revit 来说，用户需要下载 Dynamo 的安装程序，安装完成后，可在 Revit "附加模块"面板中找到 Dynamo 的按钮，启动 Dynamo。在 Dynamo 可视化编程界面中通过编写节点的方式，用户可以自由创建计算式设计模型或者其他自动化处理过程。Dynamo 拥有强大的数据处理、关联性结构和几何控制功能，这些功能在基于传统 CAD 界面的软件中是很难做到的。更为关键的是，Dynamo 是基于 BIM 平台的，设计师可以充分发挥计算式设计的能力。设计师完全可以自定义 Revit 中各种建筑构件的创建与修改流程。Dynamo 除了内置的节点之外还可以识别 Python 等计算机语言，用于弥补软件预定义功能节点不足的缺陷。另外，Dynamo 是开源的，允许设计师对插件内部的程序进行修改，并在 Dynamo 论坛上提供建议。

计算式设计是指将计算机强大的运算能力应用于工程设计，以解决一些复杂问题，通过自动化、脚本编写、模拟计算和参数化等各种技术来生成设计解决方案。近年来，随着计算机科学技术的不断发展，计算式设计也越来越多地被引入工程设计，并深刻改变着设计的整个过程。许多设计任务都已经开始尝试使用新的计算技术，帮助设计师优化设计流程，生成创新型的设计选项。计算技术用途广泛，例如可以将复杂冗长的生产过程自动化运转，或者运用编程语言编写依据输入条件自动生成三维形体的应用程序。

可视化编程语言，即让设计师在图形化的操作界面下创建程序。通过掌握一定的编程逻辑知识，针对某一问题，设置一套循序渐进的步骤方法，在软件中连接预定义的功能模块，轻松创建自己的算法和工具，通过输入、处理和输出的基本逻辑解决该问题。设计师不必从头编写复杂的程序代码，就可以享受计算式设计带来的方便与快捷[4]。

3 Dynamo 在轨道交通工程中的应用

首先将带有线路中心线的 CAD 文件链接到 Revit 中，然后用 Dynamo 拾取线路中心线，后续盾构管片、道床、轨道、轨枕、疏散平台、缆线等构件都将基于线路中心线自动化生成，其中盾构管片及道床将结合自适应族功能创建，轨道、轨枕、疏散平台、电缆等构件也将分别建立族文件进行自动化创建。总体设计思路如图 1 所示。

3.1 盾构管片布置

对于工程设计中的相同元素（门、窗、桌椅等）基于某一规律的排布问题，三维建模难度并不大，在 Revit 中可以用阵列的方式实现。但是轨道交通工程中的盾构管片的布置

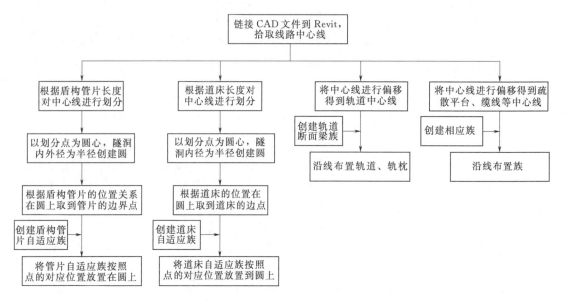

图 1 总体设计思路

应用此方法则无法实现，因为线路中心线往往是一条三维曲线，在曲线转弯的位置，管片的形状和大小会发生变化，无论是 CAD 中还是 Revit 中手工绘制一个个管片工作量较大，而且若是设计方案发生变化，修改起来更加费时[5-7]。而利用 Dynamo 结合 Revit 中的自适应族功能，就能很好地解决这个问题。

Revit 的自适应族是一种基于镶嵌理论的构件化工具，适用于周期性镶嵌结构。当镶嵌单元（如盾构管片）被定义后，自适应构件可以根据自适应点（镶嵌点）的位置自动调整其大小附着在镶嵌区域上，从而完成构件化的过程。在体量环境下，当建筑模型改变形状时，自适应构件可以重新附着在新的体量上，自动完成镶嵌区域和构件的重构过程，可以实现快速生成和改变构件，大大提高建模和修改的效率。自适应族功能与 Dynamo 工具结合使用，则可以实现更加复杂和精确地控制和调整[8]。

操作实例拟沿一条曲线的线路中心线布置盾构管片，盾构管片分为封顶块×1、连接块×2、标准块×6 三种，管片长度为 1.2m，管片外径为 3.1m，管片内径为 2.75m。设计思路是首先拾取线路中心线，在线路中心线上按照管片长度进行划分并取到划分点，以这些点为圆心，管片内外径为半径分别画圆，这样得到的一个断面上的两个圆即为这个断面上管片的放置区域，接下来需要进一步确定该区域中每一个管片如何对应放置，这里运用 Revit 中的自适应族功能可以实现快速自动化的对接，其思路是根据管片的中心角在圆上划分，取到每个管片断面上的顶点和弧线中点，将取到的点按照顺序与自适应管片族的自适应点进行一一对应，放置自适应族，这样放置的管片族可以随着点的位置进行自动化放置，实现转弯处的管片完美过渡。

具体操作为：首先用 Select Model Element 节点（可从文档中拾取模型图元）拾取线路中心线；将线路中心线输入到 Curve. PointsAtChordLengthFromPoint 节点（返回从给定点开始以给定线段长度沿曲线均匀分布的点）中，同时输入中心线起点及管片长度 2m 作为划分长度，得到线路中心线上 2m 间隔的一系列点；将前面取到路线中心线上的一系列点及半径长度 3.1m 和 2.75m 输入 circle. ByPlaneRadius 节点（在输入平面内以输入平面原点为圆心创建圆），得到两组半径不同的圆，即断面上管片的边界；为了进一步取到每一个管片的边界点，将每个管片的中心角除以 360°，得到每个管片占圆形的比例，将这一系列参数及前面得到的两组圆输入 Curve. SplitByParameter 节点（在给定参数处将曲线分割为两个线段），得到每一个管片断面的内外弧线，将这些弧线分别输入 Curve. StartPoint 节点（获取曲线起点）、Curve. PointAtParameter 节点（获取曲线上给定参数处的点）、Curve. EndPoint 节点（获取曲线终点）得到每一个管片断面的边界点；将得到的一系列边界点按照与自适应管片族中控制点一致的顺序编入列表，将其和自适应管片族同时输入 AdaptiveComponent. ByPoints 节点（通过点的二维数组创建自适应构件）创建沿线路中心线布置的管片（图 2~图 7）。

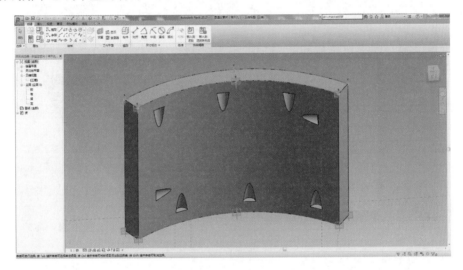

图 2　自适应管片族

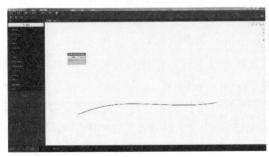

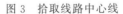

图 3　拾取线路中心线

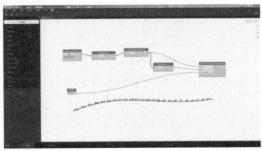

图 4　中心线划分

3.2　道床布置

对于轨道交通工程中道床的布置可以用与盾构管片布置类似的思路，利用自适应族来适应路线中心线的变化。

操作实例拟沿一条曲线的线路中心线布置道床，道床弧面半径为 2.75m，高为 0.71m。

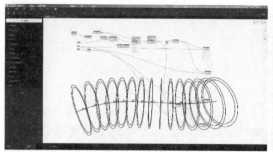

图 5　以曲线上点为圆心创建圆　　　　　　　　图 6　在圆上取到管片对应边界点

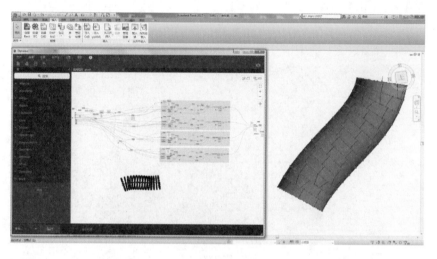

图 7　放置自适应管片

设计思路是首先拾取线路中心线，在线路中心线上按照道床长度进行划分并取到划分点，以这些点为圆心，道床弧面半径为半径创建圆，接下来需要进一步确定道床如何放置到对应位置，这里运用 Revit 中的自适应族功能可以实现快速自动化的对接，其思路是根据道床弧面的中心角在圆上划分，取到每个道床断面上的顶点和弧线中点，将取到的点按照顺序与自适应道床族的自适应点进行一一对应，放置自适应族，这样放置的道床族可以随着点的位置进行定位放置，实现转弯处的道床完美过渡。

　　具体操作为：首先用 Select Model Element 节点（可从文档中拾取模型图元）拾取线路中心线；将线路中心线输入到 Curve.PointsAtChordLengthFromPoint 节点（返回从给定点开始以给定线段长度沿曲线均匀分布的点）中，同时输入中心线起点及道床长度，得到线路中心线上等间隔的一系列点；将前面取到的路线中心线上的一系列点及半径长度 2.75m 输入 circle.ByPlaneRadius 节点（在输入平面内以输入平面原点为圆心创建圆），得到一组圆；为了进一步取到每一段道床的边界点，将道床的中心角除以 360°，得到道床弧线占圆形的比例，将这一系列参数及前面得到的一组圆输入 Curve.PointAtParameter 节点（获取曲线上给定参数处的点），得到道床断面的边界点；将得到的一系列边界点按照与自适应道床族中控制点一致的顺序编入列表，将其和自适应道床族同时输入 AdaptiveComponent. ByPoints 节点（通过点的二维数组创建自适应构件）创建沿线路中心线布置的道床（图8和图9）。

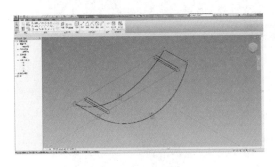

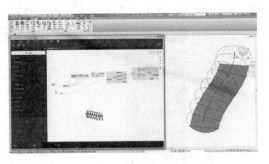

图 8　自适应道床族　　　　　　　　图 9　放置自适应道床

3.3　轨道、轨枕布置

对于轨道交通工程中轨道和轨枕的布置，可创建相应的轨道梁族和轨枕梁族，利用 Dynamo 中沿曲线生成梁的功能来实现轨道轨枕沿路线中心线的布置。

操作实例拟沿一条曲线的线路中心线布置轨道和轨枕，轨道使用 60kg/m 型号钢轨，轨枕截面为 200×300 矩形，轨枕间距为 0.625m。创建轨道具体操作为：首先用 Select Model Element 节点（可从文档中拾取模型图元）拾取线路中心线；将线路中心线输入 Curve. Offset 节点（按指定量偏移曲线）偏移得到轨道中心线，接下来将轨道中心线和相应的轨道族输入 StructuralFraming. BeamByCurve 节点（沿曲线创建梁）创建轨道；创建轨枕具体操作为：利用创建轨道时得到的轨道中心线，将其和轨枕间距 0.625m 输入 Curve. pointAtParameter 节点（获取曲线上指定参数处的点）获取每一段轨枕的起点和终点；将获取的点输入 Line. ByStartPointEndPoint 节点（在两个输入点之间创建一条直线），得到轨枕中心线；将轨枕中心线和创建的轨枕族输入 StructuralFraming. BeamByCurve 节点（沿曲线创建梁）创建轨枕（图10～图12）。

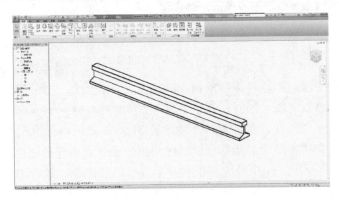

图 10　轨道梁族

4　结语

从以上讨论的基于 Dynamo 的轨道交通工程建模案例可以看出，Dynamo 对设计思维

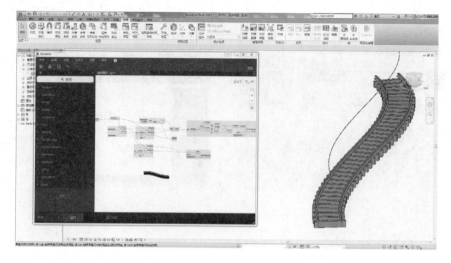

图 11　创建轨道轨枕

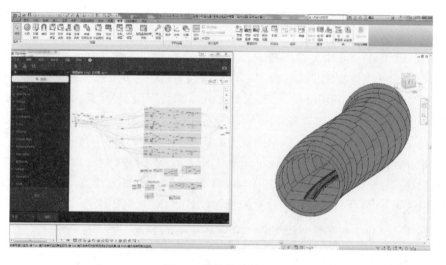

图 12　总体设计结果

和逻辑有着较高的要求，而软件本身的操作并不复杂，在连接各个计算功能模块的同时，设计师的设计思路愈发清晰。同时，基于 Revit 平台的特点使得 Dynamo 不仅可以提高设计师在建模上的效率，而且，在建造和管理方面，Dynamo 可以提取模型中的信息并按照一定逻辑重组，所有这些原始信息都可以被进一步用于建造和管理中[9,10]。

　　Dynamo 在轨道交通工程中的应用也具有十分突出的优势，结合 Dynamo 的可视化编程和 Revit 丰富强大的族功能，可以实现工程快速自动化设计。当工程构件的尺寸和形状发生变化时，这些构件将由计算机自动计算并重新排列，当线路发生改变时，程序可以通过更改拾取对象自动完成修改工作。这些功能使得长距离建模的重复工作量大大减少，配合自适应族的使用，真正实现了参数化建模、自动化修改。同样的思路也可以引入到类似的长距离带状工程中，如铁路、公路、长距离引水工程等。

参考文献

［1］ 罗嘉祥，宋姗，田宏钧. Autodesk Revit 炼金术：Dynamo 基础实战教程［M］. 上海：同济大学出版社，2007.

［2］ 王松. 可视化编程语言下的计算式设计插件——Dynamo 初探［J］. 福建建筑，2015（11）：105－110.

［3］ 刘依晴. 基于 BIM－Dynamo 互联网家装资源优化模式探索［J］. 福建建筑，2017（3）：109－111.

［4］ 李媛，王其明，李宝龙. 预制装配停车楼的参数化生成设计［J］. 土木建筑工程信息技术，2016，8（5）：51－57.

［5］ 魏英洪. 城市轨道交通工程应用 BIM 的思考［J］. 铁路技术创新，2017（4）：30－34.

［6］ 高洪祥，魏永青，刘文桐. BIM 技术在地铁工程中的应用［J］. 科技风，2017（16）：101.

［7］ 王玲. BIM 技术在轨道交通的应用与实践［J］. 内燃机与配件，2017（16）：107－108.

［8］ 许蓁，白雪海，巴婧. 基于 BIM 的建筑模型构件化研究［J］. 城市建筑，2017（4）：19－22.

［9］ 翁承显. 城市轨道交通的 BIM 技术应用［J］. 低碳世界，2017（22）：240－241.

［10］ 尤旭东. 建设基于 BIM 的新一代智慧地铁［J］. 城市轨道交通，2017（3）：19－22.

BIM 技术在综合管廊项目运维阶段的应用研究

环 伟

（中国电建集团北京勘测设计研究院有限公司，北京 100024）

摘 要：为了提高管廊后期运维的安全性，保障运维人员的安全，提升运维的工作效率，本文通过大量调研国内外管廊运维的相关文献，分析国内管廊运维过程中存在的诸多问题，结合 BIM 技术，探索 BIM 技术在管廊运维阶段的应用情况。发现 BIM 技术不仅能够使原先的"黑盒子"透明化、可视化，提高了后期运维的安全性和效率，而且也给管廊投资者提供了获得最大收益的可靠保证。

关键词：综合管廊；BIM；运维

1 引言

为了解决日趋紧张的城市地上空间问题，实现电力、通信、燃气、给水、热力、排水等两种以上市政管线的集约化管理，综合管廊代表了城市基础设施发展的新模式。虽然综合管廊能够有效地解决"拉链马路"问题，避免了不同市政施工队伍因沟通以及设计问题而造成的地下不同管线之间的碰撞问题，但是，由于传统地下综合管廊内部的复杂化、集中化以及不可视化等因素，对综合管廊日常的安全运维管理以及综合监测防灾能力提出了挑战。而 BIM 技术的应用能够对综合管廊实现精细化管理，从管廊全生命周期的角度，精细化管廊建设过程中的每一个细节，防患于未然，从源头降低管廊运维阶段的安全隐患；并且，BIM 技术能够实现可视化的运维管理，精确定位到管廊的每一个部位，不仅提高了运维管理的效率，并且减少了错误和风险的目标。

2 地下综合管廊现行运维管理模式

2.1 综合管廊运维系统

参照国家现行的有关综合管廊的标准和规定，地下综合管廊运维系统主要组成如图 1 所示。

图 1 中关于综合管廊的运维系统主要包括了综合管廊的运营系统、数据监测系统、消防监控系统以及结构监测系统。

（1）运营系统。主要视频监控、入侵监测、门禁管理、电子巡查、应急通信、无线与人员定位等动态监测系统以及环境监控系统。

作者简介：环伟，男，1991 年 12 月生，硕士研究生，从事综合管廊研究，1277549528@qq.com。

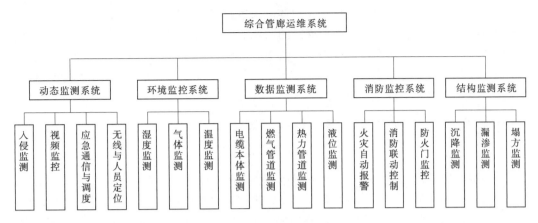

图 1　综合管廊运维系统组织图

（2）数据监测系统。主要包括电缆本体检测、燃气管道检测、液位监测、温度监测、湿度监测、热力管道检测、水管液漏检测、气体检测等系统。

（3）消防监控系统。主要包括火灾自动报警、消防联动控制、防火门控制系统。

（4）结构监测系统。主要包括沉降监测以及塌方监测系统。

2.2　传统运维管理模式下存在的问题

在考察了国内外城市地下综合管廊的运维管理现状以及调研了管廊运维事故发生原因的之后，总结了城市地下综合管廊在传统运维管理阶段主要存在的一些问题如下：

（1）对于廊内敷设的城市综合管汇的管理，信息化程度比较低，在传统管理模式中，都是通过人工定期现场巡查，不能及时精确地追踪到地下管线的现状，导致不能及时的维护和更新地下管线，从而造成地下管线破裂、泄露、爆炸等安全事故。

（2）地下管廊综合管理平台不能实现多部门及时共享信息，导致信息在传递过程中时效性和真实性误差的产生，无法满足政府进行社会管理和公共服务的需要。

（3）对地下管线数据的存储大多数未能实现 3D 存储，不能十分形象地表达出地下综合管廊内管线空间的拓扑关系，在事故发生时大大降低了事故排查的效率，提高了管线运维的风险性。

（4）针对地下管线应急管理的智能分析和辅助决策水平亟须提高[1]。

（5）地下管线的管理体制复杂，涉及中央和地方两个层面、30 多个职能和权属部门，存在职能管理、行业管理以及权属管理三种交叉管理体系[2-5]。

据业内有关统计，在我国，每年会有数以十亿元计的直接经济损失是因为地下管廊内管线发生的事故而产生的，在 2009—2013 年这四年的时间内，媒体总计报道了影响较大的典型事故共 75 例，其中共有 27 起事故是关于地下管线事故导致死伤的案例，而在这 27 起事故中，总计的死亡人数高达 117 人。通过对案例的总结和分析发现，造成地下管线安全事故的原因主要有以下几个方面：①材料质量达不到国家安全标准和施工质量不符合设计验收质量；②在综合管廊的建造、维修或者第三方管理的过程中，由于施工队伍专业化程度低，经验少，不按标准施工等因素从而导致的机械损伤；③施工过程中的不当操作或失误操作；④管廊的廊体结构以及内部管线连接处等位置产生的腐蚀、徐变和开裂；

⑤廊内设备故障检修不及时；⑥地震、山体滑坡等自然环境不可抗力因素的影响。

通过对现行的综合管廊运维管理模式的研究表明，当管廊内发生紧急事故时，无法仅仅依靠传统的人工巡查的管理模式来进行快速、准确处理。因此，为增加综合管廊运维管理的安全性，提高综合管廊运维管理的效率，需要实现综合管廊的可视化运维管理、智能化监控以及统一管理平台的管理。

3 BIM 技术在综合管廊安全运维管理的应用

3.1 可视化管理

根据调研发现，目前我国已经建成的地下管廊廊内管线的管理系统不能生动形象地表现出廊内各管线的客观实体，导致管廊管线管理只能"暗箱操作"。因而，将可视化技术应用于地下管线的管理显得十分迫切和必要。而作为信息可视化管理的工具，BIM 能够通过建立管廊内部精细化的模型，从而很好地实现管廊内部的可视化管理。

BIM 技术能够应用于管廊项目的全生命周期中[6]。通过参与工程设计、建设的阶段，将工程设计以及建设信息通过 BIM 技术的 3D 建模以及时间管理的 4D 管理系统收集并存储于 BIM 兼容数据库中，有助于后期开展综合管廊的运维管理工作。而关于 BIM 技术应用在基础设施领域的数据标准已于 2013 年由 BuildingSMART 组织推出。通过对地下管线管理机构的工作人员、工程顾问公司的管理人员进行问卷调查，其中普遍结论：BIM 的可视化和数据集成功能有利于提高管廊运维的效率，降低运维的风险，较少运维的成本。

3.2 智能监控

虽然综合管廊是建设与城市地下空间，不同于地表的明敷，其工作运行的环境相对比较恶劣，但是，综合管廊对于城市的基本生活保障以及安全运行来说又是极其重要的，因此，能够及时地监控了解到综合管廊内的环境以及各管线的运行情况是管廊后期运维管理中的重中之重。

通过 BIM 技术的应用，把地下管廊所有建筑物及管线的信息完全数字化，生成信息模型；同时使用物联网技术通过预先布置好的传感器将廊内各种管汇的运行数据收集起来，生成动态监测数据。将信息模型与动态监测数据结合在一起，建立一个能够实时更新储存的地下管廊综合数据库。这不仅便于对廊内各个部位的实时监测，也十分有利于运维人员对廊内环境的了解，大大地提高了运维管理的效率，同时，也降低了维修人员入廊的危险系数。

当管线在运行中出现故障时，物联网传感器会根据故障现象，自动显示出故障管线位置，最快进入维修的路径以及相关维修的信息（维修人员的联系电话、维修解决方案等）。这不仅缩短了故障排除的响应时间，同时，也避免了因故障排除不及时而导致的更大的安全事故，大大降低了管廊后期运维的成本，提高了运维效率。

随着机器人技术水平的发展以及管廊建设标准化程度的提高，在综合管廊的运维过程中，可以在廊内放置巡检机器人，通过机器人廊内指定路线自动巡检的方式来进行廊内的实时监测与检查，减少了人员进出管廊检查的频率，降低了管廊的在运维过程中发生人员伤亡的风险。如在廊顶根据需要，设置机器人巡检路线，通过装备在巡检机器人上的传感器来采集廊内各管汇的动态数据，并使用无线或有线的方式将其上传至数据中心，再由数据中心对现场传回的信息进行处理；当发生火灾时，可以先由路线上的巡检机器人进行初次灭火等。在这种运维模式下，可最大限度地提高管廊自动运维的智能化，大大降低了维护过程中因不了解廊内情况、盲目入廊而造成的人员伤亡风险，同时，这也是未来信息化时代，综合管廊运维管理的必然趋势。

3.3 管理平台

由于在综合管廊的设计、生产、施工过程中不同的管理平台之间普遍的存在"信息孤岛"现象，导致后期信息在传递过程中失去了真实性等问题，因此，亟须建立综合管廊数字化综合管理平台，对综合管廊进行数字化集成并交付，在后期的运维管理过程中，可以直接利用交付的竣工模型进行运维，从而提高管廊运维管理的信息化和数字化程度。

而利用 BIM 技术结合 GIS 技术开发的可视化管理平台可以很好地将这些信息进行综合管理，在运维的过程中，运维人员可通过模型快速调出廊内任意构件的相关信息，包括管线的生产厂家、几何参数、管理负责人以及保修联系电话等，在当前完成维护维修任务之后，可以根据维修情况将相关的维修信息同步到 BIM 模型当中，给后期运维的管理数据提供参照，同时，还可以在 BIM 模型中给每一个管线设置检修的计划时间，当临近检修时间节点时，系统将给负责运维的管理人员发出维护通知，再由运维管理人员安排专人对管廊内的设备以及各个管线进行更新和维护，从而保障后期运营的顺利。

但是，目前有关综合管廊运维管理领域的研究相对较少，还没有完全适用于管廊智能化运营的管理平台，依托于 BIM 建立的可视化综合管理平台只是相较于目前市场现有的管理平台而言，更加适用于管廊的运维管理领域。

4 结语

随着我国第一批试点综合管廊的建成，管廊已日渐被人们所知晓和关注，而业内也对管廊的设计和建设施工有了一定的经验和研究，但是对于管廊后期的运维管理都还处在尝试摸索阶段，没有丰富的理论依据和经验指导。因此，本文通过调研分析国内外现行的管廊运维管理模式，初步探索发现，将 BIM 技术应用到综合管廊的运维管理阶段，与现行的运维管理模式相比，不仅使得原先的"黑盒子"透明化、可视化，还大大增强了管廊日常运维的安全性，提高了运维效率，节省了运维成本；同时，BIM 技术的应用，可将运维管理前置到管廊工程的设计阶段，为管廊投资方获得最大收益提供可靠保证。对于即将到来的信息化新时代，信息化程度的高低将决定着传统基础设施行业的活力。

参考文献

［1］ 陈兴海，丁烈云. 基于物联网和 BIM 的城市生命线运维管理研究 ［J］. 中国工程科学，2014，16 (10)：89-93.

［2］ 赵泽生，刘晓丽. 城市地下管线管理中存在的问题及其解决对策 ［J］. 城市问题，2013 (12)：80-83，93.

［3］ 钟雷，马东玲，郭海斌. 北京市市政综合管廊建设探讨 ［J］. 地下空间与工程学报，2006，2 (增2)：1287-1292.

［4］ 刘亚民. 地下管线的管理"普查"——访中国城市规划协会地下管线专业委员会秘书长汪正祥 ［J］. 现代职业安全，2014（4）：10-13.

［5］ Canto - Perello J，Curiel Esparza J. Assessing governance issues of urban utility tunnels ［J］. Tunnelling and Underground Space Technology，2013，33（1）：82-87.

［6］ Eastman C，Eastman C M，Teicholz P，et al. BIM handbook：A guide to building information modeling for owners，managers，designers，engineers and contractors ［M］. Hoboken，New Jersey：John Wiley & Sons，2011.

"信息化＋业务" 助力企业发展

赵　昕，严　磊，陈　林，王晓文

（中国电建集团昆明勘测设计研究院有限公司科技信息部/
三维督导部/总工程师办公室，昆明　650051）

摘　要： 随着国家产业结构的调整和市场环境的变化，传统业务正面临严峻的市场挑战。为支持业务的发展和转型，使信息化对内实现企业整体管理能力提升，对外实现客户服务增值，形成差异化竞争优势。本文结合昆明院"信息化＋业务"在企业内部管理、移民工程、水环境治理、市政建设等领域的成效、做法及经验进行交流和探讨。

关键词： 信息化；信息系统；BIM；企业发展

1　引言

"信息化＋业务"即是指传统业务与信息技术的紧密融合，通过信息化手段促进业务质量、效率、效益和管理的全面提升，实现业务数据的积累，并通过大数据分析和利用提供增值服务、实现企业业务的延伸拓展。

随着国家互联网＋战略的深入推进，信息化已成为推动社会经济变革的重要力，正在向社会经济的各个方面产生着深远的影响。很多传统业务都在加速与信息技术的融合，传统的工作方式、服务方式、竞争手段都在发生着颠覆性的变化，传统业务与信息技术紧密融合的"信息化＋业务"模式已成为中国电建集团昆明勘测设计研究院有限公司提升竞争力的重要手段。

中国电建集团昆明勘测设计研究院有限公司（以下简称中国电建昆明院）成立于1957年，为世界500强中国电力建设集团有限公司的成员企业成立。主营业务覆盖能源、水利、水务、城建、市政、交通、环保等全基础设施领域，涵盖规划、勘察、设计、咨询、总承包、投融资、建设运营、技术服务等全产业链，具有国家授予的工程勘察设计综合甲级资质以及国家颁发的专项资质证书50余项。通过了中国CNACR和国际UKAS质量认证，并分别被中国对外承包商会、中国机电产品进出口商会和中国出口信用保险公司评选认定为AAA级信用企业，同时也是中国对外承包商会组织评选认定的社会责任绩效评价领先型企业。60年来，昆明院完成了国内外500余座水电项目的勘测设计，创造了

作者简介： 赵昕，男，1984年5月出生，信息系统项目管理师（软件工程硕士），主要从事企业信息化建设、基于平台的企业信息化技术研究，zhaoxin03216@qq.com。

中国乃至世界水电项目上的多项第一，在全国勘察设计单位综合实力百强排名中一直居于前列，连续十余年入选 ENR"中国工程设计企业 60 强"。

十二五以来，中国电建昆明院进入了转型发展的关键时期，业务多元化是战略发展的重要方向，面对激烈的行业竞争，中国电建昆明院依托"信息化＋业务"，多点突破，实施管理创新、技术创新、产品创新，打掉传统思维，突破陈旧模式，实施精品战略，开展争先创优。推进信息化与工程项目管理、水环境治理、移民工程、市政建设、智慧城市等业务的融合，全面助力昆明院发展。

2 "信息化＋业务"的顶层设计

（1）发展思路。大力加强企业信息化能力建设，持续建设和完善经营、管理和各项业务的应用系统，大力推进信息化应用，使信息化成为企业的市场、业务、管理和决策的重要支撑。

（2）能力建设。提升企业信息化管理能力和系统研发能力、提高各类系统的应用水平，使信息化能力成为企业战略保障的核心能力。

（3）实施策略。

1）以业主、政府、利益相关方的需求为出发点，通过信息化集成平台整合内部资源，提高市场服务能力，提升昆明院市场竞争力。

2）以围绕"项目"为核心，用信息化手段全面提升项目管控能力、合同履约能力、资源共享能力、工作协同能力。

3）以现代信息技术与昆明院管理理念紧密结合，用信息化手段推动企业的管理创新和管理提升。在数据积累、数据分析和数据提炼的基础上，构建企业辅助决策支持信息平台，为领导决策提供支持。

3 "信息化＋业务"的具体体现

（1）顶层设计、规划先行助力企业战略发展。中国电建昆明院对信息化发展高度重视，2006 年即发布了《昆明院"十一五"信息化发展规划》，主要是推进应用系统建设，通过系统应用全面提高工作效率。其后的"十二五"主要是完善系统、提升信息化能力、实现系统的全面覆盖，同时进行数据提炼提供管理和决策支持。"十三五"将进一步加强能力建设，提高资源整合和能力整合的能力，大力推进信息化与业务的深度融合，提高市场服务能力和企业核心竞争能力。

（2）提升技术助力企业科研能力。中国电建昆明院针对市场需求和科技研发需求，设立了 18 个"科技经营一体化"重大专项和一批信息化专项（表 1），将信息技术与科技攻关紧密结合起来，实现科技与信息的相互支持、共同提升，助力企业发展。

表 1 　　　　　相 关 重 大 专 项

目前与信息化相关的重大专项	目前与信息化相关的重大专项
河长制协同平台	滇中引水智能水网平台
数字移民管理平台	智慧城市管理平台
HydroBIM综合平台	……
工程安全运维平台	

（3）提升能力助力企业核心竞争力。信息化能力除了人员团队，还包括：管理管理能力、技术水平、系统研发能力、系统应用能力、标准规范等各项要素，而集成这些要素的载体就是"平台"。因此，昆明院非常重视平台建设，目前建成的平台主要如下：

1）HydroBIM® 综合集成与产品交付平台。

2）HydroBIM® 3S 集成应用平台。

3）HydroBIM® 土木机电一体化平台。

4）HydroBIM® 运维与安全评估平台。

5）HydroBIM® 数字移民平台。

6）HydroBIM® 系列专业子系统。

7）HydroBIM® EPC 项目信息管理平台。

8）构件化管理信息系统快速开发平台。

（4）推进应用、夯实基础实现全员参与。中国电建昆明院信息化业务应用覆盖率达到90％以上，各类系统应用已成常态化，员工对信息系统的使用已经成了自觉的习惯。三维/3S 应用方面，中国电建昆明院的指导思想是面向市场、面向工程、全员参与。目前各专业的普及率和出图率平均达到了 60％以上，部分专业达到 90％。

（5）建设 HydroBIM 云平台，为"信息化＋业务"保驾护航。中国电建昆明院构建了 HydroBIM 云平台，并完成了大部分应用系统向云平台的迁移，在系统应用中形成大数据积累，为下一步向社会提供云计算和大数据服务创建了条件。

4 "信息化＋业务"主要成效

（1）信息化自主研发能力方面。以"HydroBIM® 综合集成与产品交付平台""构件化管理信息系统快速开发平台"等多个平台成功开发应用为标志，中国电建昆明院信息化自主研发能力显著提升。"HydroBIM® 综合集成与产品交付平台"是对外提供 BIM 咨询业务的重要功能开发工具。"构件化管理信息系统快速开发平台"是所有信息系统快速开发实现的有力武器，依托构件化平台，从 2013 年起管理系统建设实现了"零"外委，完全自主研发，投入少、风险小、见效快。

至目前为止，中国电建昆明院自主开发完成各类业务系统 50 多个，包括 1800 多个功能入口，功能涵盖院的经营、生产、管理的各个方面。已获得软件著作权 86 项，获得软件相关的各类奖项 100 余项。2016 年荣获工程勘察设计行业"十二五"期间实施信息化建设先进单位。

（2）三维 BIM 开发应用方面。中国电建昆明院的三维 BIM 工作，面向市场和面向工程是工作方向，产学研结合是手段，平台建设是重点，全员参与是基础。员工三维普及率和出图率居于系统内单位前列，完成了 HydroBIM 系列平台建设，并已在多项工程中得到广泛运用，成效明显。

（3）"信息化＋业务"支持市场方面。中国电建昆明院依托市场和项目，实施了河长制系统、数字移民系统、综合管廊系统、工程安全监测等数十项应用系统开发。近几年来在信息化和 BIM 咨询的带动下，综合管廊、智慧城市等领域均取得了业务突破。2016 年度，中国电建昆明院信息化项目直接产值 3800 多万元，间接带动传统业务项目超过 3 亿元。

5 "信息化＋业务"案例展示

（1）"构件化管理信息系统快速开发平台"，促进企业信息化能力提升。"构件化管理信息系统快速开发平台"是中国电建昆明院经过多年的信息化技术积累和经验积淀，完全自主开发的针对各类管理信息系统的快速开发平台。通过该平台可以把业务的设计和信息化实现无缝衔接，以简单搭积木的方式快速实现系统，极大提升信息系统建设效率（图1）。与传统信息化开发方式比较，开发效率可提高 5 倍以上。从 2012 年投入应用，至今已完成上百个功能模块的开发，并在应用中不断完善，目前已升级到 4.0 版本。

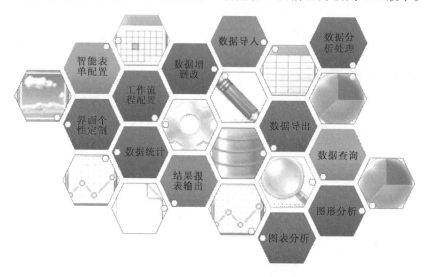

图 1　构件化管理信息系统快速开发平台主要功能示意图

（2）HydroBIM 集群平台，促进企业项目管理能力和技术水平提升。已在多个项目成功应用，实现了规划设计、工程建设、运营维护三大阶段的工程全生命周期 BIM 应用。HydroBIM 集群平台构成为："综合平台＋子平台＋专业系统"。

1）HydroBIM 综合平台：HydroBIM® -工程数据集成与交付云平台。

2）HydroBIM 子平台：HydroBIM® - 3S 集成应用子平台；HydroBIM® -土木机电一体化子平台；HydroBIM® -运维与安全评估子平台；HydroBIM® -数字移民子平台。

3）HydroBIM 系列专业子系统：综合物探三维解译及地质建模系统；土木工程三维地质建模系统；土木工程边坡三维开挖系统；大体积混凝土配筋系统；EPC 项目信息管理系统。

（3）综合管理信息系统。中国电建昆明院综合管理信息系统是中国电建昆明院依托构件化平台自主开发的一体化集成信息系统，涵盖昆明院经营、生产、管理等方方面面，全面服务院的内部管理，为中国电建昆明院正常的管理运营，提供强有力的信息化支撑（图2～图4）。

（4）河长制信息管理平台。2016 年 10 月 11 日，中央全面深化改革领导小组第二十八次会议审议通过《关于全面推行河长制的意见》。自此，河长制工作在全国范围内全面铺开。为支持政府河长制工作，中国电建昆明院反应迅速，快速成立"河长制研究中心"，

图 2 中国电建昆明院综合办公子系统

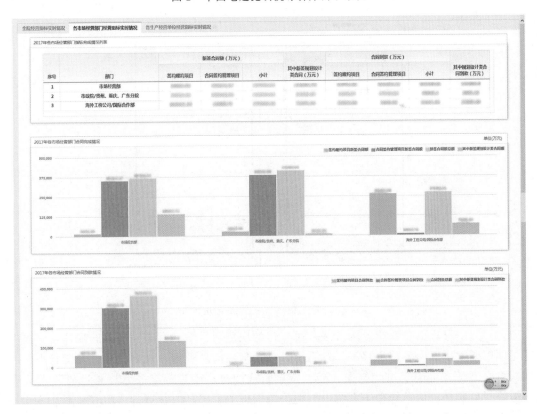

图 3 中国电建昆明院辅助决策支持子系统

立即启动"河长制"的研究工作，并开始构建信息系统-监测系统-决策系统一体化的河长制协同平台，实现"人员队伍"的管理、"河湖数据"的感知、"治水策略"的支持。仅用不到 2 个月的时间，"管理、考核、监测、支持、服务、移动应用一体化"的河长制信息系统即基本成型，首批功能已于 2017 年 7 月提交上线运行（图 4 和图 5）。

图 4　河长制信息管理平台

图 5　河长制信息管理平台手机 APP

（5）数字移民信息系统。为实现移民工作的规范、科学、有序、高效的管理，中国电建昆明院研发了云南省数字移民管理系统，包括基础信息管理、规划管理、安置管理、后期扶持管理、3S 信息管理、档案管理、资金管理和接口管理等全省水库移民管理七大业务板块。目前基础信息管理子系统、后期扶持管理子系统已上线运行（图 6 和图 7）。

系统运行后，还可整合国土、林业、农业、统计、公安、水利等行业数据，形成完整的数据体系，为各级政府、设计单位、项目业主等提供管理支持和决策参考。

（6）HydroBIM 咨询。中国电建昆明院结合转型升级和业务多元化发展需求，将 HydroBIM 技术向多元化业务进行技术移植，在综合管廊、水环境综合治理、城市综合体智慧建设、农村土地确权、水库安全运营等新业务板块均开展了 BIM 咨询业务，目前正

图 6　数字移民管理平台-后期扶持管理子系统登录页

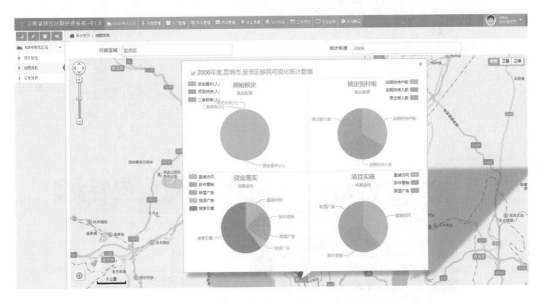

图 7　数字移民管理平台-后期扶持管理子系统数据统计页

在向铁路、轨道交通、电网、机场等业务市场突破。2016 年成功中标巫家坝城市中心建设 BIM 咨询项目（图8）。

（7）工程安全运维平台。基于 3D GIS、BIM、虚拟现实、图形处理、数据库等信息技术，以智慧工程和数字工程为理念，研发了工程安全运维三维可视化管理平台，实现了以工程建筑物三维 BIM 模型和三维 GIS 地形为信息载体的监测分析、计算、管理、预警信息发布、应急预案等服务功能，满足了政府、流域机构、水库管理单位、社会公众多层级需要。成果已推广应用于小湾、糯扎渡、金安桥、西洱河梯级以及文山壮族苗族自治州和临沧市的多个水库及电站管理（图9）。

（8）滇中引水智能水联网。滇中引水工程为"十三五"国家确定开工建设的重大水利工程，被水利部确定为全国 10 大标志性水利工程之首，也是云南省五大基础设施网络建

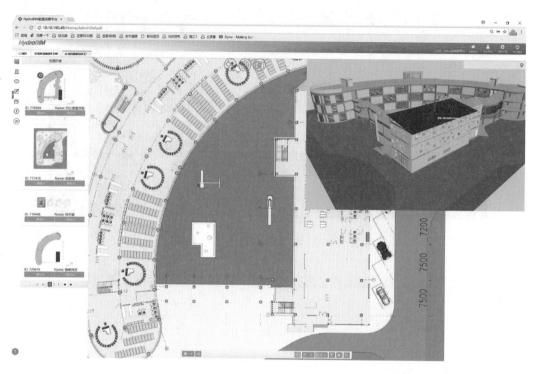

图 8　昆明市巫家坝城市中心建设 BIM 咨询

图 9　工程安全运维平台应用

设 5 年大会战中水网基础设施建设的关键工程。

　　滇中引水工程线路长、规模巨大；地形地质条件复杂、建筑物数量众多，管理协调难度大。为此，中国电建昆明院提出了滇中引水智能水联网总体解决方案，并已启动了系统建设工作（图 10）。

　　（9）智慧城市管理平台。在国家"创新、协调、绿色、开放、共享"五大发展理念指导下，中国电建昆明院紧密围绕智慧城市市场和客户需求，依托自身核心技术，利用信息化手段，提出了智慧城市综合解决方案，并在湖南省花垣县的县城乡一体化项目开展了应用示范，中国电建昆明院主要承担勘察设计、部分总承包，以及构建以 HydroBIM＋3D GIS 为核心的花垣智慧城市管理平台。

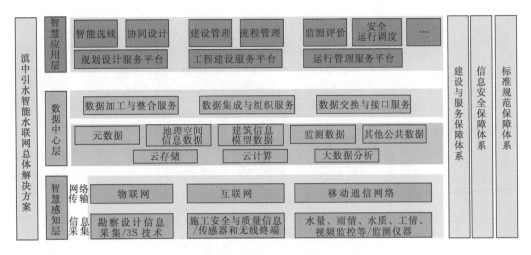

图 10　滇中引水智能水联网系统整体架构

平台主要包括：无线数据采集子系统、监督受理子系统、协同工作子系统、GPS 定位监控子系统、监督指挥子系统、综合评价子系统、地理编码子系统、基础数据资源管理子系统、应用维护子系统、数据共享与交换子系统、短信网关子系统、门户网站等（图11 和图 12）。

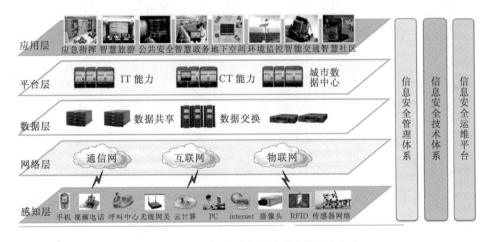

图 11　花垣县智慧城市管理平台信息化架构

6　结语

企业信息化建设与企业的发展息息相关，将信息化与企业的业务相融合，业务通过信息化提升竞争力，信息化依托业务提升其价值。如何将信息化成果应用于水利水电行业发展是我国由传统水利水电迈向现代水利水电的必由之路，任重道远。通过对中国电建昆明院"信息化＋业务"的战略由来、顶层设计、具体体现、主要成效、案例展示的阐述，为水利水电行业的信息化发展提供一点思路和经验。

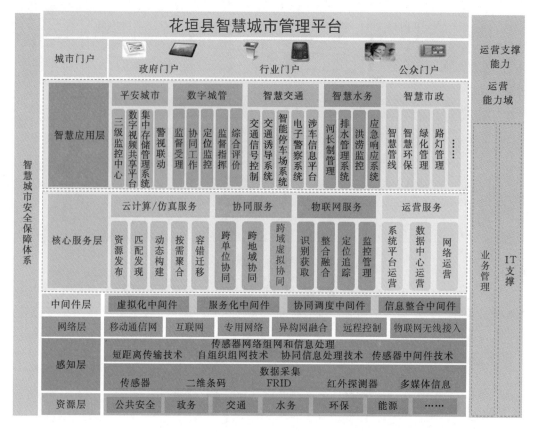

图 12　花垣县智慧城市管理平台功能示意图